Rudolf Mäusl

Digitale Modulationsverfahren

Telekommunikation

Band 2

Rudolf Mäusl

Digitale Modulationsverfahren

Mit 201 Bildern und 16 Tabellen

2., überarbeitete und erweiterte Auflage

Dr. Alfred Hüthig Verlag Heidelberg

Prof. RUDOLF MÄUSL, Jahrgang 1934, war nach seinem Studium der Nachrichtentechnik an der Technischen Hochschule München, das er mit einer Diplomarbeit über „Linearitätsuntersuchungen an einer Trägerfrequenz-FM-Richtfunkstrecke" abschloß, von 1958–1965 Entwicklungsingenieur und Leiter einer Entwicklungsgruppe bei Rohde & Schwarz München. Ab 1965 war er Dozent am Oskar-v.-Miller-Polytechnikum in München mit den Lehrgebieten Hochfrequenzmeßtechnik, Nachrichtenübertragungstechnik und Fernsehtechnik. Nach Überleitung des Polytechnikums in die Fachhochschule München ist er seit 1971 als Fachhochschulprofessor tätig. Die Schwerpunkte seines Wirkens liegen nach wie vor auf dem Gebiet der analogen und digitalen Übertragungstechnik sowie bei der Fernsehtechnik, was sich auch in zahlreichen Veröffentlichungen niedergeschlagen hat.

CIP-Kurztitelaufnahme der Deutschen Bibliothek

Mäusl, Rudolf:
Digitale Modulationsverfahren / Rudolf Mäusl. – 2. überarb.
u. erw. Aufl. – Heidelberg : Hüthig, 1988
  (Telekommunikation ; Bd. 2)
  ISBN 3-7785-1581-0
NE: GT

© 1988 Dr. Alfred Hüthig Verlag GmbH, Heidelberg
Printed in Germany

Vorwort zur 2. Auflage

Die Überarbeitung des Manuskriptes zur 2. Auflage gab Gelegenheit, die überwiegend sachlichen und gut gemeinten Kritiken zu diesem Buch zu berücksichtigen. Insbesondere wurde die konsequente Schreibweise der Kurzbezeichnung für das Binärelement überprüft, die für das Substantiv mit „Bit" und als Einheit für die Anzahl der Binärelemente mit „bit" vorgenommen wird. Die einschlägigen DIN-Normen, NTG-Empfehlungen und die CCITT-Empfehlung G.702 liegen dieser Darstellung zugrunde (siehe [73]).

Ich möchte an dieser Stelle denjenigen Rezensenten danken, die sich der Mühe unterzogen haben, das Werk eingehend zu studieren und danach eine Beurteilung und Verbesserungshinweise abzugeben. Nachdem positive Aussagen insbesondere von namhaften Fachkollegen und Wissenschaftlern aus dem Bereich der Übertragungstechnik mir zugegangen sind, bin ich nach wie vor der Meinung, daß dieses Buch einem weiten Leserkreis dienlich sein könnte.

München,
im Frühjahr 1988 RUDOLF MÄUSL

Vorwort zur 1. Auflage

Bei der Nachrichtenübertragung auf Leitungen oder über den Funkweg findet vielfach eine Umsetzung des Quellensignals in eine andere Signalform und damit verbunden auch in eine andere Frequenzlage statt. Dieser Vorgang wird als Modulation bezeichnet. Man bewirkt mit den bekannten Verfahren der analogen Amplituden- und Frequenz- beziehungsweise Phasenmodulation eine Anpassung des Quellensignals an die Eigenschaften des gegebenen Übertragungskanals. Unvermeidbare Störungen, nicht zuletzt das thermische Rauschen im Empfangssystem, überlagern sich dem Modulationsprodukt. Sie erscheinen in vollem Ausmaß oder bei entsprechender Ausweitung des Signalspektrums in abgeschwächter Form auch im demodulierten Empfangssignal.

Durch den Übergang von analoger auf digitale Signalübertragung kann der Einfluß von Störsignalen sowie auch von linearen und nichtlinearen Verzerrungen auf dem Übertragungsweg weitgehend eleminiert werden. Ein analoges Quellensignal muß dazu in ein digitales Codesignal umgewandelt werden, was wiederum mit einem Modulationsvorgang verbunden ist. Der Begriff Modulation beinhaltet nun aber mehrere Schritte. Er umfaßt neben der Signalabtastung, gleichbedeutend dem Aufbringen des Nachrichtensignals auf einen Trägerpuls durch eine

Amplitudenmodulation, noch die Codierung der modulierten Impulsfolge in ein binäres Sendesignal. Dieses weist gegenüber dem analogen Signal eine wesentlich geringere Störanfälligkeit auf. Zudem läßt sich das Digitalsignal im Verlauf des Übertragungswegs wiederholt regenerieren und damit von anhaftenden Störungen befreien.

Ein weiteres Argument für die zunehmende Verbreitung der digitalen Signalübertragung und -verarbeitung liegt in der einfachen technischen Realisierung von digitalen Schaltungen, insbesondere bei integrierten Schaltkreisen. Die Schaltungskonzepte sind wirtschaftlicher, weil gegenüber analoger Signalverarbeitung Abgleich- und Einstellvorgänge entfallen. Somit ist es eigentlich naheliegend, daß die digitale Signalübertragung nicht nur in kommerziellen Nachrichtensystemen Eingang gefunden hat, sondern auch in dem weiten Bereich der Konsumer-Anwendungen. Von der Tonsignalverarbeitung im Studio, über die Signalspeicherung auf Magnetband und Platte, bis zur zukünftigen hochwertigen Tonsignalübertragung über Satelliten-Rundfunk-Kanäle und hinein in den Bereich der Fernsehsignalverarbeitung reicht das Anwendungsgebiet der digitalen Signalübertragung.

Das vorliegende Buch behandelt ausführlich die digitalen Modulationsverfahren. Es wendet sich an Leser mit mathematischen und technischen Vorkenntnissen und soll gleichermaßen dem Studenten begleitende Literatur zu entsprechenden Vorlesungen sein, wie für den in der Praxis tätigen Ingenieur zur Information und als Nachschlagwerk für die digitale Signalübertragung und damit zusammenhängender Randgebiete dienen. Grundlage für das Manuskript war der Stoff meiner Vorlesung „Übertragungstechnik" an der Fachhochschule München sowie die Veröffentlichung einer mehrteiligen Artikelreihe mit dem Thema „Digitale Modulationsverfahren" in der Firmenzeitschrift Neues von Rohde & Schwarz.

Es wurde versucht, den derzeitigen Stand der Technik umfassend darzustellen, was auch durch zahlreiche Literaturangaben belegt wird. Selbst wenn die textlichen Ausführungen in einigen Abschnitten relativ kurz gehalten sind, so wird doch großer Wert auf eine ausführliche bildliche Darstellung des Stoffes gelegt. Praktische Beispiele, die unter Bezugnahme auf die angegebenen Formeln und Diagramme durchgerechnet werden, ergänzen die einzelnen Abschnitte.

Mein besonderer Dank für die gute Zusammenarbeit gilt wiederum dem Dr. Alfred Hüthig Verlag und vor allem dem Chefredakteur Herrn CURT RINT, der trotz hohen Alters und verdientem Ruhestand das Redigieren meines Manuskriptes übernommen hat. Für anregende Diskussionen danke ich meinem Kollegen Herrn Prof. P. FASSHAUER sowie einigen meiner ehemaligen Studenten, die mir bei der Beschaffung spezieller Literatur behilflich waren.

Aschheim bei München,
im Frühjahr 1985

RUDOLF MÄUSL

Inhaltsverzeichnis

Vorwort zur 2. Auflage 5

Vorwort zur 1. Auflage 5

Zusammenstellung häufig verwendeter Formelzeichen und Abkürzungen . . 10

Einleitung 17

1 Modulationsverfahren mit Pulsträger 19

1.1   Signalabtastung 19
1.1.1 Abtasttheorem 19
1.1.2 Pulsträger 25

1.2   Pulsamplitudenmodulation 29
1.2.1 Zeitfunktion und Frequenzspektrum 29
1.2.2 Erzeugung und Demodulation einer Pulsamplitudenmodulation . .   39
1.2.3 Anwendung der Pulsamplitudenmodulation, PAM-Zeitmultiplex .   43

1.3   Pulsfrequenz- und Pulsphasenmodulation 47
1.3.1 Zeitfunktion und Frequenzspektrum 48
1.3.2 Erzeugung und Demodulation einer Pulsphasenmodulation   53
1.3.3 Anwendung der Pulsphasenmodulation, PPM-Zeitmultiplex . . .   55

1.4   Pulsdauermodulation 57
1.4.1 Zeitfunktion und Frequenzspektrum 58
1.4.2 Erzeugung und Demodulation einer Pulsdauermodulation   60
1.4.3 Anwendung der Pulsdauermodulation   62

Beispiele zum Abschnitt 1 63

2 Digitale Modulationsverfahren im Basisband 73

2.1   Pulscodemodulation (PCM) 74
2.1.1 Prinzip der Pulscodemodulation 74
2.1.2 Abtast-Halte-Vorgang 77
2.1.3 Quantisierung und Codierung 81
2.1.4 Kompandierung 90
2.1.5 Codier- und Decodierverfahren 101

2.2	Deltamodulation (DM) und Differenz-Pulscodemodulation (DPCM)	113
2.2.1	Prinzip der prädiktiven Codierung	113
2.2.2	Deltamodulation	115
2.2.3	Delta-Sigma-Modulation	120
2.2.4	Adaptive Deltamodulation	122
2.2.5	Differenz-Pulscodemodulation	125
2.3	PCM-Zeitmultiplexverfahren	127
2.4	Übertragung des Digitalsignals im Basisband	132
2.4.1	Bandbreite des Übertragungskanals	132
2.4.2	Signalwandlung	134
2.4.3	Signalregenerierung	142
2.4.4	Einfluß von Störungen und von Rauschen	157
2.4.5	Auswirkung von Bitfehlern	163
2.4.6	Bitfehlererkennung und -korrektur	169

Beispiele zum Abschnitt 2 174

3	**Digitale Modulation eines Sinusträgers**	183
3.1	Tastung eines Sinusträgers	183
3.2	Amplitudentastung (ASK)	187
3.3	Zweiphasenumtastung (2-PSK)	188
3.3.1	Zeitfunktion und Spektrum, Zeigerdiagramm	188
3.3.2	Einfluß von Rauschen	191
3.3.3	Demodulation und Trägerrückgewinnung	193
3.3.4	Phasendifferenzcodierung	197
3.4	Vierphasenumtastung (4-PSK)	199
3.4.1	Zeitfunktion und Spektrum, Zeigerdiagramm	199
3.4.2	Trägerrückgewinnung	203
3.4.3	Phasendifferenzcodierung und Demodulation	207
3.4.4	Einfluß von Rauschen	211
3.4.5	Einfluß einer Bandbegrenzung	213
3.5	Zweifrequenzumtastung (2-FSK)	217
3.5.1	Zeitfunktion und Spektrum	217
3.5.2	Erzeugung und Demodulation einer Zweifrequenzumtastung	219
3.5.3	Verfahren mit kontinuierlichem Phasenübergang	220
3.5.4	Einfluß von Rauschen	228

3.6	Höherwertige Trägerumtastung	229
3.6.1	Achtphasenumtastung (8-PSK)	231
3.6.2	Sechzehnstufige Quadraturamplitudenmodulation (16-QAM)	236
3.7	Vergleich der Eigenschaften verschiedener Verfahren der Phasenumtastung und Quadraturamplitudenmodulation	242

Beispiele zum Abschnitt 3 245

Literaturverzeichnis 253

Sachwörterverzeichnis 261

Zusammenstellung häufig verwendeter Formelzeichen und Abkürzungen

Dämpfung

a	Dämpfungsmaß, allg., in dB
a_k	Klirrdämpfungsmaß, in dB

Bandbreite

B	Bandbreite eines idealen Tiefpasses
B_A	Abtastbandbreite
B_{FM}	Bandbreite des FM-Modulationsprodukts
B_{HF}	mindest notwendige Bandbreite des hochfrequenten Übertragungskanals
$B_{HF,pr}$	praktisch gewählte Bandbreite des hochfrequenten Übertragungskanals
B_N	NYQUIST-Bandbreite
B_{NF}	Bandbreite des empfangsseitigen, niederfrequenten Signalkanals
B_{PAM}	Bandbreite des PAM-Modulationsprodukts
B_{PCM}	Bandbreite des PCM-Modulationsprodukts
B_{pr}	praktisch gewählte Übertragungsbandbreite
B_R	Rauschbandbreite
$B_{R_{HF}}$	hochfrequente Rauschbandbreite
B_S	Bandbreite des analogen Signals
$B_Ü$	Übertragungsbandbreite

Codesignale

$c(t)$	binäres Sende-Codesignal
$c'(t)$	binäres Empfangs-Codesignal
$c_A(t)$	Dibit-Signal A
$c_B(t)$	Dibit-Signal B
C	Kapazität
C	Carrier (Trägerleistung)
C	Kompression, in dB
„C/N"	log. Verhältnis von Trägerleistung zur Rauschleistung im hochfrequenten Übertragungskanal, in dB

Verwendete Formelzeichen

$\delta(t)$	DIRAC-Impulse
$\delta(t - \nu \cdot T_A)$	DIRAC-Impulsfolge
D	Dynamik, in dB
D	HAMMING-Abstand
erf(x)	error function (Fehlerfunktion)
erfc(x)	error function complementary (Fehlerfunktion, komplementär)
E	Signalenergie je Bit
„E/N"	log. Verhältnis von Signalenergie je Bit zur Rauschleistungsdichte, in dB

Frequenz

f_A	Abtastfrequenz
f_{Bit}	Bitfolgefrequenz, Bittaktfrequenz
f_g	Grenzfrequenz
f_P	Pulsfrequenz
f_s	Schrittfrequenz
f_S	Signalfrequenz
f_T	Trägerfrequenz
Δf	Frequenzband, allg.
Δf_P	Pulsfrequenzhub
Δf_T	Frequenzhub des Sinusträgers
F	Rauschzahl
g	Gewinnmaß, allg., in dB
g_K	Kompandergewinn, in dB
$\underline{H}(f)$	Übertragungsfunktion
$J_n(x)$	BESSEL-Funktion erster Art, n-ter Ordnung
k	Klirrfaktor
$k \cdot T_0$	Rauschleistungsdichte, $4{,}1 \cdot 10^{-21}$ Ws bei $T_0 = 293$ K

Pegel

L_P	absoluter Leistungspegel, in dBm
L_R	absoluter Rauschleistungspegel, in dBm
L_{R_B}	absoluter Rauschleistungspegel im Bezugskanal mit der Bandbreite $B_{NF} = B_S$

L_U	absoluter Spannungspegel, in dB
$L_{U_{rel}}$	relativer Spannungspegel, in dB
m	Modulationsgrad
m	Anzahl von Bits eines m^2-wertigen Signalschritts
M	Modulationsindex
N	Anzahl der Bits je Codewort, Codewortlänge
N	Noise (Rauschleistung), $N = P_R$
N_0	Rauschleistungsdichte, $N_0 = P'_R$
p	Aussteuergrad
$p(x)$	Wahrscheinlichkeit
p_e	Bitfehlerhäufigkeit, Bitfehlerquote

Leistung

P_Q	Quantisierungsgeräuschleistung
P_R	Rauschleistung
P_{R_B}	Rauschleistung im Bezugskanal mit der Bandbreite $B_{NF} = B_S$
$P_{R_{HF}}$	Rauschleistung im hochfrequenten Übertragungskanal
P_{R_N}	Rauschleistung innerhalb der NYQUIST-Bandbreite B_N
P'_R	Rauschleistungsdichte, $P'_R = F \cdot k \cdot T_0$
P_S	Signalleistung
$P_{S,q}$	Leistung des quantisierten Signals
P_T	Trägerleistung

Phase

φ	Phasenwinkel, allg.
$\varphi(t)$	Momentanphasenwinkel
$\varphi_C(t)$	Momentanphasenwinkel, dem Codesignal zugeordnet
$\varphi_{P_n}(t)$	Momentanphasenwinkel der n-ten Harmonischen des Trägerpulses
$\Delta\varphi$	Phasenabweichung zwischen Referenzträger und Sendeträger
$\Delta\varphi_P$	Pulsphasenhub
$\Delta\varphi_P(t)$	Momentanphasenverschiebung eines Impulses
$\Delta\varphi_T$	Phasenhub des Sinusträgers
$\Phi(x_0)$	GAUSSsches Fehlerintegral, Fehlerfunktion

Verwendete Formelzeichen

r	Anzahl der Arbeitsschritte eines Codierers
r	Roll-off-Faktor
r_{Bit}	Bitrate
„R"	log. Verhältnis von Signalenergie je Schritt zur Rauschleistungsdichte, in dB
s	Anzahl der Quantisierungsintervalle

Signal/Geräuschabstand und Signal/Rauschabstand

S_G	Signal/Geräuschabstand, allg., in dB
$S_{G,F}$	Signal/Geräuschabstand durch Bitfehler, in dB
$S_{G,R}$	Signal/Geräuschabstand durch Bitfehler von Rauschen, in dB
S_Q	Signal/Quantisierungsgeräuschabstand, in dB
S_R	Signal/Rauschabstand, allg., in dB
S_{R_B}	Signal-Rauschabstand im Bezugskanal mit der Bandbreite $B_{NF} = B_S$, in dB
$S_{R_{HF}}$	Signal/Rauschabstand im hochfrequenten Übertragungskanal, in dB
$S_{R_{HF,B}}$	Signal/Rauschabstand im Bezugskanal mit der Bandbreite $B_{NF} = B_S$ innerhalb des hochfrequenten Übertragungskanals, in dB
$S_{R_{NF}}$	Signal/Rauschabstand im empfangsseitigen, niederfrequenten Signalkanal, in dB
ΔS_R	Gewinn an Signal/Rauschabstand, allg., in dB
$\Delta S_{G_{FM}}$	Gewinn an Signal/Geräuschabstand im demodulierten FM-Signal gegenüber dem hochfrequenten Übertragungskanal mit der Bandbreite $B_Ü$, in dB
$\Delta S_{G_{FM,B}}$	Gewinn an Signal/Geräuschabstand im demodulierten FM-Signal gegenüber einem Bezugskanal mit der Bandbreite $B_{NF} = B_S$ innerhalb des hochfrequenten Übertragungskanals, in dB
$\Delta S_{G_{PCM}}$	Gewinn an Signal/Geräuschabstand im decodierten PCM-Signal gegenüber dem Übertragungskanal mit der Bandbreite $B_Ü$, in dB
$\Delta S_{G_{PCM,B}}$	Gewinn an Signal/Geräuschabstand im decodierten PCM-Signal gegenüber einem Bezugskanal mit der Bandbreite $B_{NF} = B_S$ innerhalb dem Übertragungskanal mit der Bandbreite $B_Ü$, in dB

Zeit

t	Zeitvariable, allg.
t_e	Einschwingzeit

t_E	Einspeicherzeit
t_H	Haltezeit
t_0	Signallaufzeit
T_A	Abtastperiodendauer
T_{Auge}	Augenöffnung in der Horizontalen
T_{Bit}	Dauer eines Bits
T_{Dibit}	Dauer eines Dibits
T_K	Dauer eines Zeitkanals
T_P	Pulsperiodendauer
T_s	Schrittdauer
T_S	Signalperiodendauer
T_T	Periodendauer des hochfrequenten Trägers
Δt	Zeitintervall, allg.
ΔT	Zeithub
ΔT_0	konstante zeitliche Verschiebung
$\Delta t_P(t)$	momentane Zeitauslenkung eines Impulses
τ	Impulsdauer
$\tau(t)$	momentane Impulsdauer
$\Delta \tau$	Änderung der Impulsdauer
τ/T_P	Tastgrad
T_P/τ	Tastverhältnis

Spannungen

$u(t)$	Momentanwert der Spannung. allg.
$u_A(t)$	Abtastsignalspannung
$\hat{u}_{dig}$	Amplitude des Digitalsignals
$+U_{dig}, -U_{dig}$	Spannungswert für logisch „1" bzw. „0"
$u_M(t)$	Momentanwert der Spannung des Modulationsprodukts
$u_P(t)$	Momentanwert der Pulsspannung
$\hat{u}_P$	Pulsamplitude
$\Delta \hat{u}_P$	Änderung der Pulsamplitude
$\hat{u}_{n \cdot f_p}$	Amplitude der n-ten Harmonischen des Pulsträgers
$u_Q(t)$	Quantisierungsfehlerspannung
$\hat{u}_Q$	Maximalwert der Quantisierungsfehlerspannung
$u_R(t)$	Momentanwert einer Rauschspannung
U_R	Effektivwert einer Rauschspannung
$u_{Ref}(t)$	Referenzträgerspannung
$u_S(t)$	Signalspannung

Verwendete Formelzeichen 15

$\hat{u}_S$	Signalamplitude
$\hat{u}_{S_{max}}$	Maximalwert der Signalamplitude
$u_{S\sim}(t)$	Wechselanteil des Signals
Δu_S	Wert eines Quantisierungsintervalls
$u_{SH}(t)$	Abtast-Halte-Spannung
$u_{S,q}(t)$	quantisierte Signalspannung
$u_{S,q}$	Amplitude der quantisierten Signalspannung
$\hat{u}_{f_S}$	Amplitude der Signalkomponente im Spektrum
$\hat{u}_{q \cdot f_S}$	Amplitude der q-ten Harmonischen des Signals
$u_T(t)$	Trägerspannung
$\hat{u}_T$	Trägeramplitude
U_T	Effektivwert der Trägerspannung
$\hat{u}_{T_{St}}$	Störträgeramplitude
$u_{V,E}(t)$	Vorhersagespannung, vom Empfangssignal abgeleitet
$u_{V,S}(t)$	Vorhersagespannung, vom Sendesignal abgeleitet
u_{Auge}	Augenöffnung in der Vertikalen
v_s	Schrittgeschwindigkeit
„0"	logischer Zustand Null eines binären Signals
„1"	logischer Zustand Eins eines binären Signals
MSB	Most Significant Bit (höchstwertiges Bit)
LSB	Least Significant Bit (niederwertigstes Bit)
NRZ	Non Return to Zero, binäres Codesignal
RZ	Return to Zero, binäres oder pseudoternäres Codesignal
PLL	Phase Locked Loop (Phasenregelschleife)
PD	Phasendiskriminator
VCO	Voltage Controlled Oscillator (spannungsgesteuerter Oszillator)

Einleitung

Bei der Umwandlung eines analogen, zeitkontinuierlichen Quellensignals in ein digitales Codesignal erfolgt eine Quantisierung in zweifacher Hinsicht. Es wird zunächst eine Zeitquantisierung durch Abtastung des Signals mit einer periodischen Impulsfolge vorgenommen, um dann in der eigentlichen Analog-Digital-Umsetzung noch die Wertquantisierung auf die Abtastwerte zu übertragen. Das Abtasttheorem bildet dabei die Grundlage für die unverfälschte Rückgewinnung des ursprünglichen Signals aus den Signalproben. Die Zusammenhänge bei der Signalabtastung sowie die Eigenschaften des dabei entstehenden Modulationsprodukts der Pulsamplitudenmodulation werden eingehend behandelt. Naheliegend ist es, im Anschluß daran auch noch die weiteren Verfahren der Pulsmodulation zu erläutern, womit der erste Abschnitt die zusammenfassende Umschreibung „Modulationsverfahren mit Pulsträger" bekommt.

Der Titel „Digitale Modulationsverfahren" wurde gewählt, weil der wesentliche Teil des Buches sich mit den digitalen Modulationsverfahren befaßt. Im zweiten und umfangreichsten Abschnitt werden die digitalen Modulationsverfahren im Basisband erläutert. Die Pulscodemodulation bildet dabei die Grundstufe. Gleichmäßige und nichtgleichmäßige Quantisierung werden gegenübergestellt und verschiedene Codier- und Decodierverfahren beschrieben. Das technisch einfache Verfahren der Deltamodulation erfährt eine detaillierte Behandlung, auch mit den verbesserten Varianten, die in gewissen Anwendungsfällen in Konkurrenz zur Pulscodemodulation treten. Die Pulscodemodulation ist meist mit dem Zeitmultiplexverfahren verknüpft, weshalb dieses auch an einigen charakteristischen Beispielen demonstriert wird. Im folgenden werden die bei der Übertragung des Digitalsignals typischen Leitungscodes beschrieben. Der Regenerativverstärker wird in seinen Funktionsstufen dargestellt mit den dabei zur Anwendung kommenden Verfahren der Signalentzerrung und Taktrückgewinnung. Das Entstehen von Bitfehlern bei Einfluß von Rauschen wird eingehend behandelt. Ein abschließender Abschnitt befaßt sich mit der Erkennung und Korrektur von Bitfehlern.

Der dritte Abschnitt bringt die wichtigsten Verfahren der digitalen Modulation eines Sinusträgers. Insbesondere die Phasenumtastung, von der Zweiphasenumtastung ausgehend, in den technisch bedeutenden Varianten der Vierphasen- und Achtphasenumtastung, wird ausführlich behandelt. Die zur Demodulation notwendige Trägerrückgewinnung mittels Quadrierschleife oder Costas-Schleife findet sich bei der Zweiphasen- und Vierphasenumtastung, genauso wie das Verfahren der Phasendifferenzcodierung und das der Phasendifferenzdemodulation. Besonders herausgestellt wird wieder der geringe Einfluß von Rauschen auf das Modulationsprodukt. Spezielle Verfahren der Frequenzumtastung mit kontinuierlichem Phasenübergang, die eine Reduzierung der Übertragungsbandbreite erlauben, werden ebenso detailliert beschrieben wie die 16wertige Quadraturamplitudenmodulation. Eine Zusammenstellung der Eigenschaften der wichtigsten Träger-Tastverfahren beschließt diesen Abschnitt.

An dieser Stelle sei der Hinweis erlaubt auf den vom Autor dieses Buches bereits früher im Dr. Alfred Hüthig Verlag im Rahmen der Uni-Taschenbücher erschienenen Band 536 mit dem Titel „Modulationsverfahren in der Nachrichtentechnik mit Sinusträger". Er behandelt ausführlich die analoge Sinusträgermodulation in Form der Amplitudenmodulation mit ihren Varianten und der Winkelmodulation mit den technischen Verfahren der Frequenz- und Phasenmodulation.

Eine ausführliche Überarbeitung dieses Taschenbuch-Bandes erscheint unter dem Titel „Analoge Modulationsverfahren" als Ergänzung bzw. eigentlich als Vorläufer zu dem hier vorliegenden Titel „Digitale Modulationsverfahren" in der Reihe „Telekommunikation".

1 Modulationsverfahren mit Pulsträger

Wie bereits in der Einleitung hingewiesen, erfolgt die Analog-Digital-Umsetzung fast ausnahmslos in Verbindung mit einer Signalabtastung. Die Signalabtastung kann aber gleichzeitig als Amplitudenmodulation der Abtastimpulsfolge betrachtet werden. Der Vorgang läßt sich somit auch als Pulsamplitudenmodulation darstellen. Grundlage aller Modulationsverfahren mit Pulsträger bildet das Abtasttheorem. Nur unter Einhaltung des Abtasttheorems kann aus dem Modulationsprodukt das darin enthaltene Nachrichtensignal eindeutig zurückgewonnen werden. Die Erläuterung des Abtasttheorems und ein empirischer Beweis führen in den ersten Abschnitt des Buches ein. Der zur Abtastung dienende Pulsträger wird anschließend in seiner spektralen Zusammensetzung beschrieben unter Hinweis auf eine Verformung des zeitlichen Verlaufs bei Begrenzung der Übertragungsbandbreite.

Auf Besonderheiten bei der Signalabtastung und Signalrückgewinnung wird im Zusammenhang mit der Pulsamplitudenmodulation hingewiesen. Dem Abtast-Halte-Prinzip bei der Signalrückgewinnung und dem damit verbundenen Signalfrequenzgang nach der si-Funktion sind die folgenden Erläuterungen gewidmet. Bedeutung erhält die Pulsamplitudenmodulation auch im Zusammenhang mit dem Zeitmultiplexverfahren, wo auch die Probleme mit der Impuls-Interferenz angesprochen werden.

Die Signalabtastung oder Pulsamplitudenmodulation bildet die Vorstufe zur Pulsfrequenz- und Pulsphasenmodulation. Deren Modulationsprodukt wird, für zwei Verfahren der technischen Erzeugung, vom Spektrum her eingehend untersucht, um daraus Möglichkeiten zur Signalrückgewinnung abzuleiten. Auch auf den Zusammenhang zwischen der zeitlichen Verschiebung der Impulse und die damit verbundene Phasen- bzw. Frequenzschwankung wird eingegangen.

Ohne ein entsprechendes Äquivalent bei der Sinusträgermodulation ist die Pulsdauermodulation. Ihre Anwendung liegt sowohl in Verbindung mit anderen Pulsmodulationsverfahren als auch bei der Erzeugung einer hohen Modulationsleistung zur Sinusträger-Amplitudenmodulation. Speziell dieser Anwendungsfall wird näher beschrieben.

1.1 Signalabtastung

1.1.1 Abtasttheorem

Bei der Signalabtastung werden einem kontinuierlichen Signal $u_S(t)$ durch eine Folge von äquidistanten Impulsen zu den Zeiten $t = \nu \cdot T_A$ Proben entnommen. Man benützt dazu einen Abtaster, der die Funktion eines Multiplizierers hat. Als

Abtastpuls wird zunächst die periodische DIRAC-Impulsfolge $\delta(t - \nu \cdot T_A)$ mit der auf den Flächeninhalt eins normierten Spannungs-Zeit-Fläche $u_\delta \cdot \tau_\delta$ verwendet (Bild 1.1).

$u_S(t) \longrightarrow \boxed{\times} \longrightarrow u_A(t)$

$\delta(t - \nu \cdot T_A)$ Bild 1.1 Signalabtastung mit einem Multiplizierer

Das Abtastsignal $u_A(t)$ erhält man aus

$$u_A(t) = \frac{u_S(t) \cdot \delta(t - \nu \cdot T_A)}{k_M} \tag{1.1}$$

mit der Multiplizierkonstante k_M.

Das von C. E. SHANNON formulierte Abtasttheorem besagt nun [1]:

Ein zeitkontinuierliches, auf die Bandbreite B_S bandbegrenztes Signal wird durch diskrete Abtastwerte eindeutig beschrieben, wenn für den zeitlichen Abstand T_A der Abtastwerte die Beziehung

$$T_A \leq \frac{1}{2 \cdot B_S} \tag{1.2a}$$

gilt.

Für die Abtastfrequenz f_A ergibt sich daraus, daß diese mindestens gleich der doppelten Bandbreite des Signals bzw. bei tiefpaß-bandbegrenztem Signal mit $B_S = f_{S_{max}}$ mindestens gleich der doppelten maximalen Signalfrequenz sein muß.

$$f_A = \frac{1}{T_A} \geq 2 \cdot B_S = 2 \cdot f_{S_{max}} \tag{1.2b}$$

Die Form des Abtastimpulses hat keinen Einfluß auf das Abtasttheorem.

Zur Rückgewinnung des kontinuierlichen Signals aus den zeitdiskreten Abtastwerten benutzt man einen Tiefpaß mit der Grenzfrequenz $f_g = f_{S_{max}}$. Die zur Signalabtastung und -rückgewinnung notwendige Anordnung zeigt Bild 1.2.

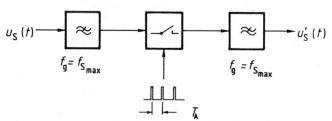

Bild 1.2 Abtaster mit bandbegrenzendem Tiefpaß und Tiefpaß zur Signalrückgewinnung

1.1 Signalabtastung

Bei dem zur Signalrückgewinnung erforderlichen Tiefpaß nach dem Abtaster, wie auch beim bandbegrenzenden Tiefpaß am Eingang des Systems, wird davon ausgegangen, daß es sich um einen idealen Tiefpaß mit der Übertragungsfunktion

$$\underline{H}(f) = \begin{cases} 1 \cdot e^{-j\omega t_0} & \text{für} \quad f < f_g \\ 0 & \text{für} \quad f > f_g \end{cases} \tag{1.3}$$

und der Signallaufzeit t_0 handelt.

Praktisch ist dieser Tiefpaß nicht realisierbar, denn er stellt ein nichtkausales System dar, bei dem die Ausgangsreaktion schon vor Anlegen des Eingangssignals auftritt. Trotzdem verwendet man in der Nachrichtentechnik vielfach den idealen Tiefpaß, da er zu einfachen Beziehungen führt, deren Gültigkeit mit guter Näherung auf reale Tiefpässe übertragbar ist [2].

Die Systemreaktion des idealen Tiefpasses mit der Grenzfrequenz f_g auf einen sehr schmalen Abtastimpuls, z.B. den DIRAC-Impuls $\delta(t)$, ergibt als FOURIER-Rücktransformierte der Übertragungsfunktion $\underline{H}(f)$ die Zeitfunktion

$$h(t) = \frac{\sin 2\pi \cdot f_g \cdot (t - t_0)}{\pi \cdot (t - t_0)} = 2 \cdot f_g \cdot \text{si}[2\pi \cdot f_g \cdot (t - t_0)]. \tag{1.4}$$

Die darin vorkommende si(x)-Funktion, mit der Definition

$$\text{si}(x) = \frac{\sin x}{x}, \tag{1.5}$$

auch *Spaltfunktion* genannt, ist charakteristisch für Einschwingvorgänge in bandbegrenzten Systemen. Sie tritt später auch als Umhüllende der Spektralkomponenten im Frequenzbereich auf.

Wie aus Gl. (1.4) und der Darstellung des Funktionsverlaufes in Bild 1.3 zu ersehen ist, beginnt die Systemreaktion schon vor dem Auftreten des Eingangsimpulses. Bei steiler Bandbegrenzung und damit großer Signallaufzeit t_0 im Tiefpaß kann allerdings der Funktionswert $h(t)$ für $t < 0$ als gegen Null gehend angenommen werden.

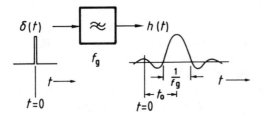

Bild 1.3 Systemreaktion eines idealen Tiefpasses auf den DIRAC-Impuls

Ersetzt man den einmaligen Abtastimpuls $\delta(t)$ durch eine periodische Folge von Abtastwerten des Signals, aus dem Abtaster über den DIRAC-Puls $\delta(t - \nu \cdot T_A)$ mit der Impulsfläche $u_\delta \cdot \tau_\delta$ gewonnen, zu

$$u_A(t) = \frac{u_\delta \cdot \tau_\delta}{k_M} \cdot u_S(t) \cdot \sum_{\nu=-\infty}^{+\infty} \delta(t - \nu \cdot T_A) = \frac{u_\delta \cdot \tau_\delta}{k_M} \cdot \sum_{\nu=-\infty}^{+\infty} u_S(\nu \cdot T_A), \quad (1.6)$$

so erhält man das Empfangssignal $u'_S(t)$, ohne Berücksichtigung der Laufzeit t_0 des Tiefpasses, als Summe aller Systemreaktionen zu

$$u'_S(t) = u_A(t) \cdot h(t)$$

$$= \frac{u_\delta \cdot \tau_\delta}{k_M} \cdot 2 \cdot f_g \cdot \sum_{\nu=-\infty}^{+\infty} u_S(\nu \cdot T_A) \cdot \text{si}(2\pi \cdot f_g \cdot t). \quad (1.7)$$

Die Zeitfunktion der Tiefpaßantwort wird nun bezogen auf die einzelnen Abtastwerte bei $t = \nu \cdot T_A$, indem die Zeitvariable t ersetzt wird durch $t - \nu \cdot T_A$. Damit geht Gl. (1.7) über in

$$u'_S(t) = \frac{u_\delta \cdot \tau_\delta}{k_M} \cdot 2 \cdot f_g \cdot \sum_{\nu=-\infty}^{+\infty} u_S(\nu \cdot T_A) \cdot \text{si}[2\pi \cdot f_g \cdot (t - \nu \cdot T_A)]. \quad (1.8)$$

Der DIRAC-Puls ist in Gl. (1.6) seiner Dimension nach als Spannungs-Zeit-Produkt eingeführt worden. Die Multiplizierkonstante k_M entspricht damit einer Spannung.

Die Systemreaktion der Abtastwerte nimmt ihren maximalen Betrag an, wenn

$$\frac{u_\delta \cdot \tau_\delta}{k_M} \cdot 2 \cdot f_g = 1 \quad \text{wird.}$$

In diesem Fall erhält man das Empfangssignal $u'_S(t)$ zu

$$u'_S(t) = \sum_{\nu=-\infty}^{+\infty} u(\nu \cdot T_A) \cdot \text{si}[2\pi \cdot f_g \cdot (t - \nu \cdot T_A)]. \quad (1.9)$$

Die bandbegrenzte Signalfunktion $u_S(t)$ kann somit durch die Überlagerung einer unendlichen Summe von gegeneinander verschobenen si-Funktionen, herrührend von den Abtastwerten des Signals, dargestellt werden. Der mathematische Beweis des Abtasttheorems ist u. a. auch zu finden in [3], [4], [5], [6], [7].

Am Beispiel einer Sinusschwingung mit der Frequenz f_S, die mit einer periodischen Impulsfolge der Frequenz $f_A = 2,5 \cdot f_S$ abgetastet wird, zeigt B i l d 1.4, wie

1.1 Signalabtastung

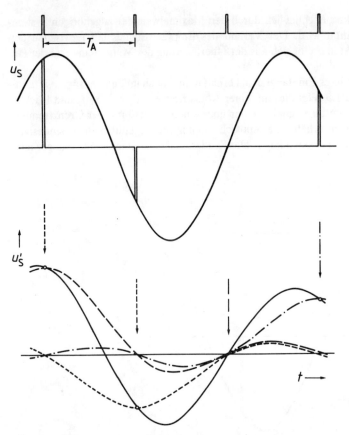

Bild 1.4 Signalrückgewinnung aus einer begrenzten Folge von Abtastwerten bei Erfüllung des Abtasttheorems

sich das Empfangssignal $u'_S(t)$ nach einem idealen Tiefpaß mit der Grenzfrequenz $f_g = 1/2 \cdot f_A$ schon aus der Überlagerung der Systemreaktionen von vier Abtastwerten in einem Teilbereich relativ gut rekonstruieren läßt. Die Lage der Abtastimpulse zur Signalschwingung ist bewußt so gewählt, daß in der Folge mehrerer Abtastimpulse auch der Signalwert Null erfaßt wird, was die Systemreaktion Null zur Folge hat.

Zu den Abtastzeitpunkten $\nu \cdot T_A$ wird durch die jeweils zugehörige Systemreaktion der richtige Signalwert wiedergegeben, weil die si-Funktion für $t = \nu \cdot T_A$ den Wert Eins annimmt. Die Variable ν wird durch die Folge aller ganzen Zahlen gebildet. Die Systemreaktionen aller Abtastwerte sind um Vielfache von T_A verschoben, so daß ihre Nullstellen zusammenfallen und das Empfangssignal zum

Abtastzeitpunkt ausschließlich durch den Maximalwert der zugehörigen Systemreaktion bestimmt wird. Der Verlauf des Empfangssignals $u'_S(t)$ zwischen den Abtastzeitpunkten ergibt sich aus der Überlagerung der Momentanwerte der einzelnen Spaltfunktionen.

Ein völlig anderes Empfangssignal erhält man jedoch im Fall der sog. „Unterabtastung". Bild 1.5 zeigt dies mit einer Abtastfrequenz $f_A = 1{,}5 \cdot f_S$ und Rückgewinnung des Empfangssignals wieder über einen Tiefpaß mit der Grenzfrequenz $f_g = 1/2 \cdot f_A$. Man erhält eine Sinusschwingung mit gegenüber dem Sendesignal unterschiedlicher Periodendauer. Das Sendesignal gelangt in diesem Fall gar nicht

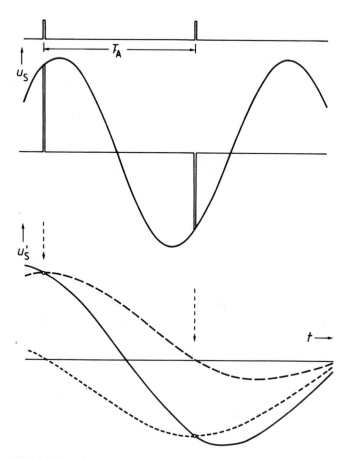

Bild 1.5 Zurückgewonnenes Signal bei Unterabtastung

1.1 Signalabtastung

über den Empfangstiefpaß, da dessen Grenzfrequenz mit der Annahme $f_A = 1{,}5 \cdot f_S$ bei dem Wert

$$f_g = \frac{1}{2} \cdot f_A = 0{,}75 \cdot f_S$$

liegt.

Diese Ergebnisse aus der grafischen Konstruktion der Zeitfunktion lassen sich, wie im Zusammenhang mit der Pulsamplitudenmodulation gezeigt wird, wesentlich einfacher über das Spektrum herleiten.

Das Abtasttheorem kann wegen der Vertauschbarkeit von Frequenz und Zeit auch für einen zeitlich begrenzten Vorgang formuliert werden. Nach [3] gilt dann:

Eine auf die Zeitdauer Δt begrenzte Signalfunktion wird durch ihre diskreten Spektralkomponenten bei den Frequenzen $n \cdot \Delta f$ im Abstand $\Delta f \leqq 1/(2 \cdot \Delta t)$ vollständig bestimmt.

Die Amplituden dieser Spektralkomponenten sind gegeben durch die Amplituden der Teilschwingungen der zeitlich begrenzten Signalfunktion, wenn diese periodisch wiederholt würde.

Die Beweisführung erfolgt über die FOURIER-Transformation in ähnlicher Weise wie für das Abtasttheorem bei einer frequenzbandbegrenzten Funktion.

1.1.2 Pulsträger

Bei der Signalabtastung wurde stillschweigend davon ausgegangen, daß sich die dazu verwendete periodische Impulsfolge aus sehr schmalen Impulsen zusammensetzt, d. h. im Grenzfall durch eine DIRAC-Impulsfolge gebildet wird. Praktisch läßt sich dies jedoch nicht realisieren. Es zeigt sich aber, daß die Signalabtastung wie auch die Signalübertragung durch Modulation einer Impulsfolge nicht unbedingt sehr schmale Impulse erfordert, solange man von der Übertragung eines einzelnen Signals ausgeht und den möglichen Zeitmultiplexbetrieb nicht berücksichtigt. Auch die Impulsform wurde bisher ausgeklammert.

Als Abtastpuls oder Trägerpuls dient zunächst eine periodische Rechteckimpulsfolge. Die Zeitfunktion der einseitig gerichteten Impulsfolge (Bild 1.6) ist charakterisiert durch die Pulsamplitude $\hat{u}_P$, die Pulsperiodendauer T_P und die Impulsdauer τ. Die Pulsfrequenz beträgt $f_P = 1/T_P$.

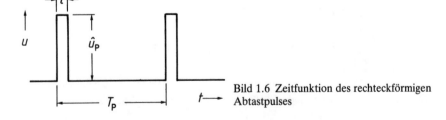

Bild 1.6 Zeitfunktion des rechteckförmigen Abtastpulses

Das Verhältnis τ/T_P wird als Tastgrad, das Verhältnis T_P/τ als Tastverhältnis bezeichnet (Definition nach DIN 45 402).

Über eine FOURIER-Reihenentwicklung erhält man die Zeitfunktion $u_P(t)$ in der Zusammensetzung aus den Teilkomponenten zu

$$u_P(t) = \hat{u}_P \cdot \frac{\tau}{T_P} \cdot \sum_{n=-\infty}^{+\infty} \frac{\sin\left(n \cdot \omega_P \cdot \frac{\tau}{2}\right)}{n \cdot \omega_P \cdot \frac{\tau}{2}} \cdot \cos(n \cdot \omega_P t) \qquad (1.10)$$

bzw. in der auf den technischen Frequenzbereich von $f = 0$ bis $f \to \infty$ bezogenen Form unter Verwendung der si-Funktion gemäß Gl. (1.5)

$$u_P(t) = \hat{u}_P \cdot \frac{\tau}{T_P} \cdot \left[1 + 2 \cdot \sum_{n=1}^{\infty} \operatorname{si}\left(n \cdot \frac{\tau}{T_P} \cdot \pi\right) \cdot \cos(n \cdot \omega_P t)\right], \qquad (1.11)$$

woraus die Spektralkomponenten der Rechteckimpulsfolge zu entnehmen sind mit der Amplitude

$$\hat{u}_{n \cdot f_P} = \hat{u}_P \cdot \frac{\tau}{T_P} \cdot 2 \cdot \left|\operatorname{si}\left(n \cdot \frac{\tau}{T_P} \cdot \pi\right)\right|. \qquad (1.12)$$

Die Amplituden der Teilschwingungen sind mit der si-Funktion verknüpft, die für alle ganzzahligen Vielfachen von π Nullstellen aufweist. In dem von Gl. (1.11) zu entnehmendem Spektrum des Pulses treten somit Nullstellen auf bei allen $(n \cdot T_P/\tau)$-ten Harmonischen.

Die Umhüllende der Spektralkomponenten wird durch die Funktion $|\operatorname{si}(n \cdot (\tau/T_P) \cdot \pi)|$ gebildet.

Als Beispiel ist in Bild 1.7 das Spektrum einer periodischen Rechteckimpulsfolge mit dem Tastgrad $\tau/T_P = 1/10$ im Bereich bis zur 20. Harmonischen wieder-

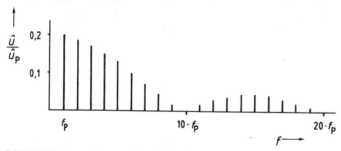

Bild 1.7 Spektrum einer periodischen Rechteckimpulsfolge nach Bild 1.6

1.1 Signalabtastung

gegeben. Die Gleichkomponente hat nachrichtentechnisch keine Bedeutung und wird deshalb im Spektrum meist nicht eingetragen.

Das Spektrum des Rechteckpulses belegt ein sehr breites Frequenzband, das theoretisch bis ins Unendliche reicht. Der Abstand der Spektrallinien ist gleich der Pulsfrequenz f_P, der Abstand der Nullstellen im Spektrum beträgt $1/\tau$. Die Amplitude der einzelnen Spektralkomponenten fällt insgesamt mit steigender Ordnungszahl n ab.

Für sehr schmale Impulse, also mit $\tau \ll T_P$, zeigt sich, daß zwar die Amplitude der Spektralkomponenten proportional dem Tastgrad τ/T_P absinkt, die Amplitudenverteilung aber bis zu hohen Ordnungszahlen weitgehend konstant bleibt, da die erste Nullstelle im Spektrum wegen $T_P/\tau \ll 1$ weit nach oben rückt.

Eine Begrenzung des Spektrums des Rechteckpulses führt zu einer Impulsverzerrung, die sich insbesondere durch Vor- und Nachschwinger äußert. Ein Beispiel soll dies demonstrieren. Vom Spektrum des Rechteckpulses mit $\tau/T_P = 1/10$ nach Bild 1.7 werden neben der Gleichkomponente nur die Harmonischen der Ordnungszahlen $n = 1 \cdots 10$ (Bild 1.8 a) bzw. $n = 1 \cdots 4$ (Bild 1.8 b) übertragen.

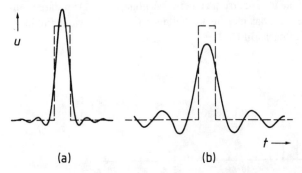

Bild 1.8 Verformung eines Rechteckimpulses durch Begrenzung des Spektrums der periodischen Impulsfolge mit dem Tastgrad $\tau/T_P = 1/10$ auf Harmonische der Ordnungszahl: a) $n = 1 \cdots 10$, b) $n = 1 \cdots 4$

Die Vor- und Nachschwinger würden insbesondere beim Zeitmultiplexbetrieb, wo die Impulse aus verschiedenen Signalkanälen dicht aufeinanderfolgen, zu einem Nebensprechen in zeitlich benachbarte Kanäle führen. Um das Nebensprechen durch Bandbegrenzung zu vermeiden, verwendet man Impulse mit weniger breitem Spektrum.

Bei der häufig vorkommenden $\cos^2$-Impulsform mit der Zeitfunktion

$$u(t) = \hat{u}_P \cdot \cos^2\left(\pi \cdot \frac{t}{2\tau}\right) \tag{1.13}$$

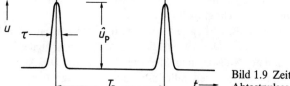

Bild 1.9 Zeitfunktion des cos²-förmigen Abtastpulses

erhält man für die periodische Impulsfolge mit der Halbwertsbreite τ und der Periodendauer T_P nach Bild 1.9 die Amplitude der Spektralkomponenten zu [3]

$$\hat{u}_{n \cdot f_P} = \hat{u}_P \cdot \frac{\tau}{T_P} \cdot 2 \cdot \left| \text{si}\left(n \cdot \frac{2\tau}{T_P} \cdot \pi\right) \cdot \frac{1}{1 - \left(n \cdot \frac{2\tau}{T_P}\right)^2} \right| . \quad (1.14)$$

Man erkennt im Spektrum des cos²-Pulses (Bild 1.10), daß dieses im Vergleich zu dem des Rechteckpulses sehr rasch abklingt und praktisch nur Spektralkomponenten bis zur ersten Nullstelle im Spektrum zu berücksichtigen sind. Dem dargestellten Spektrum zugrunde liegt das gleiche Verhältnis $\tau/T_P = 1/10$, wie beim Spektrum des Rechteckpulses nach Bild 1.7.

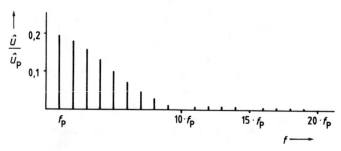

Bild 1.10 Spektrum des cos²-förmigen Abtastpulses nach Bild 1.9

In den folgenden Abschnitten über die verschiedenen Pulsmodulationsverfahren wird der Einfachheit halber stets ein idealer rechteckförmiger Trägerpuls angenommen. Beim Übergang auf andere Impulsformen ist deren spektrale Zusammensetzung entsprechend zu berücksichtigen.

1.2 Pulsamplitudenmodulation

1.2.1 Zeitfunktion und Frequenzspektrum

Eine Pulsamplitudenmodulation (PAM) liegt prinzipiell bereits bei der Signalabtastung vor. Die Entnahme von Signalproben in periodischer Folge durch kurze Abtastimpulse, d. h. durch den Trägerpuls $u_P(t)$, führt zu dem Modulationsprodukt $u_{PAM}(t)$ am Ausgang der Abtastschaltung bzw. des Amplitudenmodulators nach Bild 1.11.

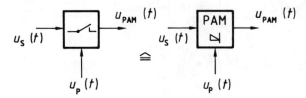

Bild 1.11 Signalabtaster als Pulsamplitudenmodulator

Die zu übertragende Signalfunktion $u_S(t)$, für die mathematische Behandlung als Sinusschwingung angenommen, wird im Takt des Abtast- oder Trägerpulses durchgeschaltet, was einer Multiplikation mit der auf die Pulsamplitude $\hat{u}_P$ normierten Impulsfolge entspricht. Das Modulationsprodukt erhält man somit aus

$$u_{PAM}(t) = u_S(t) \cdot \frac{u_P(t)}{\hat{u}_P}. \tag{1.15}$$

Bild 1.12 gibt den zeitlichen Verlauf des Modulationsprodukts wieder, dessen Umhüllende durch die Signalfunktion bestimmt wird. Man spricht in diesem Fall von „bipolarer" Pulsamplitudenmodulation (PAM, bip).

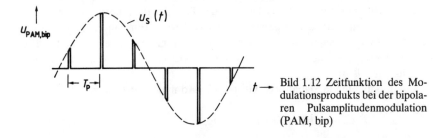

Bild 1.12 Zeitfunktion des Modulationsprodukts bei der bipolaren Pulsamplitudenmodulation (PAM, bip)

Mit der Zeitfunktion des Trägerpulses nach Gl. (1.11) und dem modulierenden Signal

$$u_S(t) = \hat{u}_S \cdot \cos \omega_S t \qquad (1.16)$$

berechnet sich das Modulationsprodukt gemäß Gl. (1.15) zu

$$u_{PAM}(t) = u_{PAM,\,bip}(t) = \hat{u}_S \cdot \frac{\tau}{T_P} \cdot \Bigg[\cos \omega_S t +$$
$$+ \sum_{n=1}^{\infty} \text{si}\left(n \cdot \frac{\tau}{T_P} \cdot \pi\right) \cdot \cos(n \cdot \omega_P + \omega_S) t + \qquad (1.17)$$
$$+ \sum_{n=1}^{\infty} \text{si}\left(n \cdot \frac{\tau}{T_P} \cdot \pi\right) \cdot \cos(n \cdot \omega_P - \omega_S) t \Bigg].$$

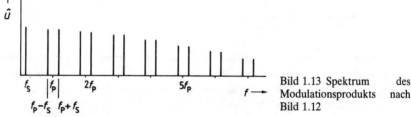

Bild 1.13 Spektrum des Modulationsprodukts nach Bild 1.12

Die dazugehörige Spektrumsdarstellung zeigt Bild 1.13. Neben der Signalkomponente bei der Frequenz f_S erscheinen alle oberen und unteren Seitenschwingungen zu den nicht vorhandenen Spektralkomponenten des Trägerpulses. Ein Vergleich mit der Zweiseitenband-Amplitudenmodulation bei Sinusträgern mit Trägerunterdrückung liegt nahe, wobei dort, wegen der um die Nullinie symmetrischen Kurvenform des Trägers, in diesem ein Gleichanteil fehlt, und damit das Signal im Spektrum des Modulationsprodukts nicht auftritt.

Die Spektralkomponenten des Trägers erscheinen, sobald das anliegende Signal eine Gleichkomponente aufweist bzw. für den Fall, daß dem sinusförmigen Modulationssignal eine Gleichkomponente überlagert wird. Eine unverzerrte „unipolare" Pulsamplitudenmodulation (PAM, uni) kommt zustande, wenn die dem Signal überlagerte Gleichkomponente mindestens gleich der Amplitude $\hat{u}_S$ des Wechselsignals ist.

Das modulierende Signal nach Gl. (1.16) wird nun ersetzt durch

$$u_S(t) = U_0 + u_{S_\sim}(t) = U_0 + \hat{u}_S \cdot \cos \omega_S t \,. \qquad (1.18)$$

1.2 Pulsamplitudenmodulation

Nimmt die Gleichkomponente den Wert $U_0 = \hat{u}_P$ an, dann folgt für das Modulationsprodukt

$$\begin{aligned} u_{PAM}(t) = u_{PAM,\,uni}(t) = \hat{u}_P \cdot \frac{\tau}{T_P} \cdot \Bigg[& 1 + \frac{\hat{u}_S}{\hat{u}_P} \cdot \cos \omega_S t + \\ & + 2 \cdot \sum_{n=1}^{\infty} \mathrm{si}\left(n \cdot \frac{\tau}{T_P} \cdot \pi\right) \cdot \cos n \cdot \omega_P t + \\ & + \frac{\hat{u}_S}{\hat{u}_P} \cdot \sum_{n=1}^{\infty} \mathrm{si}\left(n \cdot \frac{\tau}{T_P} \cdot \pi\right) \cdot \cos (n \cdot \omega_P + \omega_S) t + \\ & + \frac{\hat{u}_S}{\hat{u}_P} \cdot \sum_{n=1}^{\infty} \mathrm{si}\left(n \cdot \frac{\tau}{T_P} \cdot \pi\right) \cdot \cos (n \cdot \omega_P - \omega_S) t \Bigg]. \end{aligned} \qquad (1.19)$$

Das Verhältnis $\hat{u}_S/\hat{u}_P$ entspricht dem Modulationsgrad m beim idealen Modulator,

$$m = \frac{\hat{u}_S}{\hat{u}_P}. \qquad (1.20)$$

Bild 1.14 gibt die Zeitfunktion der unipolaren Pulsamplitudenmodulation wieder bei einem Modulationsgrad $m = 1$.

In der Zeitfunktion der unipolaren Pulsamplitudenmodulation erkennt man die maximale Änderung der Pulsamplitude $\Delta \hat{u}_P$, die, bezogen auf die Amplitude $\hat{u}_P$ des unmodulierten Pulses, zu der Definition des Modulationsgrades führt, wie sie auch von der Sinusträger-Amplitudenmodulation her bekannt ist gemäß

$$m = \frac{\Delta \hat{u}_P}{\hat{u}_P}. \qquad (1.21)$$

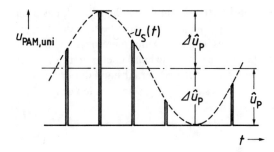

Bild 1.14 Zeitfunktion des Modulationsprodukts bei der unipolaren Pulsamplitudenmodulation

Mit Einbeziehung des Modulationsgrades stellt sich Gl. (1.19) dar in der Form

$$u_{\text{PAM, uni}}(t) = \hat{u}_P \cdot \frac{\tau}{T_P} \cdot \Bigg[1 + m \cdot \cos \omega_S t +$$

$$+ 2 \cdot \sum_{n=1}^{\infty} \text{si}\left(n \cdot \frac{\tau}{T_P} \cdot \pi\right) \cdot \cos(n \cdot \omega_P t) +$$

$$+ m \cdot \sum_{n=1}^{\infty} \text{si}\left(n \cdot \frac{\tau}{T_P} \cdot \pi\right) \cdot \cos(n \cdot \omega_P + \omega_S) t +$$

$$+ m \cdot \sum_{n=1}^{\infty} \text{si}\left(n \cdot \frac{\tau}{T_P} \cdot \pi\right) \cdot \cos(n \cdot \omega_P - \omega_S) t \Bigg].$$

(1.22)

Eine Ähnlichkeit mit der Sinusträger-Amplitudenmodulation ist zu erkennen, allerdings nun mit den sich bei $n \cdot f_P$ wiederholenden Spektren, der Signalkomponente und einem Gleichanteil. In Bild 1.15 ist das Spektrum einer unipolaren Pulsamplitudenmodulation dargestellt.

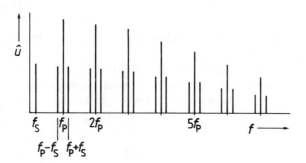

Bild 1.15 Spektrum der unipolaren Pulsamplitudenmodulation

Bei der Amplitudenmodulation des Pulsträgers durch ein Signalband, das nach Bandbegrenzung im Bereich $f_S = 0 \cdots f_{S_{\text{max}}}$ liegt, erhält man Seitenbänder oberhalb und unterhalb der Spektrallinien des Trägers. Damit diese nicht ineinander und vor allem nicht in das eigentliche Signalfrequenzband übergreifen, muß der Abstand der Trägerspektrallinien untereinander und der Abstand der ersten Trägerharmonischen zur Frequenz Null mindestens $2 \cdot f_{S_{\text{max}}}$ sein, was ja auch aus der Forderung des Abtasttheorems mit

$$f_A = f_P \geqq 2 \cdot B_S = 2 \cdot f_{S_{\text{max}}} \tag{1.23}$$

1.2 Pulsamplitudenmodulation

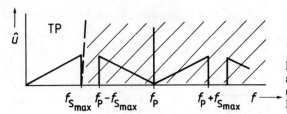

Bild 1.16 Spektrum der Pulsamplitudenmodulation mit einem Signalfrequenzband bei Erfüllung des Abtasttheorems

hervorgeht. Bild 1.16 zeigt einen Teil des Spektrums bei unipolarer Pulsamplitudenmodulation mit einem Signalfrequenzband für den Fall, daß $f_P > 2 \cdot f_{S_{max}}$ ist.

Das übertragene Signal kann in diesem Fall eindeutig, ohne Verfälschung oder Verzerrung, über einen Tiefpaß mit der Grenzfrequenz $f_g = f_{S_{max}}$ aus dem Modulationsprodukt zurückgewonnen werden.

Bei Nichterfüllen der Forderung nach Gl. (1.23) würde ein Teil des unteren Seitenbandes der ersten Trägerharmonischen in das Signalband fallen (Bild 1.17). Dies hätte zur Folge, daß das ursprüngliche Signal nicht mehr eindeutig

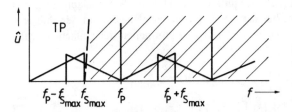

Bild 1.17 Spektrum der Pulsamplitudenmodulation mit einem Signalfrequenzband bei Unterabtastung, Auftreten des Aliasing-Effekts

zurückgewonnen werden kann. Es liegt der vielfach mit dem englischsprachigen Wort „Aliasing" bezeichnete Effekt vor. Aliasing tritt insbesondere dann auf, wenn vor der Signalabtastung die Bandbegrenzung auf $f_{S_{max}} < 1/2 \cdot f_P$ nicht eingehalten wird. Steil abfallende Tiefpaßfilter sind deshalb notwendig, um die Fremdkomponenten im Signalfrequenzband zu unterdrücken.

In diesem Zusammenhang läßt sich auch das Ergebnis der in Bild 1.5 dargestellten „Unterabtastung" erklären. Die Abtastung des Signals erfolgt dort mit $f_A = f_P = 1,5 \cdot f_S$. Das Spektrum nach Bild 1.18 zeigt, daß eine Spektralkomponente bei

$$f_P - f_S = f_P - \frac{f_P}{1,5} = \frac{1}{3} \cdot f_P = \frac{1}{2} \cdot f_S$$

auftritt. Bei Rückgewinnung des „Signals" über einen Tiefpaß mit der Grenzfrequenz $f_g = 1/2 \cdot f_A = 1/2 \cdot f_P$ bedeutet dies, daß nur die „Fremdkomponente" (Alias), nämlich die untere Seitenschwingung der ersten Trägerharmonischen, erfaßt wird, was in diesem Beispiel einer Sinusschwingung mit der Frequenz $f = 1/2 \cdot f_S$ entspricht.

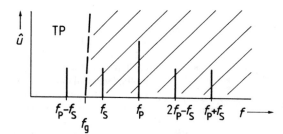

Bild 1.18 Aliasing-Effekt am Beispiel der Unterabtastung nach Bild 1.5

Die bisherigen Überlegungen gingen davon aus, daß die Pulsamplitudenmodulation in einem Modulator zustande kommt, dessen Funktion durch einen vom Trägerpuls gesteuerten Schalter darstellbar ist. Mit der Annahme einer sehr kurzen Impulsdauer ist es möglich, zeitliche Momentanwerte des Signals zu erfassen. Beim Übergang auf eine längere Impulsdauer wird es jedoch notwendig, eine genauere Aussage über den Verlauf des Modulationsprodukts während der Impulsdauer τ zu geben.

Dazu betrachtet man die Pulsamplitudenmodulation als Signalabtastung mit einer Rechteckimpulsfolge, bei der die Impulsdauer gemessen an der Pulsperiodendauer nicht mehr sehr klein ist. Bild 1.19 gibt neben der einfachen Schal-

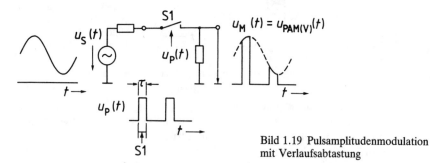

Bild 1.19 Pulsamplitudenmodulation mit Verlaufsabtastung

tungsanordnung den zeitlichen Verlauf des Modulationsprodukts $u_M(t)$ wieder, das als Ergebnis einer unipolaren Pulsamplitudenmodulation zu sehen ist. Der Schalter S1 wird durch den Trägerpuls jeweils über die Zeitdauer τ geschlossen, so daß im Ausgangskreis für diese Zeit das anliegende Signal $u_S(t)$ erscheint. Man spricht in diesem Fall von der „natürlichen Abtastung" [7] oder „natural sampling" bzw. „top sampling" [8], womit in diesem Zusammenhang auch der im deutschen Sprachgebrauch vielfach für die Abtastung verwendete englische Ausdruck „sampling" genannt wird. Vom Modulationsprodukt her bietet sich der Begriff *Verlaufsabtastung* an, der hier verwendet und durch die Ergänzung „(V)" gekennzeichnet wird.

1.2 Pulsamplitudenmodulation

Die Zeitfunktion des Modulationsprodukts in der zum Spektrum führenden Darstellung kann von Gl. (1.22) übernommen werden als

$$u_{PAM(V)}(t) = \hat{u}_P \cdot \frac{\tau}{T_P} \cdot \Bigg[1 + m \cdot \cos \omega_S t +$$

$$+ 2 \cdot \sum_{n=1}^{\infty} \text{si}\left(n \cdot \frac{\tau}{T_P} \cdot \pi\right) \cdot \cos(n \cdot \omega_P t) +$$

$$+ m \cdot \sum_{n=1}^{\infty} \text{si}\left(n \cdot \frac{\tau}{T_P} \cdot \pi\right) \cdot \cos(n \cdot \omega_P + \omega_S) t + \quad (1.24)$$

$$+ m \cdot \sum_{n=1}^{\infty} \text{si}\left(n \cdot \frac{\tau}{T_P} \cdot \pi\right) \cdot \cos(n \cdot \omega_P - \omega_S) t \Bigg].$$

Es zeigt sich, daß die Impulsdauer τ in Verbindung mit dem Tastgrad τ/T_P in die Amplitude aller Spektralkomponenten und zusätzlich über die $\text{si}(n \cdot (\tau/T_P) \cdot \pi)$-Funktion in die ordnungszahlabhängige Amplitude der Trägerkomponenten und in gleichem Maß von deren Seitenschwingungen eingeht. Eine Abhängigkeit der Amplitude bestimmter Spektralkomponenten von der Frequenz f_S des modulierenden Signals liegt nicht vor. Bild 1.20 zeigt dies in der Spektrumsdarstellung mit einem Tastgrad $\tau/T_P = 1/4$ und dem Modulationsgrad $m = 1$.

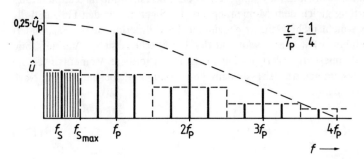

Bild 1.20 Spektrum bei der Pulsamplitudenmodulation mit Verlaufsabtastung

Eine geringe Änderung des Abtastverfahrens führt zu der zweiten Art der Pulsamplitudenmodulation, die als „gleichmäßige Abtastung" [7] oder „instantaneous sampling" bzw. „flat top sampling" [8] bezeichnet wird. Da in diesem Fall wieder ein echter Momentanwert des Signals festgestellt wird, ist es naheliegend dafür den Begriff *Momentanwertabtastung* zu gebrauchen mit der Kennzeichnung

„(M)". Nach [3] werden die beiden Varianten der Pulsamplitudenmodulation benannt mit „PAM 1. Art" für PAM (M) und „PAM 2. Art" für PAM (V).

Die Unterscheidung der Pulsamplitudenmodulation in die beiden Varianten läßt sich auch folgendermaßen interpretieren:

Bei der *gleichmäßigen Abtastung* oder „Momentanwertabtastung", d. h. bei einer Abtastung des Signals zu äquidistanten Zeitpunkten $\nu \cdot T_P$, wird der Momentanwert des Signals festgestellt und von diesem der Wert des modulierten Parameters, hier der Pulsamplitude $\hat{u}_P$, bestimmt. Es gilt somit gemäß B i l d 1.21 a

$$\hat{u}_P(\nu \cdot T_P) = f(u_S(\nu \cdot T_P)) \ . \tag{1.25}$$

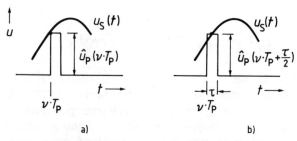

Bild 1.21 Gleichmäßige Abtastung (Momentanwertabtastung) (a) und natürliche Abtastung (b) bei der Pulsamplitudenmodulation

Bei der *natürlichen Abtastung* hingegen ist die Pulsamplitude im Zeitpunkt der Signalauswertung gleich dem Momentanwert des Signals. Für den Fall, daß die Impulsdauer τ nicht mehr klein ist gegenüber der Pulsperiodendauer T_P, ändert sich der modulierte Parameter während der Impulsdauer (siehe „Verlaufsabtastung"). Als definierbarer Wert des Signals kann der mittlere Momentanwert im Intervall τ angenommen werden, von dem die Pulsamplitude bestimmt wird. Nach B i l d 1.21 b gilt dann:

$$\hat{u}_P\left(\nu \cdot T_P + \frac{\tau}{2}\right) = f\left(u_S\left(\nu \cdot T_P + \frac{\tau}{2}\right)\right) \ . \tag{1.26}$$

Eine Momentanwertabtastung erhält man mit der Schaltungsanordnung nach B i l d 1.22. Das Signal $u_S(t)$ wird über den Schalter S 1 kurzzeitig an den Kondensator C angelegt, wobei sich dieser auf den momentanen Signalwert auflädt. Nach Öffnen des Schalters S 1 bleibt die Spannung am Kondensator erhalten bis nach der Impulsdauer τ der Schalter S 2 kurzgeschlossen wird und den Kondensator entlädt. Es bestimmt somit der Momentanwert zu Beginn der Impulsdauer die Amplitude eines dieser Abtastprobe zugeordneten Impulses.

1.2 Pulsamplitudenmodulation

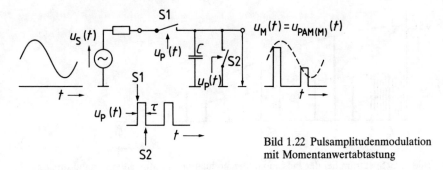

Bild 1.22 Pulsamplitudenmodulation mit Momentanwertabtastung

Die Zeitfunktion für das Modulationsprodukt in der Zusammensetzung aus den Spektralkomponenten kann nach [3] angegeben werden zu

$$u_{PAM(M)}(t) = \hat{u}_P \cdot \frac{\tau}{T_P} \cdot \left[1 + m \cdot \mathrm{si}(f_S \cdot \tau \cdot \pi) \cdot \cos\omega_S t + \right.$$
$$+ \mathrm{si}(f \cdot \tau \cdot \pi) \cdot \left(2 \cdot \sum_{n=1}^{\infty} \cos(n \cdot \omega_P t) + \right. \qquad (1.27)$$
$$\left.\left. + m \cdot \sum_{n=1}^{\infty} \cdot \cos(n \cdot \omega_P + \omega_S)t + m \cdot \sum_{n=1}^{\infty} \cdot \cos(n \cdot \omega_P - \omega_S)t \right) \right].$$

Der Gl. (1.27) ist zu entnehmen, daß die Signalkomponente im Spektrum über die si-Funktion nun eine frequenzabhängige Amplitude aufweist, und zwar im ausnutzbaren Frequenzbereich bis $f_{S_{max}}$ um so mehr, je länger die Impulsdauer τ ist. Genaugenommen ergibt sich die Frequenzabhängigkeit jedoch über den Tastgrad τ/T_P. Eine Umformung des Arguments der si-Funktion in Gl. (1.27) mit $f_S = f_{S_{max}}$ und $k = f_P/f_{S_{max}}$ in

$$f_S \cdot \tau \cdot \pi = f_{S_{max}} \cdot \tau \cdot \pi = \frac{f_P}{k} \cdot \tau \cdot \pi = \frac{1}{k} \cdot \frac{\tau}{T_P} \cdot \pi \qquad (1.28)$$

ergibt, daß die erste Nullstelle dieser Funktion beim Wert π des Arguments um so eher erreicht wird, je größer der Tastgad τ/T_P und je kleiner der Faktor k wird.

Die Harmonischen des Pulsträgers treten mit gleichen Amplituden auf wie bei der Verlaufsabtastung, was aus der Umformung

$$\mathrm{si}(f \cdot \tau \cdot \pi) = \mathrm{si}(n \cdot f_P \cdot \tau \cdot \pi) = \mathrm{si}\left(n \cdot \frac{\tau}{T_P} \cdot \pi \right) \qquad (1.29)$$

hervorgeht. Obere und untere Seitenschwingungen hingegen erscheinen nicht mehr mit jeweils gleicher Amplitude, da sie insgesamt mit der $\mathrm{si}(f \cdot \tau \cdot \pi)$-Funk-

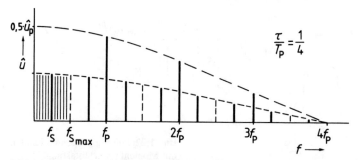

Bild 1.23 Spektrum bei der Pulsamplitudenmodulation mit Momentanwertabtastung

tion behaftet sind. Das Spektrum bei Momentanwertabtastung am Beispiel mit $\tau/T_P = 1/4$ und $m = 1$ ist in Bild 1.23 wiedergegeben.

Die Signalfrequenzkomponente ist bei $f_S = 1/2 \cdot f_{S_{max}}$ angenommen. Aus der gestrichelten Begrenzung der Frequenzbänder ist die Frequenzabhängigkeit im Bereich des Signals und bei den Seitenschwingungen zu erkennen.

Beim Grenzübergang mit $\tau \to 0$ gehen die Gl. (1.24) und Gl. (1.27) ineinander über und liefern das gleiche Ergebnis.

Ein anderer Grenzfall, nämlich $\tau \to T_P$, hat bei der Signalrückgewinnung eine besondere Bedeutung. In der Schaltung nach Bild 1.22 entfällt der Schalter S2, der Kondensator C wird im Takt des Abtast- oder Trägerpulses auf den jeweiligen Momentanwert des Signals umgeladen, und es entsteht so eine treppenförmige Spannung am Kondensator (Bild 1.24). Diese Anordnung wird als *Abtast-Halte-Schaltung* (engl. sample and hold) bezeichnet.

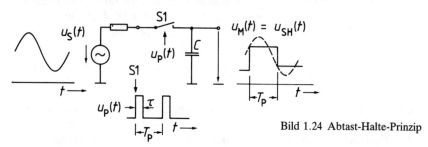

Bild 1.24 Abtast-Halte-Prinzip

Die spektrale Zusammensetzung der Treppenspannung leitet sich aus Gl. (1.27) ab. Man erhält mit $\tau = T_P$ die Zeitfunktion des Ausgangssignals bei der Abtast-Halte-Schaltung zu

$$u_{SH} = u_{tr}(t) = \hat{u}_P \cdot \left[1 + m \cdot \text{si}\left(\frac{f}{f_P} \cdot \pi\right) \cdot \right. \tag{1.30}$$
$$\left. \cdot (\cos \omega_S t + \cos(n \cdot \omega_P + \omega_S)t + \cos(n \cdot \omega_P - \omega_S)t) \right].$$

1.2 Pulsamplitudenmodulation

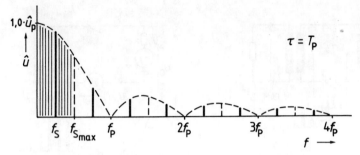

Bild 1.25 Spektrum der treppenförmigen Abtast-Halte-Spannung

Das Spektrum der Treppenspannung $u_{SH}(t)$ zeigt Bild 1.25. Die Signalkomponente ist darin besonders stark vertreten mit der Amplitude

$$\hat{u}_{f_S} = \hat{u}_P \cdot m \cdot \text{si}\left(\frac{f_S}{f_P} \cdot \pi\right). \tag{1.31}$$

Wegen des hohen Signalanteils im Spektrum wird diese Schaltung bei der Demodulation des PAM-Signals verwendet, wie noch gezeigt wird.

Aus der Umhüllenden des Spektrums nach Bild 1.25 ist auch zu entnehmen, daß mit steigendem Verhältnis f_P/f_S, d. h. mit zunehmender Anzahl von Abtastwerten und damit auch Treppenstufen des Signals innerhalb der Pulsperiode, die gesamte Energie des Modulationsprodukts immer mehr auf die Signalkomponente selbst konzentriert wird. Die Amplitude der Signalkomponente nähert sich mit $m = 1$ dem Wert $\hat{u}_P$, die Harmonischen des Pulsträgers sind verschwunden und die Amplitude der Seitenschwingungen wird mit zunehmendem Wert f_P/f_S bzw. mit absinkender Signalfrequenz immer geringer. Dieser Effekt erklärt sich logischerweise auch aus der Zeitfunktion, in der die ursprüngliche Signalform mit zunehmender Anzahl von Treppenstufen immer besser angenähert wird.

1.2.2 Erzeugung und Demodulation einer Pulsamplitudenmodulation

Die Beeinflussung der Amplitude des Pulsträgers kann grundsätzlich mit den gleichen Modulatoren vorgenommen werden, wie diese von der Sinusträgermodulation her bekannt sind. Als einfachste Schaltung bietet sich der Diodenmodulator an, der in Gegentaktschaltung die bipolare PAM liefert (Bild 1.26a) oder in Eintaktschaltung die unipolare PAM (Bild 1.26b), die den meisten praktischen Anwendungsfällen der Pulsamplitudenmodulation zugrunde liegt. Die Diode übernimmt dabei die Funktion eines Schalters, der vom Trägerpuls gesteuert wird.

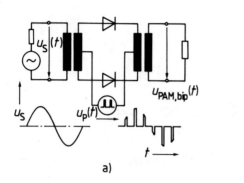 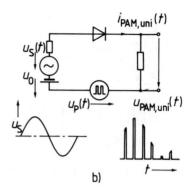

Bild 1.26 Diodenmodulator zur Erzeugung einer bipolaren Pulsamplitudenmodulation (a) und unipolaren Pulsamplitudenmodulation (b)

Die Gleichspannung U_0 muß mindestens so groß sein wie die größte Signalamplitude $\hat{u}_{S_{max}}$. Um bei diesem Wert der Signalspannung auf den Modulationsgrad $m = 1$ zu kommen, ist eine Pulsamplitude von $\hat{u}_P = 2 \cdot \hat{u}_{S_{max}}$ erforderlich. Die Schwellenspannung der Diode ist dabei vernachlässigt. Bild 1.27 zeigt den Vorgang der Pulsamplitudenmodulation beim einfachen Diodenmodulator mit ideal geradlinig geknickter Diodenkennlinie. An Stelle eines Schalters in Form einer Diode oder eines Transistors läßt sich auch ein Multiplizierer-Schaltkreis verwenden.

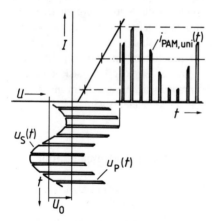

Bild 1.27 Erzeugung einer Pulsamplitudenmodulation mittels Knickkennlinie

Die Rückgewinnung des übertragenen Signals aus dem Modulationsprodukt der Pulsamplitudenmodulation erfolgt im einfachsten Fall mittels eines Tiefpasses mit der Grenzfrequenz $f_g = f_{S_{max}}$. Alle höherfrequenten Spektralanteile werden dabei unterdrückt. Auf die Notwendigkeit einer ausreichenden Bandbegrenzung vor der

1.2 Pulsamplitudenmodulation

Signalabtastung wurde bereits hingewiesen, um das Auftreten von Fremdkomponenten im Signalfrequenzband zu verhindern.

Die Amplitude des über den Empfangs-Tiefpaß zurückgewonnenen Signals erhält man aus Gl. (1.22) bzw. Gl. (1.24), wenn von der Verlaufsabtastung ausgegangen wird, zu

$$\hat{u}_{f_S} = \hat{u}_P \cdot \frac{\tau}{T_P} \cdot m \, . \tag{1.32}$$

Diese ist proportional dem Tastgrad τ/T_P und nimmt im praktischen Betrieb mit $\tau/T_P \ll 1$ nur sehr geringe Werte an. Der Hauptanteil der Energie des amplitudenmodulierten Pulses liegt im Bereich der Spektralkomponenten des Trägers und deren Seitenschwingungen. Die Verwendung eines Kondensators als Energiespeicher liefert eine höhere Ausbeute im Frequenzbereich des Signals. Naheliegend wäre dabei ein Hüllkurvendemodulator wie zur Demodulation einer Sinusträger-Amplitudenmodulation üblich. Prinzipiell ist dies möglich, jedoch wird kaum die Bedingung des Hüllkurvendemodulators erfüllt werden, daß die Trägerfrequenz wesentlich, mindestens etwa um den Faktor 100, höher ist als die maximale Signalfrequenz, um die Verzerrungen gering zu halten.

Die Diode im Hüllkurvendemodulator hat die Funktion eines Schalters, der vom anliegenden PAM-Signal während der Impulsdauer τ geschlossen wird. Schließt dieser Schalter jedoch nur kurzzeitig zu Beginn des Impulses oder ist die Impulsdauer sehr gering, dann wird der momentane Spannungswert auf den Kondensator übernommen und bis zum Eintreffen des nächsten Impulses gespeichert. Man kommt so wieder zur Abtast-Halte-Schaltung, die in anderem Zusammenhang schon in Bild 1.24 gezeigt wurde.

In der Anordnung nach Bild 1.28 soll der Durchlaßwiderstand r_D des Schalters zusammen mit dem Generatorwiderstand möglichst gering sein, damit sich der

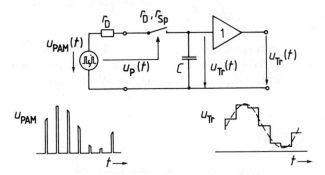

Bild 1.28 Signalrückgewinnung über eine Abtast-Halte-Schaltung

Kondensator C in der kurzen Schließzeit des Schalters voll auf die momentane Impulsamplitude aufladen kann. Dieser Spannungswert ist am Kondensator bis zum Auftreten des nächsten Impulses zu halten. Das erfordert eine sehr hohe Entladezeitkonstante, was bedeutet, daß sowohl der Sperrwiderstand r_{Sp} des Schalters als auch der von der nachfolgenden Schaltung parallelliegende Widerstand sehr hoch sein müssen. Die Spannung $u_{tr}(t)$ am Kondensator wird deshalb über einen hochohmschen Impedanzwandler abgegriffen. Der Mittelwert der Treppenspannung entspricht dem im Modulationsprodukt übertragenen Signal.

Im Spektrum der Treppenspannung ist im wesentlichen nur die Signalkomponente vertreten mit der Amplitude nach Gl. (1.31)

$$\hat{u}_{f_S} = \hat{u}_P \cdot m \cdot \text{si}\left(\frac{f_S}{f_P} \cdot \pi\right).$$

Diese ist um den Faktor $T_P/\tau \cdot \text{si}((f_S/f_P) \cdot \pi)$ größer als im Fall der einfachen Signalrückgewinnung nur über den Empfangs-Tiefpaß. Das demodulierte Signal weist allerdings einen Amplitudenfrequenzgang nach der si-Funktion auf, der bei der maximalen Signalfrequenz einen Amplitudenabfall um 36% bringt, entsprechend einer Dämpfung von 3,9 dB (Bild 1.29). Durch geeignete Entzerrungs-

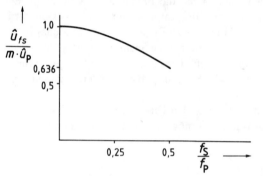

Bild 1.29 Amplitudenfrequenzgang der Signalkomponente in der treppenförmigen Abtast-Halte-Spannung (si-Frequenzgang)

maßnahmen muß dieser Frequenzgang kompensiert werden. Eine einfache Entzerrer-Schaltung nach [5] zeigt Bild 1.30. Weitere Möglichkeiten von aktiven und passiven si-Korrekturfiltern findet man in [162] und [163]. Die Abweichung gegen-

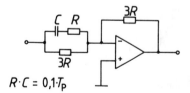

Bild 1.30 Entzerrerschaltung zur Kompensation des si-Frequenzgangs

1.2 Pulsamplitudenmodulation

über dem linearen Frequenzgang beträgt mit dieser Entzerrer-Schaltung max. 2%. Vielfach wird zur Unterdrückung der höherfrequenten Spektralanteile noch ein zusätzlicher Tiefpaß höherer Ordnung nachgeschaltet. Bei der Realisierung als aktiver Tiefpaß oder als ein digitales Filter kann die si-Entzerrung in die Übertragungsfunktion dieses Tiefpasses mit einbezogen werden.

1.2.3 Anwendung der Pulsamplitudenmodulation, PAM-Zeitmultiplex

Die Pulsamplitudenmodulation hat im Sinne der Nachrichtenübertragung selbst keine so große Bedeutung wie die Amplitudenmodulation mit Sinusträger. Der Grund dafür liegt in der erforderlichen hohen Übertragungsbandbreite, die aber zu keinem Modulationsgewinn führt. In vielen Fällen dient jedoch die Pulsamplitudenmodulation als Zwischenstufe bei anderen Pulsmodulationsverfahren und bei der Pulscodemodulation, was ihre ausführliche Behandlung rechtfertigt.

Auch läßt sich die Anwendung des Zeitmultiplex-Verfahrens in Verbindung mit der Pulsamplitudenmodulation sehr anschaulich demonstrieren. Das Modulationsprodukt tritt dabei nur sehr kurz auf, gefolgt von längeren Pausen mit dem Signalwert Null. Es bietet sich deshalb an diese Pausen für die Übertragung von weiteren Signalen gleicher Art über den gemeinsamen Kanal zu nutzen. Jedes der zu übertragenden Signale wird dazu mit der gleichen Pulsträgerfrequenz $f_P = f_A$ abgetastet, nur nacheinander zeitlich versetzt. Die mögliche Anzahl der nach dem Zeitmultiplex-Verfahren zu verarbeitenden Signale hängt ab von der Impulsdauer τ innerhalb der Pulsperiodendauer T_P. Ein gewisser Sicherheitsabstand zwischen den einzelnen Abtastimpulsen muß eingehalten werden, um eine gegenseitige Beeinflussung zu vermeiden.

Das Schema eines 3-Kanal-PAM-Zeitmultiplex-Systems zeigt Bild 1.31, wo der sendeseitige Multiplexer nacheinander drei Signale abtastet und der empfangsseitige Demultiplexer die Abtastwerte im richtigen Zeittakt und synchron auf die Speicherkondensatoren der Halteschaltungen gibt. Die richtige Zuordnung der Kanäle wird durch ein zusätzlich übertragenes Synchronsignal gewährleistet, das im Falle der Pulsamplitudenmodulation höher ist als der maximal übertragene Signalwert.

Allgemein gilt ohne Berücksichtigung eines Sicherheitsabstandes bei einem Zeitmultiplex-System, daß bei z Zeitkanälen innerhalb der Pulsperiodendauer T_P dem Impuls des einzelnen Kanals die Zeit

$$T_K = \frac{T_P}{z} \tag{1.33}$$

zur Verfügung steht. Dabei ist aber zu berücksichtigen, daß durch die endliche Bandbreite des Übertragungskanals eine Impulsverbreiterung hervorgerufen wird

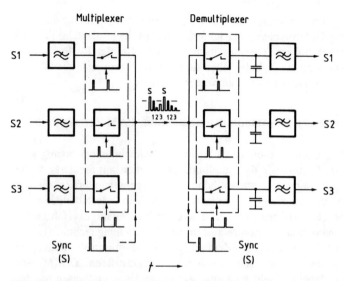

Bild 1.31 Blockschema eines 3-Kanal-PAM-Zeitmultiplex-Systems

und damit eine Beeinflussung der Abtastwerte benachbarter Kanäle erfolgt. Man bezeichnet diesen Effekt als *Rahmennebensprechen* [3]. Im Gegensatz zum Übersprechen zwischen einzelnen Kanälen bei einem Frequenzmultiplex-System, das im Frequenzbereich zu untersuchen ist, wird sich beim Zeitmultiplex-System eine genauere Betrachtung der Zeitfunktion der übertragenen Impulse als notwendig erweisen, die wiederum von der Bandbreite des Übertragungskanals abhängig ist. Gemäß der KÜPFMÜLLER-Beziehung [9] besteht für ein Netzwerk mit linearem Phasengang ein Zusammenhang zwischen der Einschwingzeit t_e und der Bandbreite B bzw. der Grenzfrequenz f_g eines idealen Tiefpasses mit

$$t_e = \frac{1}{2 \cdot B} = \frac{1}{2 \cdot f_g} . \tag{1.34}$$

Damit läßt sich die Zeitdauer für das Ein- und Ausschwingen des Tiefpasses bei Erregung durch einen DIRAC-Impuls als Abstand der beiden mittleren Nulldurchgänge der si-Funktion angeben durch $2 \cdot t_e = 1/f_g$ (siehe dazu auch Bild 1.3).

Geht man von der Annahme sehr kurzer Abtastwerte aus, dann erhält man mit einem Tiefpaß der Bandbreite

$$B = f_g = \frac{1}{2 \cdot t_e} = \frac{1}{2 \cdot T_K} \tag{1.35}$$

1.2 Pulsamplitudenmodulation

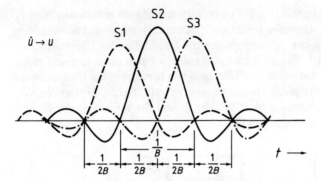

Bild 1.32 Zeitlicher Verlauf aufeinanderfolgender Abtastwerte eines Zeitmultiplex-Signals bei Bandbegrenzung auf $B = 1/(2 \cdot T_K)$

als Übertragungskanal das Empfangssignal so, daß jeweils zu den Zeitpunkten benachbarter Abtastwerte die Nulldurchgänge der si-Funktionen der aufeinanderfolgenden Abtastwerte zu liegen kommen (Bild 1.32). Damit kann kein Übersprechen auftreten, wenn die Auswertung des Empfangssignals durch eine Abtast-Halte-Schaltung in den Maximalwerten des Empfangssignals erfolgt.

Mit der Beziehung

$$T_K = \frac{T_P}{z} = \frac{1}{z \cdot f_P} \tag{1.36}$$

und der Grenzbedingung des Abtasttheorems

$$f_P = 2 \cdot f_{S_{max}} \tag{1.37}$$

berechnet sich demnach die mindestnotwendige Übertragungsbandbreite beim PAM-Zeitmultiplex-Verfahren (PAM, MUX) für ein Verschwinden des Rahmennebensprechens zu

$$B_{PAM, MUX} = \frac{1}{2 \cdot T_K} = \frac{1}{2} \cdot z \cdot f_P = z \cdot f_{S_{max}} . \tag{1.38}$$

Dieser Wert ist identisch mit der notwendigen Bandbreite beim Einseitenband-Frequenzmultiplex-Verfahren mit z aufeinanderfolgenden Kanälen in der Frequenzebene.

Wird der zeitliche Abstand zwischen den Abtastimpulsen der einzelnen Signalkanäle vergrößert, dann verschieben sich bei gleichbleibender Bandbreite des Übertragungssystems die Empfangsfunktionen gegeneinander, es tritt ein Übersprechen auf, das aber periodisch bei einer Verschiebung um jeweils den Wert T_K wieder verschwindet. Derselbe Effekt stellt sich ein, wenn bei gleichbleibendem Abstand T_K zwischen den Abtastimpulsen die Bandbreite des Übertragungssystems vergrößert wird. Die Nulldurchgänge der si-Funktionen kommen näher zusammen, was zunächst wieder ein Übersprechen hervorruft, bei Vielfachen der Bandbreite B aber Übersprech-Dämpfungspole bewirkt. B i l d 1.33 zeigt den Verlauf der Übersprechdämpfung in Abhängigkeit von der normierten Bandbreite unter den genannten Bedingungen [3].

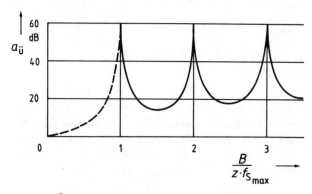

Bild 1.33 Übersprechdämpfung zwischen zwei benachbarten Signalkanälen in Abhängigkeit von der normierten Bandbreite des Übertragungskanals

Im praktischen Betrieb geht man davon aus, daß vom Spektrum eines PAM-Signals – dieses erweitert sich auch bei Zeitmultiplex-Betrieb nicht gegenüber dem Ein-Kanal-Betrieb – mindestens der Frequenzbereich bis zur ersten Nullstelle im Spektrum übertragen werden muß, weil darin der wesentliche Teil der Spektralkomponenten liegt. Damit erhält man die notwendige Übertragungsbandbreite B_{PAM} zu

$$B_{PAM} \geqq \frac{1}{\tau} . \tag{1.39}$$

Bei einem Sicherheitsabstand zwischen den einzelnen Zeitkanälen von $\Delta t = \tau$ lassen sich bei Zeitmultiplex-Betrieb somit innerhalb einer Pulsperiode

$$z = \frac{1}{2} \cdot \frac{T_P}{\tau} \tag{1.40}$$

Zeitkanäle unterbringen. Mit der Abtast- bzw. Pulsfrequenz nach Gl. (1.37) berechnet sich dann die notwendige Übertragungsbandbreite zu

$$B_{\text{PAM, MUX}} = \frac{1}{\tau} = 2 \cdot z \cdot \frac{1}{T_P} = 2 \cdot z \cdot f_P = 4 \cdot z \cdot f_{S_{\max}}, \tag{1.41}$$

also ein gegenüber Gl. (1.38) nun vierfacher Wert. Eine Angabe in dieser Größenordnung findet sich auch in [10].

Der Einfluß einer Bandbegrenzung im Übertragungskanal wird geringer bei $\cos^2$-förmigen Impulsen. Allerdings muß mit diesen eine sehr geringe Synchronisiertoleranz eingehalten werden, damit die Impulse tatsächlich nur bei ihrem Maximalwert von der Abtast-Halte-Schaltung übernommen werden.

Auch nichtlineare Verzerrungen im Übertragungskanal wirken sich störend aus [11]. Bei Einfluß von Rauschstörungen bringt die Pulsamplitudenmodulation genauso wie die Sinusträger-Amplitudenmodulation keinen Vorteil gegenüber direkter Signalübertragung.

1.3 Pulsfrequenz- und Pulsphasenmodulation

In Analogie zur Frequenz- und Phasenmodulation mit sinusförmiger Trägerschwingung könnte man auch die Pulsfrequenzmodulation (PFM) und die Pulsphasenmodulation (PPM) unter einem gemeinsamen Begriff der *Pulswinkelmodulation* zusammenfassen. Dies geschieht, sogar noch mit Einbeziehung der Pulsdauermodulation (PDM), für bestimmte Varianten der PFM und PPM, die nach ihrer Erzeugung eine Ähnlichkeit mit den entsprechenden Modulationsverfahren bei Sinusträger aufweisen. Nach [3] werden diese Verfahren mit dem Zusatz „1. Art" versehen. Auf eine Abkürzung „PWM" wird aber verzichtet, weil dieser Ausdruck zu Verwechslungen mit dem früher gebräuchlichen Begriff „Pulsweitenmodulation" an Stelle der heute üblichen Pulsdauermodulation führen könnte.

Andererseits hat jede Beeinflussung der Frequenz oder der Phasenlage der Impulse und auch deren Flanken über die Impulsdauer eine Veränderung der zeitlichen Aufeinanderfolge zur Konsequenz. Daraus leitet sich ein Begriff „Pulszeitmodulation" ab, der bei anderen Varianten der PFM, PPM und PDM zur Anwendung kommt. In [3] werden diese Verfahren mit „2. Art" gekennzeichnet.

Während das Modulationsprodukt in der Zeitfunktion, ohne direktem Vergleich mit dem unmodulierten Trägerpuls, nicht sofort der einen oder anderen Art zuzuordnen ist, zeigt sich im Spektrum sehr wohl eine Unterscheidung, insbesondere im Bereich der Signalfrequenzkomponente, was für die Rückgewinnung des Signals aus dem Modulationsprodukt von entscheidender Bedeutung ist.

Im folgenden werden die Pulsfrequenz- und Pulsphasenmodulation gemeinsam behandelt, weil diese in sehr enger Beziehung zueinander stehen. Der Schwerpunkt liegt jedoch bei dem Verfahren der Pulsphasenmodulation, der, wie noch gezeigt wird, die größere praktische Bedeutung zukommt.

1.3.1 Zeitfunktion und Frequenzspektrum

Bei der Pulsphasenmodulation wird die zeitliche Lage der Impulse innerhalb der Impulsfolge gegenüber dem festen Zeitraster des Trägerpulses abhängig von den Abtastwerten des modulierenden Signals verändert. Die Pulsamplitude $\hat{u}_P$ und die Impulsdauer τ bleiben konstant. Erfolgt die Abtastung des Signals im Rhythmus des Trägerpulses zu äquidistanten Zeitpunkten bei $t = \nu \cdot T_P$, dann gilt für die Momentanphasenverschiebung $\Delta\varphi_P(t)$ der Impulse

$$\Delta\varphi_P(t) = \Delta\varphi_P(\nu \cdot T_P) = f(u_S(\nu \cdot T_P)) \ . \tag{1.42}$$

Siehe dazu Bild 1.34 a.

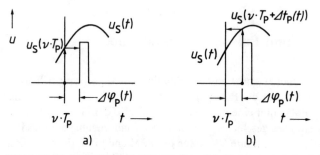

Bild 1.34 Gleichmäßige (a) und natürliche (b) Abtastung bei der Pulsphasenmodulation

Die Momentanphasenverschiebung $\Delta\varphi_P(t)$ kann durch eine momentane Zeitauslenkung $\Delta t_P(t)$ ausgedrückt werden, in der ein dem Gleichanteil U_0 des Signals proportionaler Wert ΔT_0 und der Wechselanteil mit dem Zeithub ΔT enthalten sind. Der Wert ΔT_0 wird mit der halben Pulsperiodendauer festgelegt.

$$\Delta T_0 = \frac{1}{2} \cdot T_P \tag{1.43}$$

Das modulierende Signal nach Gl. (1.18) mit

$$u_S(t) = U_0 + \hat{u}_S \cdot \cos \omega_S t$$

ruft somit eine momentane Zeitauslenkung $\Delta t_P(t)$ hervor nach der Beziehung

$$\Delta t_P(t) = \Delta t_P(\nu \cdot T_P) = \Delta T_0 + \Delta T \cdot \cos(\omega_S \cdot \nu \cdot T_P) \ . \tag{1.44}$$

Bild 1.35 gibt diesen Zusammenhang wieder.

1.3 Pulsfrequenz- und Pulsphasenmodulation

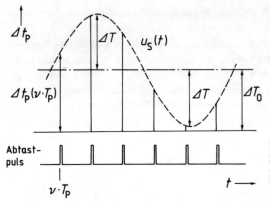

Bild 1.35 Momentane Zeitauslenkung $\Delta t_P(t)$ der einzelnen Impulse bei der Pulsphasenmodulation von einem Sinussignal

Mit Einbeziehung eines Aussteuergrades p nach der Definition

$$p = \frac{\Delta T}{\Delta T_0} \tag{1.45}$$

kann die momentane Zeitauslenkung $\Delta t_P(t)$ auch geschrieben werden in der Form

$$\Delta t_P(t) = \Delta t_P(\nu \cdot T_P) = \Delta T_0 \cdot (1 + p \cdot \cos(\omega_S \cdot \nu \cdot T_P)) . \tag{1.46}$$

Der konstante Wert ΔT_0 ist erforderlich, weil sonst bei negativen Momentanwerten des Signals $u_S(t)$ die Impulse bereits vor den angenommenen Abtastzeitpunkten auftreten müßten. Für $p = 1$ schwankt die momentane Zeitauslenkung zwischen den Werten Null und T_P.

Die Zeitpunkte des Auftretens der Impulse erhält man zu

$$t_{PPM}(t) = \nu \cdot T_P + \Delta T_0 + p \cdot \Delta T_0 \cdot \cos(\omega_S \cdot \nu \cdot T_P) , \tag{1.47}$$

wenn die konstante Verschiebung gegenüber dem Abtastpuls um ΔT_0 berücksichtigt wird.

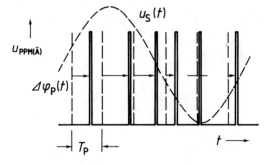

Bild 1.36 Zeitfunktion des Modulationsprodukts bei der Pulsphasenmodulation

Bild 1.36 zeigt die phasenmodulierte Impulsfolge bei äquidistanter Signalabtastung mit einem Aussteuergrad von $p = 1$.

Zur Berechnung des Spektrums wird nach [3] der Rechteckimpuls durch die Summe eines positiven und eines negativen Einheitssprungs mit entsprechend der Phasenmodulation verschobenen Flanken ersetzt. Dies führt zur Gleichung des phasenmodulierten Pulses bei äquidistanter Abtastung, geordnet nach Frequenzkomponenten im Signalfrequenzband ($q \cdot f_S$), den Trägerharmonischen ($n \cdot f_P$) und deren Seitenschwingungen ($n \cdot f_P \pm q \cdot f_S$) in der Form

$$u_{\text{PPM(Ä)}}(t) = \hat{u}_P \cdot \frac{\tau}{T_P} \cdot \left[1 + 2 \cdot \sum_{q=1}^{\infty} \text{si}(q \cdot f_S \cdot \tau \cdot \pi) \cdot \right.$$

$$\cdot J_q(q \cdot f_S \cdot p \cdot \Delta T_0 \cdot 2\pi) \cdot \cos(q \cdot \omega_S t) +$$

$$+ \sum_{n=1}^{\infty} \text{si}(n \cdot f_P \cdot \tau \cdot \pi) \cdot J_0(n \cdot p \cdot \pi) \cdot \cos(n \cdot \omega_P t) +$$

$$\left. + \sum_{n=1, q=1}^{\infty} \text{si}(n \cdot f \cdot \tau \cdot \pi) \cdot J_q(f \cdot p \cdot \Delta T_0 \cdot 2\pi) \cdot \cos(n \cdot \omega_P \pm \omega_S) t \right]. \quad (1.48)$$

Bild 1.37 zeigt schematisch einen Teil des Spektrums des phasenmodulierten Pulses mit äquidistanter Abtastung. Im Signalfrequenzband treten Harmonische zum Signal auf, darüber hinaus greifen die unteren Seitenschwingungen der Trägerharmonischen in das Signalfrequenzband über. Die Amplituden der Seitenschwingungen setzen sich aus dem Produkt einer si-Funktion und einer BESSEL-Funktion zusammen, was zu unsymmetrischen Spektren führen kann. Das Auftre-

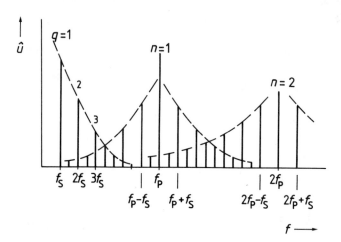

Bild 1.37 Spektrum der Pulsphasenmodulation bei gleichmäßiger Abtastung

1.3 Pulsfrequenz- und Pulsphasenmodulation

ten von Harmonischen des Signals sei zahlenmäßig an einem Beispiel demonstriert: Ein Puls mit f_P = 8 kHz und τ = 12,5 µs wird von einem Signal mit der Frequenz f_S = 1 kHz bei äquidistanter Abtastung phasenmoduliert mit dem Aussteuergrad p = 1, d. h. mit ΔT = 62,5 µs. Die Signalkomponente bei f_S erscheint im Spektrum mit einer Amplitude $\hat{u}_{f_S}$ = 0,04 · $\hat{u}_P$ (vgl. dazu bei PAM: $\hat{u}_{f_S}$ = 0,1 · $\hat{u}_P$). Gleichzeitig treten deren Harmonische auf mit den Amplituden $\hat{u}_{2f_S}$ = 0,015 · $\hat{u}_P$ und $\hat{u}_{3f_S}$ = 0,006 · $\hat{u}_P$ und weitere. Eine direkte Rückgewinnung des übertragenen Signals mittels eines Tiefpasses ist somit im Fall der Pulsphasenmodulation mit äquidistanter Abtastung nicht mehr verzerrungsfrei möglich. Die Signalrückgewinnung wäre hier nur durch Umwandlung der PPM in eine PAM und deren Demodulation sinnvoll.

Eine andere Situation liegt jedoch vor bei der Pulsphasenmodulation mit natürlicher Abtastung. Nach [3] wird diese Variante mit „PPM 2. Art" (PPM$_2$) bezeichnet im Gegensatz zur „PPM 1. Art" (PPM$_1$) bei äquidistanter Abtastung. Bei der Pulsphasenmodulation mit natürlicher Abtastung ist die zeitliche Verschiebung der Impulse proportional dem Momentanwert des modulierenden Signals zum Zeitpunkt des Auftretens dieser Impulse (s. dazu Bild 1.34 b). Es gilt

$$\Delta\varphi_P(t) = f[u_S(\nu \cdot T_P + \Delta t_P(t))] \ . \tag{1.49}$$

Der zeitliche Verlauf des Modulationsprodukts bei Pulsphasenmodulation mit natürlicher Abtastung unterscheidet sich von dem bei äquidistanter Abtastung nur in der Zuordnung der Impulse zum modulierenden Signal.

Ein Vergleich mit der Phasenmodulation beim Sinusträger liegt nahe, wo der Wechselanteil des Momentanphasenwinkels der Trägerschwingung, $\varphi_{T_w}(t)$, auch sich proportional dem Momentanwert des modulierenden Wechselsignals $u_{S\_}(t)$ ändert:

$$\varphi_{PM}(t) = \omega_T \cdot t + \varphi_{T_w}(t) = \omega_T \cdot t + \Delta\varphi_T \cdot \cos \omega_S t \ . \tag{1.50}$$

Aus einer Gegenüberstellung von der in die Dimension einer Zeit gebrachten Gl. (1.50) in der Form

$$\frac{\varphi_{PM}(t)}{\omega_T} = t + \frac{\Delta\varphi_T}{\omega_T} \cdot \cos \omega_S t \tag{1.51}$$

mit Gl. (1.47), unter Vernachlässigung der konstanten zeitlichen Verschiebung ΔT_0, als

$$t_{PPM}(t) = \nu \cdot T_P + p \cdot \Delta T_0 \cdot \cos(\omega_S \cdot \nu \cdot T_P) \tag{1.52}$$

leitet sich mit $T_P \triangleq T_T$ ein Zusammenhang zwischen dem Zeithub ΔT und einem entsprechenden Phasenhub $\Delta \varphi_P$ ab zu

$$\Delta \varphi_P = p \cdot \Delta T_0 \cdot \omega_P = p \cdot \frac{\Delta T_0}{T_P} \cdot 2\pi \ . \tag{1.53}$$

Die Phasenverschiebung der Impulse vom modulierenden Signal $u_S(t)$ her läßt sich nun ausdrücken durch einen Momentanphasenwinkel der ersten Harmonischen des Modulationsprodukts mit

$$\varphi_{P_-}(t) = \varphi_{P_1}(t) = \Delta \varphi_P \cdot \cos(\omega_S \cdot v \cdot T_P) \ . \tag{1.54}$$

Geht man davon aus, daß bei der Zusammensetzung der Impulsfolge aus den Teilschwingungen die linearen Phasenbeziehungen erhalten bleiben, dann folgt daraus für die Momentanphasenwinkel der n-ten Harmonischen des Trägerpulses

$$\varphi_{P_n}(t) = n \cdot \Delta \varphi_{P_1} \cdot \cos \omega_S \cdot v \cdot T_P \ . \tag{1.55}$$

Das bedeutet, daß die Trägerharmonischen $n \cdot f_P$ jeweils mit dem Phasenhub $\Delta \varphi_{P_n} = n \cdot \Delta \varphi_{P_1} = n \cdot \Delta \varphi_P$ in sich phasenmoduliert sind [12]. Eine Auswertung des Modulationsprodukts bei Pulsphasenmodulation mit natürlicher Abtastung führt nach [3] und [7] zu einem Spektrum, das sich hinsichtlich der Harmonischen des Trägerpulses nicht geändert hat, im Signalfrequenzband jedoch nur noch eine Spektralkomponente bei der Signalfrequenz allein aufweist und keine deren Harmonischen mehr. Die Amplitude der Signalkomponente beträgt

$$\hat{u}_{f_S} = 2 \cdot \hat{u}_P \cdot \frac{\Delta \varphi_P}{2\pi} \cdot \sin(f_S \cdot \tau \cdot \pi) = \hat{u}_P \cdot p \cdot \sin(f_S \cdot \tau \cdot \pi) \ , \tag{1.56}$$

wenn der Phasenhub $\Delta \varphi_P$ nach Gl. (1.53) mit $\Delta T_0 = 1/2 \cdot T_P$ eingesetzt wird.

Zahlenmäßig ergibt sich im Vergleich mit dem Beispiel bei der äquidistanten Abtastung derselbe Wert für die Amplitude der Signalkomponente mit $\hat{u}_{f_S} = 0{,}04 \cdot \hat{u}_P$ bei der Signalfrequenz $f_S = 1$ kHz.

Zu beachten ist allerdings, daß nun gem. Gl. (1.56) eine Frequenzabhängigkeit des zurückgewonnenen Signals vorliegt und so eine Frequenzgangkorrektur erforderlich wird.

Die Ausführungen über die Pulsphasenmodulation mit natürlicher Abtastung gelten in Analogie zu der Phasen- und Frequenzmodulation bei Sinusträger in ähnlicher Weise auch für die Pulsfrequenzmodulation (PFM). Der Pulsfrequenz-

1.3 Pulsfrequenz- und Pulsphasenmodulation

hub Δf_P als maximale Änderung der Pulsfrequenz steht in direktem Zusammenhang mit dem Pulsphasenhub $\Delta \varphi_P$ gemäß der Beziehung

$$\Delta f_P = \Delta \varphi_P \cdot f_S \,. \tag{1.57}$$

Eine Unterscheidung des Modulationsprodukts von der Zeitfunktion her in Pulsphasenmodulation oder Pulsfrequenzmodulation ist bei sinusförmigem Signal nur unter direkter Bezugnahme auf die Phasenlage des modulierenden Signals möglich.

Die Pulsfrequenzmodulation weist jedoch gegenüber der Pulsphasenmodulation den Nachteil auf, daß der Phasenhub wegen des frequenzunabhängigen Frequenzhubs nach tiefen Signalfrequenzen hin ansteigt und damit, insbesondere bei Zeitmultiplexsystemen, der maximal zulässige Phasenhub nur bei der niedrigsten Signalfrequenz ausgenutzt werden kann. Außerdem verbietet sich die Anwendung der Pulsfrequenzmodulation bei Zeitmultiplexsystemen dann, wenn das modulierende Signal eine Gleichkomponente enthält, weil diese bei Pulsfrequenzmodulation eine mit der Zeit proportional ansteigende Phasenverschiebung der Impulse verursacht.

1.3.2 Erzeugung und Demodulation einer Pulsphasenmodulation

Die eben angeführten Eigenschaften der Pulsfrequenzmodulation rechtfertigen es, eine Beschreibung von Modulator- und Demodulatorschaltungen auf die Pulsphasenmodulation zu beschränken.

Wie erläutert wurde, unterscheidet man bei der Pulsphasenmodulation in die beiden Varianten mit äquidistanter und mit natürlicher Abtastung. Eine einfache Signalrückgewinnung mittels Tiefpaß erlaubt nur das über natürliche Abtastung gewonnene Modulationsprodukt. Dieses kann aus einer phasenmodulierten Sinusträgerschwingung durch Impulsformung abgeleitet werden (Bild 1.38).

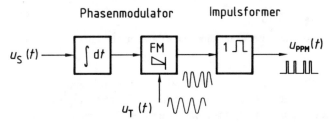

Bild 1.38 Erzeugung einer Pulsphasenmodulation mit natürlicher Abtastung aus dem phasenmodulierten Sinusträger

Ein anderes, vielfach angewandtes Verfahren zur Erzeugung einer Pulsphasenmodulation geht von dem Modulationsprodukt einer Pulsdauermodulation aus. Dabei wird mittels eines Komparators von einem sägezahnförmigen Puls ein PDM-Signal gewonnen, das nach Differenzieren der Rechtecke und Ansteuerung einer monostabilen Kippstufe von der modulierten Flanke her zu einer Pulsphasenmodulation führt (Bild 1.39) [7], [13].

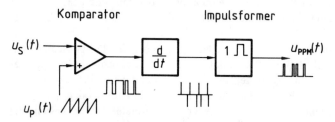

Bild 1.39 Erzeugung einer Pulsphasenmodulation mit natürlicher Abtastung mittels sägezahnförmigem Trägerpuls

Eine technische Variante dieses Prinzips wird in [14] beschrieben. Die Signalspannung wird hier über einen vom Pulsträger gesteuerten Schalter während der kurzen Impulsdauer an eine Kapazität C angelegt. Nach Öffnen des Schalters entlädt sich der Kondensator über einen hochohmschen Widerstand, die Spannung u_C am Kondensator fällt linear ab. Das Erreichen einer Schwellspannung wird von einem SCHMITT-Trigger ausgewertet, dessen Ausgangsspannung nach Differenzieren eine monostabile Kippstufe steuert (Bild 1.40).

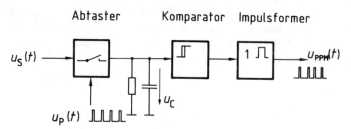

Bild 1.40 Erzeugung einer Pulsphasenmodulation mit natürlicher Abtastung über eine Kondensatorentladung

Die Demodulation bei der Pulsphasenmodulation könnte prinzipiell in einem Phasendiskriminator erfolgen. Dazu ist aber der unmodulierte Trägerpuls notwendig. Bei einem Modulationsprodukt, das einer natürlichen Abtastung entstammt, genügt aber ein Tiefpaß, um aus dem Spektrum die Signalfrequenzkomponente zu gewinnen. Die Ausbeute ist relativ gering, und das Signalfrequenzband ist mit

1.3 Pulsfrequenz- und Pulsphasenmodulation

einer Frequenzabhängigkeit behaftet. Daneben tritt nach wie vor das Problem auf, daß das weitreichende untere Seitenspektrum der ersten Harmonischen des Pulsträgers in den Bereich des Signalfrequenzbandes übergreift und zu Verzerrungen führen kann. Dem könnte man dadurch begegnen, daß die Pulsfrequenz wesentlich höher gewählt wird als es das Abtasttheorem verlangt.

Ein solcher Fall liegt übrigens vor beim Zähldiskriminator zur Demodulation einer frequenz- oder phasenmodulierten hochfrequenten Sinusträgerschwingung. Dort wird nach Amplitudenbegrenzung die modulierte Rechteckimpulsfolge differenziert. Diese differenzierten Impulse werden nach Gleichrichtung entweder direkt oder nach einer Impulsformung mittels monostabiler Kippstufe auf einen Tiefpaß gegeben. Der Tiefpaß übernimmt die Selektion im Frequenzbereich bzw. eine Integration im Zeitbereich (Bild 1.41). Eine Erhöhung der Amplitude des

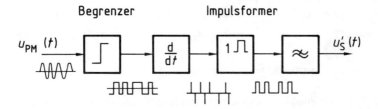

Bild 1.41 Prinzip des Zähldiskriminators zur Demodulation einer frequenz- oder phasenmodulierten Sinusträgerschwingung

demodulierten Signals erreicht man über die Zwischenstufe einer Pulsamplituden- oder Pulsdauermodulation. Die Umwandlung des PPM-Signals in ein PDM-Signal erfolgt z. B. in einer bistabilen Kippstufe mit Hilfe eines Referenzpulsträgers, der wiederum aus dem PPM-Signal über eine PLL-Schaltung mit großer Zeitkonstante abgeleitet wird [13].

1.3.3 Anwendung der Pulsphasenmodulation, PPM-Zeitmultiplex

Bei der Pulsphasenmodulation liegt die Signalinformation in der zeitlichen Verschiebung der Impulse gegenüber ihrem äquidistanten Auftreten beim unmodulierten Pulsträger. Der Einfluß von überlagerten Störsignalen wäre bei idealen Rechteckimpulsen überhaupt nicht vermerkbar, da sich in diesem Fall zwar die Amplitude, nicht aber die Lage der Vorder- oder Rückflanke der Impulse verändern könnte. Zur Übertragung dieser idealen Rechteckimpulse wäre aber auch ein unendlich breites Frequenzband notwendig. Analog zur Frequenz- und Phasenmodulation mit Sinusträger, wo durch Verteilung der Nachricht auf ein sehr breites Frequenzband die Störanfälligkeit weitgehend reduziert wird, zeigt sich dieser Effekt also auch bei den entsprechenden Pulsmodulationsverfahren.

Tatsächlich steht ein so breites Frequenzband im Übertragungskanal nie zur Verfügung, so daß eine Verformung der idealen Rechteckimpulse unvermeidbar ist, wenn nicht sogar schon von vornherein mit verrundeten Impulsen gearbeitet wird. Dabei macht sich nun die Überlagerung einer Störung als eine Verschiebung der Impulsflanken bemerkbar, die selbst nach Amplitudenbegrenzung erhalten bleibt (Bild 1.42).

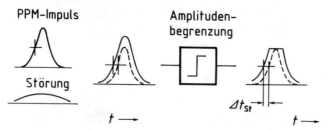

Bild 1.42 Auswirkung einer überlagerten Störspannung

Trotzdem wird die Pulsphasenmodulation häufig bei der Nachrichtenübertragung angewendet, wenn ein breitbandiger Übertragungskanal zur Verfügung steht. Die Unterdrückung von überlagerten Störsignalen läßt sich ausdrücken durch einen Gewinn an Signal/Rauschabstand ΔS_R im Signalfrequenzband mit der Bandbreite B_S gegenüber dem durch Rauschen gestörten Übertragungskanal mit der Bandbreite B. Nach [3] beträgt dieser Gewinn bei Einkanalübertragung

$$\Delta S_R = 10 \lg\left[\frac{1}{8} \cdot \left(\frac{B}{B_S}\right)^2\right] \text{dB} \tag{1.58}$$

und bei PPM-Zeitmultiplex mit z Signalkanälen wegen des reduzierten Phasenhubs

$$\Delta S_{R_{MUX}} = 10 \lg\left[\frac{1}{8} \cdot \left(\frac{B}{z \cdot B_S}\right)^2\right] \text{dB} . \tag{1.59}$$

Bei Zeitmultiplexsystemen mit Pulsphasenmodulation erhält man den maximal möglichen Zeithub ΔT bezogen auf die Pulsperiodendauer T_P und die Anzahl z der Signalkanäle aus Bild 1.43 zu

$$\Delta T \leq \frac{T_P}{2 \cdot z} . \tag{1.60}$$

1.4 Pulsdauermodulation

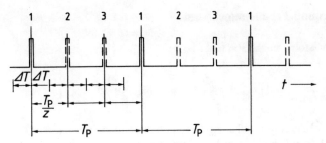

Bild 1.43 Impulsschema bei einem 3-Kanal-PPM-Zeitmultiplex-System

Dies entspricht einem maximal möglichen Pulsphasenhub $\Delta\varphi_P$ von

$$\Delta\varphi_P \leq \frac{1}{z} \cdot \pi \ . \tag{1.61}$$

Ein interessanter Anwendungsfall der Pulsphasenmodulation ist in [14] beschrieben, wo die große Übertragungsbandbreite eines Lichtwellenleiters ausgenutzt wird. Im Zeitmultiplex werden dort gleichzeitig vier Fernsehsignale und vier Stereo-Tonsignale in einem Verteilnetz übertragen. In einem fünften „Tonkanal" wird ein Synchronisiersignal gesendet zur Synchronisierung der empfängerseitigen Kanalzuordnung. Auf der Empfangsseite wird das PPM-Zeitmultiplexsignal in ein PAM-Zeitmultiplexsignal umgewandelt und über einen Demultiplexer wieder in die vier Fernseh- und vier Tonkanäle aufgeteilt. Eine nähere Beschreibung des Systems folgt unter den Beispielen zum Abschn. 1.

1.4 Pulsdauermodulation

Ein Pulsmodulationsverfahren, das bei der Sinusträgermodulation kein entsprechendes Äquivalent hat, ist die Pulsdauermodulation (PDM). Im Rhythmus des modulierenden Signals wird hier die Impulsdauer τ verändert, die ohne Modulation nun den Wert $\tau = T_P/2$ aufweist. Im Gegensatz zu den bisher behandelten Verfahren der Pulsamplituden- und Pulsphasenmodulation werden breite Impulse verwendet, um einen möglichst großen Zeithub zuzulassen. Bei voller Modulation kann die Impulsdauer die Extremwerte $\tau = 0$ und $\tau = T_P$ erreichen. Ein Zeitmultiplexbetrieb ist in diesem Fall allerdings nicht möglich.

1.4.1 Zeitfunktion und Frequenzspektrum

In der Trägerimpulsfolge nach Gl. (1.11)

$$u_P(t) = \hat{u}_P \cdot \frac{\tau}{T_P} \cdot \left[1 + 2 \cdot \sum_{n=1}^{\infty} \text{si}\left(n \cdot \frac{\tau}{T_P} \cdot \pi\right) \cdot \cos(n \cdot \omega_P t)\right]$$

wird der Parameter τ beeinflußt, abhängig vom modulierenden Signal $u_S(t)$. Dieser tritt an zwei Stellen auf, im Tastgrad τ/T_P auf alle Spektralkomponenten wirkend und zusätzlich in der Funktion $\text{si}(n \cdot (\tau/T_P) \cdot \pi)$ in der Amplitude der Trägerharmonischen. Mit einem modulierenden Signal nach Gl. (1.18)

$$u_S(t) = U_0 + \hat{u}_S \cdot \cos \omega_S t$$

ist für die Impulsdauer τ jetzt der signalabhängige Wert

$$\tau(t) = \frac{T_P}{2} + \Delta\tau \cdot \cos \omega_S t \tag{1.62}$$

einzusetzen. Der konstante Wert $T_P/2$ ergibt sich aus dem unmodulierten Puls für maximale Ausnutzung der Impulsflankenverschiebung und entspricht der im Signal $u_S(t)$ enthaltenen Gleichkomponente U_0. Die maximale Änderung der Impulsdauer kann den Wert $\Delta\tau = \Delta\tau_{max} = T_P/2$ erreichen.

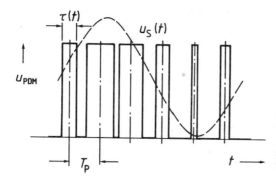

Bild 1.44 Zeitfunktion des Modulationsprodukts bei der Pulsdauermodulation mit symmetrischer Modulation der Vorder- und Rückflanke der Impulse

Bild 1.44 zeigt den Verlauf der Spannung $u_{PDM}(t)$ bei Pulsdauermodulation mit symmetrischer Modulation der Vorder- und Rückflanke der Impulse. Die Impulsmitten haben jeweils den gleichen Abstand T_P.

Unter Verwendung eines Aussteuergrades p gemäß einer der Gl. (1.45) ähnlichen Definition mit

1.4 Pulsdauermodulation

$$p = \frac{\Delta\tau}{\tau} = \frac{\Delta\tau}{T_P/2} \tag{1.63}$$

erhält man die signalabhängige Impulsdauer zu

$$\tau(t) = \frac{T_P}{2} \cdot (1 + p \cdot \cos \omega_S t) \,. \tag{1.64}$$

Dieser Ausdruck wiederum ist direkt vergleichbar mit der momentanen Zeitauslenkung $\Delta t_P(t)$ nach Gl. (1.46) bei der Pulsphasenmodulation. Pulsphasenmodulation und Pulsdauermodulation werden deshalb auch zusammengefaßt unter dem Begriff *Pulszeitmodulation* [3].

Eine Beeinflussung der Impulsdauer kann symmetrisch auf die Vorder- und Rückflanke erfolgen oder nur auf die Vorder- bzw. Rückflanke wirken. Technisch von Bedeutung ist im wesentlichen nur die Pulsdauermodulation mit Verschiebung der Rückflanke.

Ähnlich wie bei der Pulsphasenmodulation kann aber auch bei der Pulsdauermodulation wieder eine Unterscheidung getroffen werden nach dem zeitlichen Zusammenhang der Impulsflankenverschiebung mit dem Momentanwert des modulierenden Signals. So ist bei Pulsdauermodulation mit gleichmäßiger oder äquidistanter Abtastung, nach [3] mit „PDM 1. Art" (PDM_1) bezeichnet, die Impulsdauer $\tau(t)$ abhängig vom Momentanwert des Signals zum Zeitpunkt der Abtastung (Bild 1.45 a), also

$$\tau(t) = f(u_S(\nu \cdot T_P)) \,. \tag{1.65}$$

Andererseits handelt es sich um Pulsdauermodulation mit natürlicher Abtastung, nach [3] mit „PDM 2. Art" (PDM_2) angegeben, wenn, wie hier im Fall der Rück-

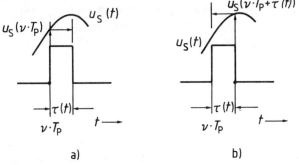

Bild 1.45 Gleichmäßige (a) und natürliche (b) Abtastung bei der Pulsdauermodulation

flankenmodulation, die Impulsdauer $\tau(t)$ proportional ist dem Momentanwert des Signals zum Zeitpunkt der Rückflanke des Impulses (B i l d 1.45 b). In diesem Fall gilt

$$\tau(t) = f(u_S(\nu \cdot T_P + \tau(t))) \: . \tag{1.66}$$

Die Spektren der Pulsdauermodulation mit Rückflankenmodulation sind im wesentlichen identisch mit denen der Pulsphasenmodulation. So zeigt sich, daß bei Pulsdauermodulation mit äquidistanter Abtastung neben der Signalkomponente mit dem Wert

$$\hat{u}_{f_S} = 2 \cdot \hat{u}_P \cdot \frac{1}{2\pi \cdot f_S \cdot T_P} \cdot J_1(2\pi \cdot f_S \cdot \Delta\tau) \tag{1.67}$$

noch Harmonische der Signalfrequenz ($q \geqq 2$) mit den Amplituden

$$\hat{u}_{q \cdot f_S} = 2 \cdot \hat{u}_P \cdot \frac{1}{2\pi \cdot q \cdot f_S \cdot T_P} \cdot J_q(2\pi \cdot q \cdot f_S \cdot \Delta\tau) \tag{1.68}$$

auftreten, was eine nichtlineare Verzerrung des demodulierten Signals bedeuten würde [3], [7].

Bei der natürlichen Abtastung hingegen tritt innerhalb des Signalbandes nur die Spektralkomponente bei der Signalfrequenz selbst auf mit der Amplitude

$$\hat{u}_{f_S} = \hat{u}_P \cdot \frac{\Delta\tau}{T_P} , \tag{1.69}$$

deren Harmonische fehlen. Damit erweist sich diese Art der Pulsdauermodulation wegen der einfachen Demodulation als die günstigere, obwohl berücksichtigt werden muß, daß auch bei der Pulsdauermodulation Spektralkomponenten in Form der unteren Seitenschwingung der ersten Trägerharmonischen in den Bereich des Signalfrequenzbandes übergreifen. Ihre Amplituden fallen jedoch sehr schnell ab, wie bereits bei der Pulsphasenmodulation gezeigt wurde, so daß mit einer Abtastfrequenz, die ein mehrfaches des nach SHANNON vorgegebenen Minimalwerts beträgt, die nichtharmonischen Verzerrungen des demodulierten Signals vernachlässigt werden können.

1.4.2 Erzeugung und Demodulation einer Pulsdauermodulation

Die Pulsdauermodulation mit äquidistanter Abtastung kann nur über die Zwischenstufe der Pulsamplitudenmodulation erzeugt werden. Die Abtastwerte mit der vom Momentanwert des Signals abhängigen Amplitude werden dann in

1.4 Pulsdauermodulation

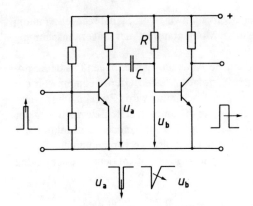

Bild 1.46 Erzeugung einer Pulsdauermodulation mit gleichmäßiger Abtastung

Impulse mit konstanter Amplitude aber veränderlichen Impulsdauer umgewandelt. Eine mögliche Schaltung zeigt dazu Bild 1.46 [7]. Diese Art der Pulsdauermodulation hat aber keine große Bedeutung, weil zur eindeutigen Signalrückgewinnung das Modulationsprodukt zunächst wieder in eine Pulsamplitudenmodulation zurückgewandelt werden muß.

Praktisch wichtiger ist die Pulsdauermodulation mit natürlicher Abtastung, die nach dem Sägezahnverfahren mittels eines Komparators erzeugt wird. Der Trägerpuls gelangt in diesem Fall als sägezahnförmige Spannung – nach Integration der Rechteckimpulsfolge – an den Komparator, wo ein Vergleich mit der Signalspannung stattfindet (Bild 1.47). Die Ausgangsspannung des Komparators

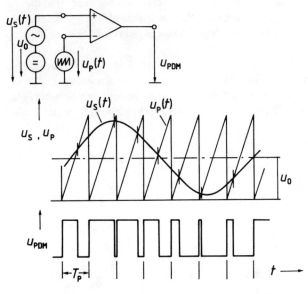

Bild 1.47 Erzeugung einer Pulsdauermodulation mit natürlicher Abtastung nach dem Sägezahnverfahren

ändert dann ihren Wert, wenn der Momentanwert von Signalwechselspannung und überlagerter Gleichspannung den Momentanwert der Sägezahnspannung über- bzw. unterschreitet.

Die Demodulation einer über natürliche Abtastung gewonnenen Pulsdauermodulation kann mittels eines Tiefpasses erfolgen, dessen Grenzfrequenz von der höchsten zu übertragenden Signalfrequenz bestimmt wird. Zweckmäßigerweise verwendet man einen steilen LC-Tiefpaß, um die unteren Seitenschwingungen der ersten Trägerharmonischen genügend zu unterdrücken. Von der Zeitfunktion her wird durch den Tiefpaß eine Integration der Impulsfolge vorgenommen. Der so gebildete arithmetische Mittelwert der Impulsfolge entspricht dem modulierenden Signal.

1.4.3 Anwendung der Pulsdauermodulation

Für die Nachrichtenübertragung im eigentlichen Sinn hat die Pulsdauermodulation wenig Bedeutung. Die aufzubringende Leistung des Pulsträgers ist gegenüber der Pulsamplituden- oder Pulsphasenmodulation wegen der größeren Impulsbreite relativ hoch. Eine Minderung der Störanfälligkeit durch die Banderweiterung tritt nicht in dem Ausmaß wie bei der Pulsphasenmodulation auf.

Das Verfahren der Pulsdauermodulation hat aber in der Nachrichtenübertragung auf einem ganz anderen Weg Eingang gefunden. Im Zusammenhang mit dem sog. Schaltverstärker wird die Pulsdauermodulation bei Hochleistungs-AM-Rundfunksendern verwendet. Ein Schaltverstärker, dessen Wirkungsgrad theoretisch 100% erreichen kann, wird dort an Stelle des früher üblichen Gegentakt-B-Verstärkers, mit einem maximal möglichen Wirkungsgrad von 78,5%, als Modulationsverstärker eingesetzt.

Die Funktion des Schaltverstärkers erläutert Bild 1.48. Das Eingangssignal wird nach dem Sägezahnverfahren in ein PDM-Signal umgewandelt. Die Spannungs- bzw. Leistungsverstärkung erfolgt über einen gesteuerten Schalter, eine Röhre oder ein Transistor. Diese arbeiten im Schalterbetrieb, da vom steuernden

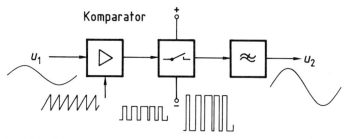

Bild 1.48 Prinzip des Schaltverstärkers

Beispiele zum Abschnitt 1

Signal her nur zwei definierte Spannungszustände vorliegen. An dem Schalterelement tritt dabei nur ein geringer Leistungsverlust auf, was zu einem hohen Wirkungsgrad führt. Aus dem verstärkten PDM-Signal wird dann über ein Tiefpaßfilter das eigentliche Wechselsignal zurückgewonnen. Die Signalverzerrung bleibt gering mit einem Klirrfaktor von max. 1%, wenn die Schaltfrequenz mindestens sechsmal so groß ist wie die höchste Signalfrequenz [15].

Die Prinzipschaltung der Anodenspannungsmodulation einer Senderendstufe über einen PDM-Verstärker zeigt Bild 1.49. Die Modulatorendstufe Rö1 wird

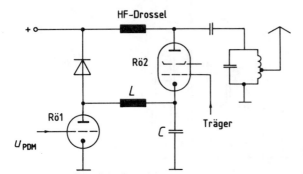

Bild 1.49 Anwendung des Schaltverstärkers bei der Anodenspannungsmodulation einer Senderendstufe

von dem PDM-Signal angesteuert, die Senderendstufe Rö2 stellt den Lastwiderstand für die Modulatorendstufe mit dem *LC*-Tiefpaßfilter dar. Der Momentanwert des Stromes über die Röhre Rö2 während der PDM-Impulse ist proportional der vom Signal abhängigen Impulsdauer $\tau(t)$. Beim Abschalten des Stromes über Rö1 in den Impulspausen wird in der Induktivität L eine Gegenspannung induziert. Diese verursacht einen Stromfluß über die Diode und über die Röhre Rö2 mit einem von der Impulspause abhängigen Momentanwert. An der Senderendstufe entsteht somit eine kontinuierliche Spannung, die insgesamt dem zeitlichen Verlauf der modulierenden Signalspannung entspricht. Ausführlich wird die Anwendung des Schaltverstärkers bei der Anodenspannungsmodulation einer Senderendstufe u. a. in [16], [17], [18] beschrieben.

Beispiele zum Abschnitt 1

Beispiel 1.1

Die Zeitfunktion eines sinusförmig modulierten PAM-Signals weist den in B i l d 1.50 dargestellten Verlauf auf. Die Impulsdauer der rechteckförmigen Abtastimpulse beträgt $\tau = 20$ µs.

a) Anzugeben ist das dazugehörige Frequenzspektrum im Bereich von Null bis 25 kHz.

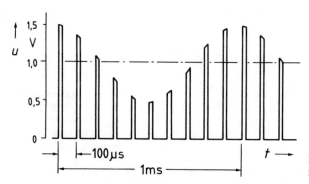

Bild 1.50 Sinusförmig moduliertes PAM-Signal

Lösung zu a)

Es handelt sich um eine Verlaufsabtastung. Der Abstand der Abtastimpulse beträgt $T_A = T_P = 100$ µs, die Periodendauer des modulierenden Signals ist $T_S = 1$ ms. Mit der Amplitude des unmodulierten Pulses von $\hat{u}_P = 1$ V, dem Tastgrad $\tau/T_P = 1/5$ sowie dem aus der Zeitfunktion zu entnehmenden Modulationsgrad von $m = 0{,}5$ erhält man nach Gl. (1.24) die gewünschten Spektralkomponenten

bei der Frequenz	mit der Amplitude
1 kHz	100 mV
10 kHz	392 mV
9 kHz, 11 kHz	98 mV
20 kHz	374 mV
19 kHz, 21 kHz	93,5 mV .

b) Durch eine Abtast-Halte-Schaltung werden die Impulse in ihrer Dauer auf $\tau = T_P$ verlängert.

Welche Spektralkomponenten treten nun auf?

Beispiele zum Abschnitt 1 65

Lösung zu b)

Es liegt nun Momentanwertabtastung mit $\tau = T_P$ vor. Nach Gl. (1.30) erhält man die Spektralkomponenten

bei der Frequenz	mit der Amplitude
1 kHz	492 mV
9 kHz	94,8 mV
11 kHz	92,2 mV
19 kHz	77,9 mV
21 kHz	73,4 mV .

Beispiel 1.2

Nach dem Zeitmultiplexverfahrn sollen 24 Fernsprechsignale im Frequenzbereich $f_S = 0{,}3 \cdots 3{,}4$ kHz durch Abtastung mit einem Rechteckpuls der Periodendauer $T_A = T_P = 125$ µs über einen idealen Tiefpaßkanal mit der Bandbreite $B = 500$ kHz übertragen werden.

Welche Impulsdauer dürfen die rechteckförmigen Abtastimpulse maximal aufweisen?

Lösung

Nach Gl. (1.33) erhält man für die Dauer eines Zeitkanals

$$T_K = \frac{T_P}{z} = \frac{125 \text{ µs}}{24} = 5{,}2 \text{ µs} .$$

Für die Einschwingzeit t_e ergibt sich nach Gl. (1.34) der Wert

$$t_e = \frac{1}{2 \cdot B} = \frac{1}{2 \cdot 500 \text{ kHz}} = 1 \text{ µs} ,$$

so daß unter Berücksichtigung von jeweils $1/2 \cdot t_e$ für Ein- und Ausschwingen des Impulses (Bild 1.51) die Impulsdauer τ sich berechnet zu

$$\tau \leqq \left(T_K - 2 \cdot \frac{t_e}{2} \right) = 4{,}2 \text{ µs} .$$

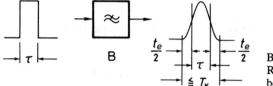

Bild 1.51 Verformung eines Rechteckimpulses durch Bandbegrenzung

Aus der Forderung in Gl. (1.39), wonach das PAM-Spektrum mindestens bis zur ersten Nullstelle übertragen werden soll, ergäbe sich mit $B_{PAM} = B = 500$ kHz eine Impulsdauer von

$$\tau \geq \frac{1}{B} = 2 \text{ μs}.$$

Die Impulsdauer von $\tau = 4{,}2$ μs erfüllt somit diese Bedingung.
Ein Wert für die Impulsdauer von $\tau \approx 3$ μs bietet sich in diesem Fall an.

Beispiel 1.3

Ein Fernsprechsignal im Frequenzbereich von 0,3 bis 3,4 kHz wird durch Einseitenband-Amplitudenmodulation in den Trägerfrequenzbereich von 12,3 bis 15,4 kHz umgesetzt.
a) Kann das ursprüngliche Signal durch Abtastung des Trägerfrequenzsignals mit einem Rechteckpuls der Frequenz $f_A = f_P = 8$ kHz über ein Tiefpaßfilter mit der Grenzfrequenz $f_g = 4$ kHz unverfälscht zurückgewonnen werden?

Lösung zu a)

Durch Abtastung des Trägerfrequenzsignals mit $f_A = 8$ kHz entstehen u. a. folgende Kombinationsfrequenzen:

$$0 \pm (12{,}3 \cdots 15{,}4) \text{ kHz}, \; 8 \pm (12{,}3 \cdots 15{,}4) \text{ kHz}, \; 16 \pm (12{,}3 \cdots 15{,}4) \text{ kHz}.$$

Das Spektrum mit der Lage der Seitenbänder gibt Bild 1.52 wieder.
Daraus ist zu ersehen, daß im Frequenzbereich von 0 bis 4 kHz das ursprüngliche Signal nur in Kehrlage vorliegt und damit nicht unverfälscht zurückgewonnen werden kann.
Das Abtasttheorem kann auch auf bandpaßbegrenzte Signale angewendet werden [6]. Es besagt dann, daß ein auf den Frequenzbereich zwischen f_{g_u} und f_{g_o} bandbegrenztes Signal mit der Abtastbandbreite B_A aus den Abtastwerten eindeutig zurückgewonnen werden kann, wenn die Abtastfrequenz

Beispiele zum Abschnitt 1 67

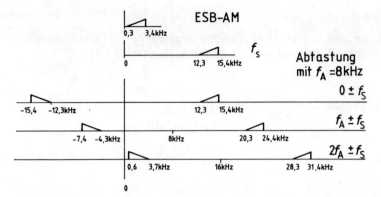

Bild 1.52 Frequenzschema bei Abtastung eines durch Einseitenband-Amplitudenmodulation umgesetzten Fernsprechkanals mit $f_A = 8$ kHz

$$f_A \geqq 2 \cdot (f_{g_o} - f_{g_u}) = 2 \cdot B_A \qquad (1.70)$$

ist, mit den Bedingungen

$$f_{g_u} = k \cdot B_A \qquad (1.71)$$

und

$$f_{g_o} = (k+1) \cdot B_A . \qquad (1.72)$$

Mit dem Faktor k erhält man dann die Abtastfrequenz f_A zu

$$f_A \geqq \frac{2}{k+1} \cdot f_{g_o} = \frac{2}{k} \cdot f_{g_u} . \qquad (1.73)$$

Das bedeutet, daß die Abtastfrequenz bei bandpaßbegrenzten Signalen auch unter der niedrigsten Signalfrequenz liegen kann.

Nach Gl. (1.73) müßte demnach bei einem Signalfrequenzband im Bereich von 12 bis 16 kHz mit einer Abtastfrequenz $f_A = 8$ kHz ($k = 3$) das „Signal" zurückgewonnen werden können.

Dies trifft zu, wie aus Bild 1.52 zu ersehen ist, allerdings mit dem ursprünglichen Signalfrequenzabstand in Kehrlage.

b) Welche minimale Abtastfrequenz ist notwendig, um aus dem Trägerfrequenzsignal im Frequenzbereich von 12 bis 16 kHz das ursprüngliche Fernsprechsignal in richtiger Frequenzlage zurückzugewinnen?

Lösung zu b)

Es zeigt sich, daß dies mit einer Abtastfrequenz von $f_A = 12$ kHz möglich ist, weil u. a. folgende Kombinationsfrequenzen entstehen (Bild 1.53):

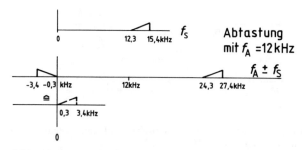

Bild 1.53 Teil des Frequenzspektrums nach Bild 1.52 bei Abtastung mit $f_A = 12$ kHz

$$0 \pm (12{,}3 \cdots 15{,}4) \text{ kHz}, \ 12 \pm (12{,}3 \cdots 15{,}4) \text{ kHz} =$$
$$- (0{,}3 \cdots 3{,}4) \text{ kHz} \triangleq (0{,}3 \cdots 3{,}4) \text{ kHz}$$

und

$$(24{,}3 \cdots 27{,}4) \text{ kHz} .$$

Im Grunde genommen entspricht dies einer Frequenzumsetzung durch Synchrondemodulation mit einem rechteckförmigen Träger von 12 kHz.

Beispiele 1.4

Nach dem Verfahren der Pulsphasenmodulation werden 24 Sprachkanäle im Zeitmultiplex über einen Breitbandkanal übertragen. Die Abtastung der Sprachsignale erfolgt mit Rechteckimpusen der Dauer $\tau = 0{,}6$ µs bei einer Abtastfrequenz von $f_A = 8$ kHz.
a) Welcher Zeithub ΔT darf maximal auftreten?
b) Welchem Phasenhub der ersten Harmonischen des Pulsträgers entspricht dies?

Lösungen zu a) und b)

Aus Gl. (1.61) erhält man

Beispiele zum Abschnitt 1   69

$$\Delta\varphi_P = \frac{1}{z} \cdot \pi = \frac{1}{24} \cdot \pi = 0{,}0416 \cdot \pi \triangleq 7{,}5°\ .$$

Nach Gl. (1.60) gilt:

$$\Delta T = \frac{T_P}{2 \cdot z} = \frac{125\ \mu s}{2 \cdot 24} = 2{,}6\ \mu s\ .$$

c) Welche Amplitude weist die Signalkomponente im Spektrum bei Modulation eines Kanals mit einem Signal der Frequenz $f_S = 1$ kHz und maximalem Zeithub auf?

Lösung zu c)

Nach Gl. (1.56) berechnet sich dieser Wert für Pulsphasenmodulation mit natürlicher Abtastung zu

$$\hat{u}_{f_S} = \hat{u}_P \cdot 2 \cdot \frac{\Delta\varphi_P}{2\pi} \cdot \sin(f_S \cdot \tau \cdot \pi)$$

$$= \hat{u}_P \cdot 2 \cdot \frac{0{,}0416}{2\pi} \cdot \sin\left(10^3 \frac{1}{s} \cdot 0{,}6 \cdot 10^{-6} s \cdot \pi\right)$$

$$= \hat{u}_P \cdot 7{,}84 \cdot 10^{-5}\ .$$

d) Auf welchen Wert erhöht sich die Amplitude der Signalkomponente, wenn empfangsseitig nach dem Demultiplexen die Pulsphasenmodulation vor der Signalrückgewinnung in eine Pulsdauermodulation umgewandelt wird mit einer maximalen Änderung der Impulsdauer von $\Delta\tau = \Delta T = 2{,}6$ µs?

Lösung zu d)

Bei natürlicher Abtastung erhält man nach Gl. (1.69) für die Amplitude der Signalkomponente

$$\hat{u}_{f_S} = \hat{u}_P \cdot \frac{\Delta\tau}{T_P} = \hat{u}_P \cdot \frac{2{,}6\ \mu s}{125\ \mu s} = \hat{u}_P \cdot 0{,}0208\ ,$$

somit etwa das 265fache des Wertes nach c).

Beispiel 1.5

In [14] wird ein optisches Fernsehverteilnetz beschrieben, in dem durch Pulsphasenmodulation im Zeitmultiplex vier Fernsehsignale (TV 1 bis TV 4) und vier Stereo-Tonsignale, als Multiplexsignale und frequenzmoduliert auf einem

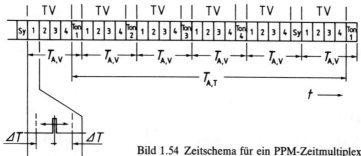

Bild 1.54 Zeitschema für ein PPM-Zeitmultiplex-System zur Übertragung von vier Fernsehsignalen mit Begleitton

10,7-MHz-Träger, übertragen werden. In einem fünften „Tonkanal" wird ein Synchronisiersignal gesendet, damit empfangsseitig die richtige Kanalzuordnung beim Demultiplexen erfolgt. Das Zeitschema mit den Abtastperioden $T_{A,V}$ für die Videosignale und $T_{A,T}$ für die Tonsignale gibt Bild 1.54 wieder.

Die Abtastfrequenz für das Videosignal, $f_{A,V}$, wird dabei so gewählt, daß die 3. Harmonische dieses Pulsträgers bei der üblichen Bildträgerfrequenz im ZF-Bereich $f_{BT} = 38,9$ MHz liegt. Es ergibt sich somit

$$f_{A,V} = \frac{1}{3} \cdot f_{BT} = \frac{1}{3} \cdot 38,9 \text{ MHz} = 12,966 \text{ MHz}$$

entsprechend einer Abtastperiodendauer

$$T_{A,V} = \frac{1}{f_{A,V}} = 77,1 \text{ ns}.$$

Mit fünf gleichen Zeitkanälen ergibt das die Dauer eines Zeitkanals zu

$$T_K = 15,4 \text{ ns}.$$

Bei einem Sicherheitsabstand von etwa 5 ns zwischen den extremen Zeitlagen aufeinanderfolgender Impulse erlaubt dies einen maximalen Zeithub von

Beispiele zum Abschnitt 1 71

$$\Delta T = \frac{1}{2} \cdot (15{,}4 - 5) \text{ ns} = 5{,}2 \text{ ns} .$$

Die Abtastung der Stereo-Tonsignale mit einer Bandbreite von $B_A = 300$ kHz im Ton-ZF-Bereich bei der Mittenfrequenz 10,7 MHz erfolgt mit der Frequenz

$$f_{A,T} = \frac{1}{5} \cdot f_{A,V} = 2{,}593 \text{ MHz} .$$

Diese Frequenz ist gemäß dem Abtasttheorem für bandpaßbegrenzte Signale ausreichend ($f_A \geqq 2 \cdot B_A$), wie im Beispiel 1.3 schon erläutert.

Das PPM-Zeitmultiplexsignal wird auf der Empfangsseite in ein PAM-Zeitmultiplexsignal umgewandelt und über den Demultiplexer in die vier Fernseh- und vier Tonkanäle aufgeteilt (Bild 1.55). Das Spektrum der PAM-TV-Signale erscheint bei Vielfachen der Abtastfrequenz $f_{A,V}$, unter anderem auch bei der Frequenz $3 \cdot f_{A,V} = f_{BT}$ im Fernseh-ZF-Bereich. Nach Bandbegrenzung durch ein Restseitenbandfilter können die TV-Signale aus dem ZF-Bereich in beliebige Fernseh-Kanäle umgesetzt werden.

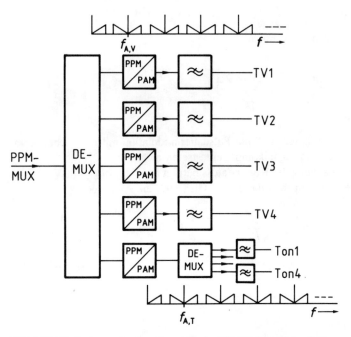

Bild 1.55 Blockschema des Empfangsteils des PPM-Zeitmultiplex-Systems nach Beispiel 1.5

Die FM-Stereo-Tonsignale treten bei Harmonischen der Abtastfrequenz $f_{A,T}$ bis in den Bereich des UKW-Rundfunk-Bandes auf. Die Signalwiedergabe ist so mit üblichen UKW-FM-Rundfunkempfängern möglich. Für eine weitere Verteilung auf verschiedene Trägerfrequenzen müßte auch hier noch eine Frequenzumsetzung vorgenommen werden.

Beispiel 1.6

Eine Pulsdauermodulation wird nach dem Sägezahnverfahren erzeugt. Am Komparator liegt ein sägezahnförmiger Puls mit der Amplitude $\hat{u}_P = 5\,\text{V}$ an, die Betriebsspannung des als ideal angenommenen Komparators beträgt $U_B = \pm 10\,\text{V}$.
a) Mit welcher Amplitude eines sinusförmig modulierenden Signals erreicht man die maximale Änderung der Impulsdauer?
b) Welche Amplitude weisen die Spektralkomponenten im Modulationsprodukt bei der Signalfrequenz und bei deren Harmonischen bei maximalem Aussteuergrad auf?

Lösung zu a)

Aus Bild 1.47 ist zu entnehmen

$$\hat{u}_{S_{max}} = \frac{1}{2} \cdot \hat{u}_P = \frac{1}{2} \cdot 5\,\text{V} = 2{,}5\,\text{V} \;.$$

Lösung zu b)

Es handelt sich in diesem Fall um Pulsdauermodulation mit natürlicher Abtastung. Harmonische der Signalkomponente treten nicht auf.
Die Ausgangsspannung des Komparators beträgt $\hat{u}_P = 2 \cdot 10\,\text{V} = 20\,\text{V}$. Für die Signalkomponente erhält man dann nach Gl. (1.69) die Amplitude

$$\hat{u}_{f_S} = \hat{u}_P \cdot \frac{\Delta \tau}{T_P} = \hat{u}_P \cdot \frac{T_P/2}{T_P} = \hat{u}_P \cdot \frac{1}{2} = 10\,\text{V} \;.$$

2 Digitale Modulationsverfahren im Basisband

Durch einen Modulationsvorgang, bei dem eine Ausweitung des Nachrichtensignals auf ein breiteres Frequenzband erfolgt, kann der Einfluß von Störsignalen beträchtlich reduziert werden. Dies ist von dem Verfahren der Frequenz- bzw. Phasenmodulation mit einem Sinusträger bekannt. Es wurde im vorangehenden Abschnitt aber auch am Beispiel der Pulsphasenmodulation gezeigt. Dem erreichbaren Modulationsgewinn sind jedoch in beiden Fällen von der aufzuwendenden Trägerleistung und einer sinnvollen Banderweiterung her praktische Grenzen gesetzt.

Eine andere Möglichkeit den Einfluß von Störsignalen wie auch von linearen und nichtlinearen Verzerrungen im Übertragungskanal weitgehend zu eleminieren, bietet sich durch den Übergang von analoger auf digitale Signalübertragung an. Dazu muß das analoge Quellensignal in ein digitales Signal umgewandelt werden. Dieses kann als Basisbandsignal, wie im folgenden Abschnitt beschrieben, über einen Tiefpaßkanal oder durch Modulation auf einen hochfrequenten Träger über einen Bandpaßkanal übertragen werden. Letzteres wird Inhalt des 3. Abschnitts.

Die Umwandlung des analogen Quellensignals in das Digitalsignal erfordert eine Wertquantisierung, die stets in Verbindung mit einer Zeitquantisierung vorgenommen wird. Mögliche Zwischenstufen der Abtastwerte werden dann direkt oder in Verbindung mit ihren Voraussagewerten über Differenzgrößen durch m-wertige Codeworte ausgedrückt. Ohne Zweifel weist das zweiwertige oder binär codierte Signal die geringste Störanfälligkeit auf. Es läßt sich zudem im Verlauf der Übertragung auf einfache Weise wiederholt regenerieren, und damit weitgehend von anhaftenden Störungen befreien.

Die direkte Codierung der Abtastwerte führt zu der Pulscodemodulation (PCM), während eine Bezugnahme auf vorangehende Signalwerte den Verfahren der Deltamodulation (DM) und Differenz-Pulscodemodulation (DPCM) zugrunde liegt.

Eine hinreichend originalgetreue Wiedergabe der ursprünglichen Nachricht erfordert allerdings die Übertragung einer großen Anzahl von möglichen Signalwerten, was sich in der Stellenzahl des binären Codes niederschlägt. In Verbindung mit der notwendigen Abtastfrequenz, das heißt mit der Häufigkeit, mit der die zu codierenden Signalwerte festgestellt werden, ergeben sich somit auch hohe Übertragungsgeschwindigkeiten, die breitbandige Übertragungskanäle verlangen. Dies trifft insbesondere bei der Mehrfachausnutzung eines Übertragungskanals nach dem Zeitmultiplexverfahren zu.

Das Verfahren der Pulscodemodulation wurde bereits im Jahre 1938 von A. H. REEVES erfunden. Die technischen Möglichkeiten für eine praktische Realisierung dieser Erfindung lagen zu dieser Zeit jedoch noch nicht vor, so daß es zwei Jahrzehnte dauerte, bis zunächst noch in Röhrentechnik und dann mit Transistoren die ersten Systeme zur Sprachsignalübertragung entwickelt wurden. Der Einsatz von integrierten Halbleiterschaltungen verhalf jedoch auch den digitalen Modulationsverfahren zum entscheidenden Durchbruch.

2.1 Pulscodemodulation (PCM)

Der Begriff *Pulscodemodulation* sagt aus, daß bei diesem Verfahren der Signalwandlung ein Pulsträger verwendet wird und eine Codierung erfolgt. Im Vergleich zu den Begriffen *Pulsamplituden-*, *Pulsfrequenz-* oder *Pulsphasenmodulation* wird hier allerdings nicht der einmal festgelegte Code beeinflußt. Insofern wäre eigentlich die obiger Systematik entsprechende Reihung der Worte mit „Puls-Modulation-Codierung" oder „Puls-Amplitudenmodulation-Codierung" zutreffend. Tatsächlich ist aber der Ausdruck Pulscodemodulation so geläufig, daß keine Mißverständnisse zu erwarten sind.

2.1.1 Prinzip der Pulscodemodulation

Die Anwendung der Pulscodemodulation erfolgt in den meisten Fällen in Verbindung mit dem Zeitmultiplexverfahren. Zur Erläuterung des Prinzips der Pulscodemodulation dient zunächst jedoch ein Ein-Kanal-PCM-Übertragunssystem, dessen Blockschema in B i l d 2.1 dargestellt ist.

Das zu übertragende analoge Quellensignal $u_S(t)$ wird, nach Bandbegrenzung durch einen Tiefpaß mit der Grenzfrequenz $f_g = f_{S_{max}}$, durch den Trägerpuls, d. h. durch schmale Impulse mit der Folgefrequenz f_A, abgetastet. Wegen der endlichen Arbeitsgeschwindigkeit des nachfolgenden Codierers ist ein Festhalten des

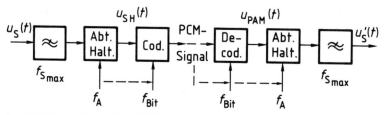

Bild 2.1 Blockschema eines PCM-Systems

2.1 Pulscodemodulation (PCM)

Abtastwertes bis zum Eintreffen der nächsten Probe zweckmäßig. Dies geschieht im Zusammenhang mit der Signalabtastung durch eine Halteschaltung, so daß am Ausgang des Abtast-Halte-Gliedes ein treppenförmiges wertkontinuierliches Signal $u_{SH}(t)$ vorliegt. Entsprechend dem Zeichenvorrat des Codierers wird dann eine Wertquantisierung vorgenommen, indem der gesamte Quantisierungsbereich $2 \cdot \hat{u}_{S_{max}}$ in eine Anzahl von s Quantisierungsintervalle unterteilt wird. Diese werden ziffernmäßig („digital") erfaßt und nach einem vorgegebenen Code, meist nach dem Dualcode oder dem symmetrischen Binärcode, durch binäre Codeworte gekennzeichnet. Jedes Codewort besteht aus

$$N = \text{lb } s \; ^{1)} \tag{2.1}$$

binären Elementen oder Bits.

Der Codierer ordnet den anliegenden Signalwert dem entsprechenden Quantisierungsintervall zu und gibt das binäre Codewort im NRZ-Code[2] aus. Dazu ist der Bittakt mit der Frequenz

$$f_{Bit} = N \cdot f_A \tag{2.2}$$

erforderlich. Die binären Codeworte werden fortlaufend ohne Unterbrechung als serielles PCM-Signal auf den Übertragungskanal gegeben. Durch eine in gewissen Abständen mitübertragene Synchronisierinformation wird der Codewortbeginn markiert.

Auf der Empfangsseite findet im Decodierer eine Digital-Analog-Wandlung statt. Auch dazu ist der Bittakt notwendig. Dieser wird aus dem übertragenen PCM-Signal nach einer Signalregenerierung zurückgewonnen. Nach jedem Arbeitszyklus des Decodierers mit der Zeitdauer

$$T_A = N \cdot T_{Bit} = N \cdot \frac{1}{f_{Bit}} = \frac{1}{f_A} \tag{2.3}$$

wird ein dem Codewort entsprechender Mittelwert des Quantisierungsintervalls als quantisierter Signalwert über eine Abtast-Halte-Schaltung abgerufen. Das nach Tiefpaß-Filterung aus der Treppenfunktion zurückgewonnene Empfangssi-

---

[1] Binärer Logarithmus lb s oder dualer Logarithmus ld s

   $\text{lb } s = \text{ld } s = \log_2 s = \dfrac{\lg s}{\lg 2}$

[2] NRZ-Code: Non Return to Zero, d. h. der Signalzustand bleibt über die Dauer eines Bit erhalten (s. auch 2.4.2).

gnal $u'_S(t)$ weist gegenüber dem Sendesignal $u_S(t)$ eine Quantisierungsverzerrung auf, die abhängig ist von der Anzahl der Quantisierungsintervalle innerhalb des gesamten Quantisierungsbereichs. Daneben tritt noch der durch die Abtast-Halte-Schaltung an dieser Stelle bedingte Amplitudenfrequenzgang gemäß der si-Funktion auf, der im Zusammenhang mit der Pulsamplitudenmodulation bereits erläutert wurde. Dessen Entzerrung geschieht meist in Verbindung mit dem Ausgangs-Tiefpaß.

Den Zusammenhang zwischen Sendesignal $u_S(t)$ und Empfangssignal $u'_S(t)$ zeigt, am Beispiel der Quantisierung mit $s = 8$ Intervallen und Codierung in $N = 3$ bit, Bild 2.2. Laufzeiten in den Filtern und im Übertragungskanal sowie

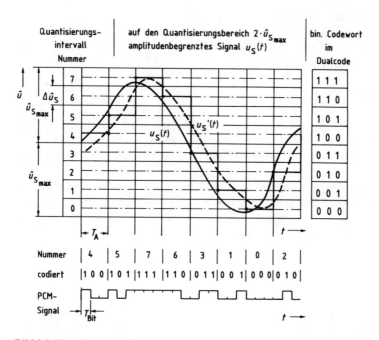

Bild 2.2 Zuordnung der Quantisierungsintervalle und der binären Codeworte auf das Sendesignal $u_S(t)$ sowie das aus dem PCM-Signal zurückgewonnene Empfangssignal $u'_S(t)$

im Codierer und Decodierer sind in dieser Darstellung nicht berücksichtigt worden. Die Verschiebung des Empfangssignals gegenüber dem Sendesignal um $T_A/2$ ist durch das Abtast-Halte-Glied mit Mittelwertbildung im Ausgangs-Tiefpaß bedingt [u. a. 19].

2.1.2 Abtast-Halte-Vorgang

Die Abtast-Halte-Schaltung vor dem Codierer hat die Aufgabe in Abständen der Abtast-Periodendauer T_A dem Signal kurzzeitig einen Abtastwert zu entnehmen und diesen bis zur Übernahme der nächsten Probe zu speichern. Während der Haltezeit kann die Verarbeitung des gespeicherten Signalwertes erfolgen.

Die Probenentnahme geschieht über einen vom Abtastpuls gesteuerten Schalter, der den Momentanwert der anliegenden Signalspannung $u_S(t)$ an den Haltekondensator C anlegt. Zu berücksichtigen ist, daß die Spannung aus einer Quelle mit dem Innenwiderstand R_i und dem Durchlaßwiderstand R_d des Schalters, beide zusammengefaßt zu einem Widerstand R_1, an den Kondensator angelegt wird (Bild 2.3).

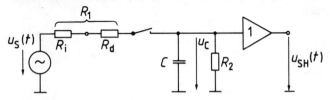

Bild 2.3 Abtast-Halte-Schaltung

Bis der Momentanwert der Spannung $u_S(t)$ mit einem vernachlässigbaren Fehler auf den Kondensator übernommen ist, vergeht die Auflade- oder Einspeicherzeit t_E (engl. acquisition time). Diese soll möglichst gering sein. Vielfach wird davon ausgegangen, daß innerhalb der Zeit t_E der Kondensator bis auf 99,9% des Sollwertes aufgeladen ist. Die Einspeicherzeit berechnet sich dann aus dem Ansatz

$$\frac{u_C}{u_S} = 0{,}999 = 1 - e^{-\frac{t_E}{R_1 \cdot C}} \tag{2.4}$$

zu

$$t_E = 6{,}9 \cdot R_1 \cdot C \, . \tag{2.5}$$

Im Zusammenhang mit der weiteren Verarbeitung der Spannung u_C im nachfolgenden Codierer ist es jedoch sinnvoller, die maximale Abweichung der sich am Kondensator einstellenden Spannung vom tatsächlichen Sollwert durch den halben Betrag eines Quantisierungsintervalls anzugeben. Man kommt so bei einer Codierung mit N bit je Abtastwert zu der Beziehung [20]

$$1 - \frac{u_C}{u_S} = e^{-\frac{t_E}{R_1 \cdot C}} = 2^{-(N+1)} \, . \tag{2.6}$$

Tabelle 2.1 gibt die Einspeicherzeit t_E als Vielfache der Ladezeitkonstante $R_1 C$ für verschiedene Werte von N an.

Tabelle 2.1

N	8	9	10	11	12	13	14	bit
$\dfrac{t_E}{R_1 C}$	6,23	6,93	7,62	8,31	9,01	9,70	10,39	–

Die Spannung am Kondensator C muß nun über die Haltezeit $t_H = T_A - t_E$ innerhalb einer vorgegebenen maximalen Abweichung Δu festgehalten werden (Bild 2.4). Die Abweichung vom Sollwert wird vielfach als Driftrate (engl. droop rate) in V/s angegeben [21].

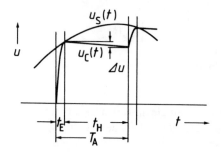

Bild 2.4 Spannung am Haltekondensator

Geht man wieder davon aus, daß die maximale Abweichung Δu höchstens gleich dem halben Wert eines Quantisierungsintervalls sein darf, so erhält man mit der Näherung $t_H \approx T_A$ und Ersatz der Entladefunktion durch eine Gerade den Zusammenhang [20]

$$\frac{\Delta u}{u_S} = \frac{T_A}{R_2 \cdot C} = 2^{-(N+1)} . \tag{2.7}$$

Die abhängig von der Codewortlänge N erforderliche Entladezeitkonstante $R_2 \cdot C$ als Vielfache der Abtastperiodendauer T_A gibt Tabelle 2.2 wieder.

Tabelle 2.2

N	8	9	10	11	12	13	14	bit
$\dfrac{R_2 C}{T_A}$	512	1024	2048	4096	8192	16 384	32 768	–

2.1 Pulscodemodulation (PCM)

Es wird deutlich, daß die Entladezeitkonstante sehr hohe Werte annimmt. Bei der gegenläufigen Forderung für die Aufladezeitkonstante $R_1 \cdot C$ bedeutet dies, daß bei einem angenommenen Wert C für die Kapazität des Haltekondensators der Ladewiderstand R_1 möglichst gering und der Entladewiderstand R_2 entsprechend hoch sein muß.

Zu berücksichtigen ist allerdings auch, daß während der Haltephase durch die über den Sperrwiderstand des Schalters parallel liegende Kapazität C_{sp} ein Spannungsverlust auftritt. Um diesen genügend klein zu halten, muß die Kapazität des Haltekondensators groß sein gegenüber der Kapazität C_{sp} des Schalters, und es ist zweckmäßig auch hier einen Mindestwert, abhängig von der Codewortlänge N, mit

$$C = C_{sp} \cdot 2^{(N+1)} \tag{2.8}$$

zugrunde zu legen [20].

Ein weiterer Fehler kann bei Abtastung des Signals mit zu breiten Impulsen entstehen bzw. bei zu großer Einspeicherzeit. Bei einer Probenentnahme innerhalb der Zeit t_E ist zu berücksichtigen, daß über die Funktion $\text{si}(f_S \cdot t_E \cdot \pi)$ (siehe dazu Gl. (1.27) im Abschnitt 1.2.1) eine Frequenzabhängigkeit der Spannung u_C am Haltekondensator vorliegt. Geht man an die Grenze des Abtasttheorems mit $f_S = 1/2 \cdot f_A$ und läßt wieder eine maximale Abweichung der Spannung am Haltekondensator von einem halben Quantisierungsintervall zu, dann gilt die Beziehung [20]

$$\frac{u_C}{u_S} = \text{si}\left(\frac{t_E}{2 \cdot T_A} \cdot \pi\right) = 1 - 2^{-(N+1)}. \tag{2.9}$$

Eine näherungsweise Lösung dieser Funktion ergibt die auf die Abtastperiodendauer T_A bezogene maximale Einspeicherzeit t_E bei verschiedenen Werten von N nach Tabelle 2.3.

Tabelle 2.3

N	8	9	10	11	12	13	14	bit
$\dfrac{t_E}{T_A}$	0,07	0,05	0,035	0,025	0,017	0,012	0,009	–

Betrachtet man die möglichen Fehlerquellen zusammen, indem die charakteristischen Größen, vereinfacht geschrieben mit

$$\frac{t_E}{R_1 \cdot C} = X \quad (2.9), \qquad \frac{R_2 \cdot C}{T_A} = Y \quad (2.10), \qquad \frac{t_E}{T_A} = Z, \tag{2.11}$$

in eine gemeinsame Beziehung eingebracht werden, so erhält man für das mindest notwendige Verhältnis von Entladewiderstand R_2 zu Ladewiderstand R_1 den Ausdruck

$$\frac{R_2}{R_1} = \frac{X \cdot Y}{Z} \ . \tag{2.12}$$

Der daraus sich ergebende Zahlenwert für R_2/R_1 ist abhängig von der Anzahl N der Bits je Codewort in Bild 2.5 aufgetragen.

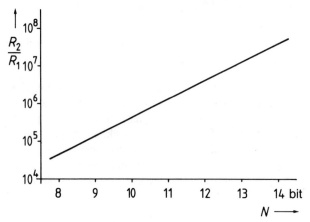

Bild 2.5 Verhältnis von Entladewiderstand R_2 zu Ladewiderstand R_1 bei der Abtast-Halte-Schaltung in Abhängigkeit von der Anzahl N der Bits je Codewort

Aus der Forderung nach möglichst niedrigem Ladewiderstand R_1 und möglichst hohem Entladewiderstand R_2 ergibt sich der prinzipielle Aufbau einer Abtast-Halte-Schaltung nach Bild 2.6. Die Verstärker dienen als Impedanzwandler mit hohem Eingangs- und niedrigem Ausgangswiderstand, so daß bei der Aufladung des Kondensators auch die Signalquelle nicht belastet wird. Als Schalter werden einzelne Dioden bzw. Diodenbrückenschaltungen oder Feldeffekttransistoren bzw. MOS-Schalter verwendet. Durch eine „Über-alles-Gegenkopplung" kann

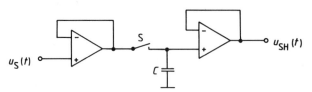

Bild 2.6 Prinzipieller Aufbau einer Abtast-Halte-Schaltung

2.1 Pulscodemodulation (PCM)

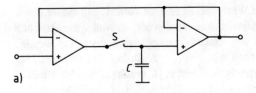

a)

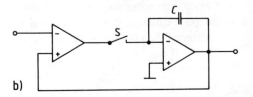

b)

Bild 2.7 Mögliche Varianten der Abtast-Halte-Schaltung:
a) mit Kompensation der Offsetspannung eines Operationsverstärkers;
b) mit Operationsverstärker als Integrator

der Einfluß der Offsetspannung kompensiert werden (Bild 2.7a). Der Haltekondensator kann auch im Rückkopplungszweig des Operationsverstärkers liegen, wobei dieser dann als Integrator arbeitet (Bild 2.7b) [22].

Beim Aufbau der Abtast-Halte-Schaltung ist besonders auf eine geringe Kapazität über den Schalter und auf eine gute Isolierung des Haltekondensators zu achten. Der Einfluß der Schalterkapazität kann u. U. durch eine Kompensationsschaltung eleminiert werden. Für den Haltekondensator ist ein hochwertiges Dielektrikum erforderlich. Sein Anschluß sollte mit einem Schutzring versehen werden [21].

2.1.3 Quantisierung und Codierung

Die Umwandlung des analogen Quellensignals in ein digitales Codesignal erfordert zunächst eine Unterteilung des gesamten Wertebereichs des Quellensignals in eine endliche Anzahl von Quantisierungsintervallen. Alle Abtastwerte, die innerhalb eines Quantisierungsintervalls liegen, werden dann einem Codewort zugeordnet. Der empfangsseitig nach Decodierung zurückgewonnene Signalwert ist gleich dem Mittelwert des betreffenden Quantisierungsintervalls. Er weist damit einen Amplitudenfehler, den sog. Quantisierungsfehler, auf, der abhängig ist von der Anzahl der Quantisierungsintervalle im Aussteuerbereich. Der so bedingte Informationsverlust kann nur durch eine entsprechend hohe Anzahl von Quantisierungsintervallen gering gehalten werden. Diese aber werden bestimmt durch das Auflösevermögen des Codierers. Technisch wird die Quantisierung zwar stets in Verbindung mit der Codierung vorgenommen, von der Systematik her aber ist es zweckmäßig die Quantisierung getrennt vor der eigentlichen Codierung zu behandeln.

Eine Unterteilung des gesamten Wertebereiches setzt voraus, daß dieser durch feste Grenzwerte bestimmt wird. Mit der Annahme einer um Null symmetrischen Verteilung der Signalwerte kann der Quantisierungsbereich festgelegt werden durch eine maximale Signalamplitude mit $2 \cdot \hat{u}_{S_{max}}$. Auch bei Signalformen, bei denen der Maximalwert nicht eindeutig festliegt, z. B. bei Sprach- oder Musiksignalen, ist eine Amplitudenbegrenzung auf den Bereich $2 \cdot \hat{u}_{S_{max}}$ erforderlich. Ein Überschreiten des Grenzwertes $\hat{u}_{S_{max}}$ nach oben oder unten hat einen Übersteuerungsfehler zur Folge. Der Quantisierungsbereich wird nun gleichmäßig unterteilt in eine Anzahl von s gleichen Quantisierungsintervallen mit der Stufenhöhe Δu_S, so daß gilt

$$s = \frac{2 \cdot \hat{u}_{S_{max}}}{\Delta u_S} \, . \tag{2.13}$$

Bild 2.8a zeigt dies an einem Beispiel mit $s = 8$ Quantisierungsintervallen. Die Zuordnung der Quantisierungsintervallnummer q kann symmetrisch oder durchlaufend erfolgen, wie in dem dargestellten Beispiel von $q = 0 \cdots 7$. Jedes dieser Intervalle wird durch ein Codewort ausgedrückt, das auf der Empfangsseite in einen Spannungswert umgesetzt wird, der dem Mittelwert des dazugehörigen Quantisierungsintervalls entspricht (Bild 2.8b). Der Zusammenhang zwischen dem so erhaltenen quantisierten Signal $u_{S,q}$ und dem ursprünglichen Signal u_S wird durch diese Quantisierungskennlinie angegeben.

Das quantisierte Signal $u_{S,q}(t)$ unterscheidet sich vom ursprünglichen Signal $u_S(t)$ durch den Quantisierungsfehler $u_Q(t)$. Es gilt

$$u_Q(t) = u_{S,q}(t) - u_S(t) \, . \tag{2.14}$$

Die Quantisierungsfehlerspannung u_Q hat, bei einem sich von $-\hat{u}_{S_{max}}$ bis $+\hat{u}_{S_{max}}$ gleichmäßig änderndem Signal, abhängig vom Momentanwert u_S einen sägezahnförmigen Verlauf mit der Amplitude $\Delta u_S/2$, entsprechend der maximalen Abweichung zwischen Signalwert u_S und dem dazugehörigen quantisierten Wert $u_{S,q}$ (Bild 2.8c).

Der Quantisierungsfehler führt zu einer nichtlinearen Verzerrung des übertragenen Signals und wirkt sich ähnlich aus wie eine Klirrverzerrung, weshalb man auch, in Analogie zum Klirrgeräusch, vom Quantisierungsgeräusch spricht.

Für eine wertmäßige Erfassung der Quantisierungsverzerrung bildet man das Verhältnis von der Leistung des zurückgewonnenen quantisierten Signals $P_{S,q}$ zur Quantisierungsgeräuschleistung P_Q.

Die Quantisierungsgeräuschleistung P_Q ergibt sich aus der mittleren Leistung der Quantisierungsfehlerspannung $u_Q(t)$, die dadurch entsteht, daß der Quantisierungsbereich von $-\hat{u}_{S_{max}}$ bis $+\hat{u}_{S_{max}}$ periodisch durchlaufen wird.

2.1 Pulscodemodulation (PCM)

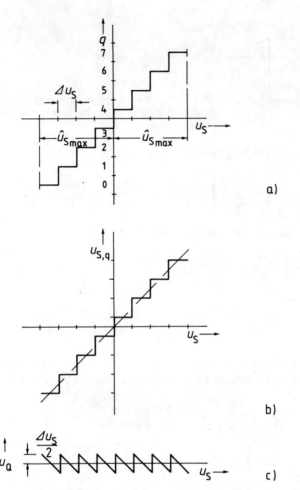

Bild 2.8 Gleichmäßige Quantisierung: a) Zuordnung der Quantisierungsintervallnummer, b) quantisiertes Signal, c) Quantisierungsfehler

Unter der Annahme einer gleichmäßigen Verteilung der Signalwerte über den gesamten Quantisierungsbereich nimmt die Quantisierungsfehlerspannung einen mit dem Abtastintervall $T = T_A$ periodischen Verlauf an (Bild 2.9) mit der Funktion

$$u_Q(t) = -\Delta u_S \cdot \frac{t}{T}. \tag{2.15}$$

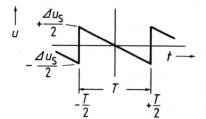

Bild 2.9 Quantisierungsfehlerspannung bei gleichmäßiger Verteilung der Signalwerte über den Quantisierungsbereich

Die Quantisierungsgeräuschleistung berechnet sich damit zu

$$P_Q = \frac{1}{T} \cdot \int_{-T/2}^{+T/2} u_Q^2(t) \cdot \frac{1}{R} dt = \frac{1}{T} \cdot \int_{-T/2}^{+T/2} \frac{(\Delta u_S)^2}{T^2} \cdot t^2 \cdot \frac{1}{R} dt = \frac{(\Delta u_S)^2}{12} \cdot \frac{1}{R}.$$
(2.16)

Das zurückgewonnene quantisierte Signal $u_{S,q}$ liegt im Bereich

$$\left(-\hat{u}_{S_{max}} + \frac{\Delta u_S}{2}\right) \leq u_{S,q} \leq \left(+\hat{u}_{S_{max}} - \frac{\Delta u_S}{2}\right)$$
(2.17)

mit den Zwischenwerten

$$\pm \frac{1}{2} \cdot \Delta u_S, \quad \pm \frac{3}{2} \cdot \Delta u_S, \quad \pm \frac{5}{2} \cdot \Delta u_S, \cdots \pm \frac{(s-1)}{2} \cdot \Delta u_S.$$

Bei wiederum gleicher Wahrscheinlichkeit für das Vorkommen all dieser Zwischenwerte berechnet sich die mittlere Leistung des quantisierten Signals zu

$$P_{S,q} = \frac{1}{s} \cdot \left[2 \cdot \left(\frac{1}{2} \cdot \Delta u_S\right)^2 + 2 \cdot \left(\frac{3}{2} \cdot \Delta u_S\right)^2 + \right.$$
$$\left. + 2 \cdot \left(\frac{5}{2} \cdot \Delta u_S\right)^2 + \cdots + 2 \cdot \left(\frac{(s-1)}{2} \cdot \Delta u_S\right)^2 \right] \cdot \frac{1}{R} \quad (2.18)$$
$$= \frac{(\Delta u_S)^2}{2 \cdot s} \cdot [1^2 + 3^2 + 5^2 + \cdots + (s-1)^2] \cdot \frac{1}{R}.$$

Der Grenzwert der Summenbildung führt zu dem Ergebnis [23]

$$P_{S,q} = \frac{(s^2-1)}{12} \cdot (\Delta u_S)^2 \cdot \frac{1}{R}.$$
(2.19)

Das ergibt ein Signal-zu-Quantisierungsgeräusch-Leistungsverhältnis von

$$\frac{P_{S,q}}{P_Q} = s^2 - 1$$
(2.20)

2.1 Pulscodemodulation (PCM)

bzw. einen Signal/Quantisierungsgeräuschabstand S_Q zu

$$S_Q = 10 \lg \frac{P_{S,q}}{P_Q} = 10 \lg (s^2 - 1) \text{ dB} . \tag{2.21}$$

Mit der Annahme einer großen Anzahl von Quantisierungsintervallen ($s \gg 1$) und der Beziehung zwischen der Anzahl N der Bits je Codewort und der Stufenzahl s mit

$$s = 2^N \tag{2.22}$$

vereinfacht sich der Ausdruck für den Signal/Quantisierungsgeräuschabstand zu

$$S_Q = 20 \lg s = 6 \cdot N \text{ dB} . \tag{2.23}$$

Diese Beziehung gilt für eine Signalform, bei der alle Zwischenwerte mit gleicher Wahrscheinlichkeit vorkommen, d. h. genaugenommen nur für ein dreieckförmiges Signal. Für ein sinusförmiges Signal erhält man die Leistung des quantisierten Signals zu

$$P_{S,q} = \left(\frac{\frac{s}{2} \cdot \Delta u_S}{\sqrt{2}} \right)^2 \cdot \frac{1}{R} = \frac{s^2}{8} \cdot (\Delta u_s) \cdot \frac{1}{R} . \tag{2.24}$$

Bei hoher Quantisierungsstufenzahl kann die Quantisierungsgeräuschleistung P_Q auch hier nach Gl. (2.16) angenommen werden, womit sich bei voller Ausnutzung des Quantisierungsbereiches bei sinusförmigem Signal ein Signal/Quantisierungsgeräuschabstand S_Q berechnet mit

$$S_Q = 10 \lg \frac{3}{2} \cdot s^2 = 20 \lg s + 1{,}8 = 6 \cdot N + 1{,}8 \text{ dB} . \tag{2.25}$$

Tabelle 2.4 gibt diesen Zusammenhang für verschiedene Werte von N wieder.

Tabelle 2.4

N	8	9	10	11	12	13	14	bit
s	256	512	1024	2048	4096	8192	16 384	Quant. Intervalle
S_Q	49,8	55,8	61,8	67,8	73,8	79,8	85,8	dB

Eine geringere Aussteuerung im Quantisierungsbereich wird durch den relativen Pegel $L_{U_{rel}}$ des Signals berücksichtigt mit

$$L_{U_{rel}} = 20 \lg \frac{\hat{u}_S}{\hat{u}_{S_{max}}} \text{ dB} . \tag{2.26}$$

Der Signal/Quantisierungsgeräuschabstand ist dann

$$S_Q = 6 \cdot N + L_{U_{rel}} + 1{,}8 \text{ dB} . \tag{2.27}$$

Für einseitig gerichtete Signale, z. B. bei einem Videosignal, erhält man mit dem Spitze-Spitze-Wert

$$\hat{u}_{ss} = 2 \cdot \hat{u}_{S_{max}} = s \cdot \Delta u_S \tag{2.28}$$

nach [20] die Signalleistung $P_{S,q}$ zu

$$P_{S,q} = (s \cdot \Delta u_S)^2 \cdot \frac{1}{R} , \tag{2.29}$$

was zu einem Signal/Quantisierungsgeräuschabstand führt von

$$S_Q = 10 \lg \frac{s^2 \cdot (\Delta u_S)^2}{(\Delta u_S)^2/12} = 10 \lg 12 \cdot s^2$$

$$= 20 \lg s + 10{,}8 = 6 \cdot N + 10{,}8 \text{ dB} . \tag{2.30}$$

Ein gebräuchliches Maß zur Beurteilung von Verzerrungen ist auch der Klirrfaktor bzw. das Klirrdämpfungsmaß. Man erhält über die Effektivwerte der Spannungen U_Q aus Gl. (2.16) und $U_{S,q}$ aus Gl. (2.19) den Klirrfaktor k mit

$$k = \frac{U_Q}{U_{S,q}} = \sqrt{\frac{P_Q}{P_{S,q}}} = \frac{1}{\sqrt{s^2-1}} \approx \frac{1}{s} \tag{2.31}$$

bzw. ein Klirrdämpfungsmaß a_k zu

$$a_k = 20 \lg \frac{1}{k} \approx 20 \lg s \text{ dB} . \tag{2.32}$$

Die spektrale Verteilung des Quantisierungsgeräusches kann nach [3] als konstant innerhalb des Signalfrequenzbandes angenommen werden. Geht man davon aus,

2.1 Pulscodemodulation (PCM)

daß die Quantisierungsgeräuschleistung P_Q gleichmäßig auf den Frequenzbereich von Null bis $f_A/2$ verteilt ist, so kann die auf das Signalband von Null bis $f_{S_{max}}$ entfallende Geräuschleistung reduziert werden, wenn die Abtastfrequenz f_A gegenüber dem mindest notwendigen Wert von $2 \cdot f_{S_{max}}$ erhöht wird. Man spricht in diesem Fall von „Überabtastung", engl. Oversampling. Der Gewinn an Signal/Quantisierungsgeräuschabstand beträgt z.B. bei einer um den Faktor 2 erhöhten Abtastfrequenz 10 lg 2 = 3 dB.

Damit verbunden ist allerdings eine Erhöhung der Bitrate um den Faktor 2. Verdoppelt man umgekehrt die Anzahl der Quantisierungsstufen, dann führt das zu einer Verbesserung des Signal/Quantisierungsgeräuschabstandes um 6 dB. Die Erhöhung der Anzahl N der Bits je Codewort um eins bedeutet aber nur eine um den Faktor $(1 + 1/N)$ höhere Bitrate.

Das Verfahren der Überabtastung ist eigentlich unwirtschaftlich. Es wird jedoch im Zusammenhang mit digitaler Signalverarbeitung angewendet und erfordert keine steilflankigen Tiefpaßfilter zur Signalrückgewinnung [164], [165], [166].

Die für übliche Qualitätsmaßstäbe notwendige Unterteilung des Aussteuerbereiches ist bei Sprachsignal- und bei Bildsignalübertragung mit $s = 256$ Quantisierungsintervallen, entsprechend einer Codierung mit $N = 8$ bit festgelegt. Bei hochwertiger Tonsignalübertragung liegen die Anforderungen höher. Die Codierung erfolgt in diesem Fall mit mindestens 12 bit, meistens sogar mit 14 bit je Abtastwert oder noch mehr.

Bei Sprach- und Musiksignalen trifft die bisher angenommene Gleichverteilung aller Signalwerte über den gesamten Quantisierungsbereich nicht zu. Geringe

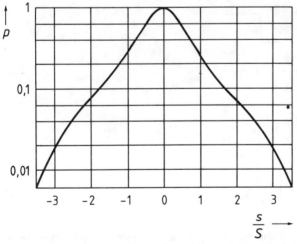

Bild 2.10 Wahrscheinlichkeitsverteilung der normierten Signalwerte bei einem Sprachsignal

Amplituden treten wesentlich häufiger auf als Spitzenwerte, was der Wahrscheinlichkeitsverteilung der auf den Effektivwert normierten Amplituden eines Sprachsignals gemäß B i l d 2.10 zu entnehmen ist [3]. Mit einem Effektivwert des Sprachsignals, der gegenüber dem mit 1% Wahrscheinlichkeit erreichten Spitzenwert (s/S = 3,25) um etwa 10 dB niedriger liegt, reduzieren sich auch die nach Gl. (2.23) bzw. Gl. (2.25) berechneten Werte des Signal/Quantisierungsgeräuschabstands um 10 dB. Darüber hinaus ist zu berücksichtigen, daß bei einem angenommenen Dynamikbereich des Sprachsignals von 40 dB auch bei der kleinsten

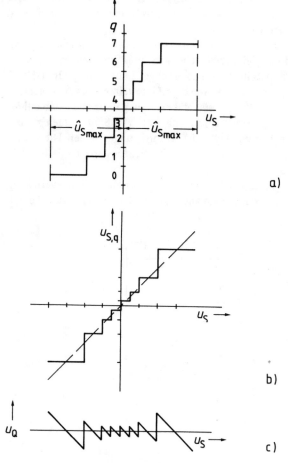

Bild 2.11 Nichtgleichmäßige Quantisierung: a) Zuordnung der Quantisierungsintervallnummer, b) quantisiertes Signal, c) Quantisierungsfehler

2.1 Pulscodemodulation (PCM)

Spannung mit $\hat{u}_{S_{min}} = 0{,}01 \cdot \hat{u}_{S_{max}}$ die Störung durch die Quantisierungsverzerrung noch tragbar bleibt. Eine „Störung" im Sprachsignal ist gerade noch wahrnehmbar, wenn sie mit 5% des Signalwerts auftritt [24]. Sie kann entstehen durch Spannungssprünge zwischen zwei aufeinanderfolgenden Werten des quantisierten Signals, die sich um den Betrag $2 \cdot \Delta u_S/2 = \Delta u_S$ unterscheiden. Daraus ergibt sich die Forderung nach der maximal zulässigen Höhe des Quantisierungsintervalls mit

$$\Delta u_S = 0{,}05 \cdot 0{,}01 \cdot \hat{u}_{S_{max}} = \frac{1}{2000} \cdot \hat{u}_{S_{max}} \tag{2.33}$$

bzw. für die mindest notwendige Anzahl der Quantisierungsintervalle

$$s = \frac{2 \cdot \hat{u}_{S_{max}}}{\Delta u_S} = 4000 , \tag{2.34}$$

entsprechend einer Codierung mit 12 bit je Codewort.

Nun ist aber diese feine Unterteilung nicht über den gesamten Quantisierungsbereich notwendig, vielmehr kann die Stufenhöhe mit zunehmender Signalamplitude vergrößert werden. Man kommt so zu der nichtgleichmäßigen Quantisierung. Bild 2.11 zeigt diese am Beispiel von $s = 8$ Quantisierungsintervallen, deren Höhe sich symmetrisch um die Nullinie jeweils um den Faktor 2 vergrößert, mit Ausnahme der beiden inneren Quantisierungsstufen. Das aus den Mittelwerten der Quantisierungsintervalle zurückgewonnene Signal $u_{S,q}$ weist gegenüber dem ursprünglichen Signal u_S einen Quantisierungsfehler auf, der sich mit zunehmendem Signalwert vergrößert. Das Verhältnis von Signalamplitude $\hat{u}_{S,q}$ zu dem

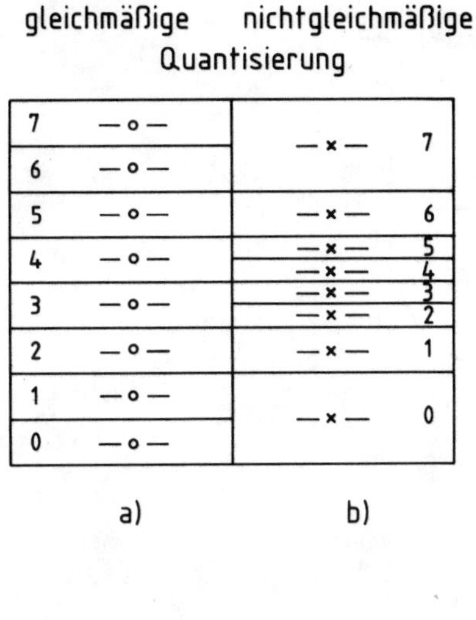

Bild 2.12 Gegenüberstellung von gleichmäßiger (a) und nichtgleichmäßiger (b) Quantisierung

Maximalwert $\hat{u}_Q$ des Quantisierungsfehlers bleibt jedoch in den einzelnen Quantisierungsintervallen, bis auf die beiden inneren, konstant.

Eine Gegenüberstellung von gleichmäßiger (a) und nichtgleichmäßiger (b) Quantisierung am Beispiel mit $s = 8$ Quantisierungsintervallen gibt Bild 2.12 wieder. Die für das zurückgewonnene Signal $u_{S,q}$ repräsentanten Stufenmittelwerte sind markiert.

2.1.4 Kompandierung

Die Forderung nach einem konstanten Signal/Quantisierungsgeräuschabstand über einen möglichst großen Pegelbereich kann durch eine „Kompandierung" erfüllt werden. Dazu wird das zu übertragende Signal vor der Quantisierung durch eine Kompression mittels nichtlinearer Kennlinie so verändert, daß kleine Signalwerte angehoben und größere komprimiert werden. Diese nichtlineare Verzerrung des Signals wird auf der Empfangsseite durch eine Expandierung mit entsprechend inverser Kennlinie wieder ausgeglichen (Bild 2.13). Der Vorgang der Kompandierung, zusammengesetzt aus den Begriffen Kompression und Expandierung, führt so zu einer nichtgleichmäßigen Quantisierung.

Für ein konstantes Verhältnis von Signalspannung zu Quantisierungsfehlerspannung und damit konstantem Signal/Quantisierungsgeräuschabstand leitet sich die von der Aussteuerung $x = u_S/\hat{u}_{S_{max}}$ abhängige Steigung der Kompressorkennlinie $y = f(x)$ ab zu

$$\frac{dy}{dx} = \frac{1}{K} \cdot \frac{1}{x} \tag{2.35}$$

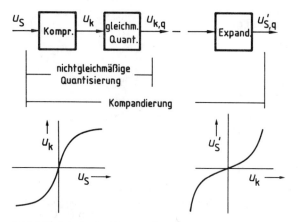

Bild 2.13 Prinzip der Kompandierung

2.1 Pulscodemodulation (PCM)

mit einer Konstante K. Durch Integration erhält man

$$y = \frac{1}{K} \cdot \int \frac{1}{x} dx = \frac{1}{K} \cdot \ln x + C. \qquad (2.36)$$

Die Kompressorkennlinie weist einen logarithmischen Verlauf auf und geht damit nicht durch den Nullpunkt, was bedeutet, daß sie für positive und negative Spannungen nicht symmetrisch liegt. Es sind deshalb noch einige Korrekturen vorzunehmen.

Vom CCITT[1] wurden zwei mathematische Gesetzmäßigkeiten vorgeschlagen und zum internationalen Standard erklärt. Es sind dies die Kennlinien nach dem in Europa zur Anwendung kommenden A-Gesetz und dem in Nordamerika eingeführten μ-Gesetz.

Nach dem A-Gesetz ist die logarithmische Funktion erst ab Werten von $x \geq 1/A$ anwendbar, mit dem noch festzulegenden Wert A. Die Kompressorkennlinie wird in dem Bereich $0 \leq x \leq 1/A$ durch eine durch den Nullpunkt verlaufende Gerade ersetzt, die bei $x = 1/A$ in die Kennlinie nach Gl. (2.36) übergeht. Die Quantisierung ist damit bei kleinen Signalwerten linear, was aber praktisch nicht stört, da das Signal/Geräuschleistungsverhältnis nicht für beliebig kleine Spannungen konstant gehalten werden kann.

Bei der μ-Charakteristik wird die Nullpunktsymmetrie durch ein Verschieben der logarithmischen Kompressorkennlinie in den Koordinatennullpunkt erreicht. Man erhält damit folgende Gesetzmäßigkeiten [3], [25], [26]:

Kompressorkennlinie nach dem A-Gesetz

$$y = (\text{sgn}(x)) \cdot \left(\frac{A \cdot |x|}{1 + \ln A} \right) \qquad \text{für} \quad 0 \leq |x| \leq \frac{1}{A} \qquad (2.37)$$

$$y = (\text{sgn}(x)) \cdot \left(\frac{1 + \ln A \cdot |x|}{1 + \ln A} \right) \qquad \text{für} \quad \frac{1}{A} \leq |x| \leq 1 \qquad (2.38)$$

Kompressorkennlinie nach dem μ-Gesetz

$$y = (\text{sgn}(x)) \cdot \left(\frac{\ln(1 + \mu \cdot |x|)}{\ln(1 + \mu)} \right) \qquad \text{für alle Werte von } x. \qquad (2.39)$$

---

[1] CCITT: Comité Consultatif International Télégraphique et Téléphonique.

Dabei bedeuten x und y die normierten Amplituden der Eingangs- und Ausgangsspannung im Bereich von Null bis Eins. A und μ sind Konstanten.

Die Gesetzmäßigkeiten in dieser Form geben den kontinuierlichen Verlauf der Kompressorkennlinie wieder, mit der das Abtastsignal vor der gleichmäßigen Quantisierung und Codierung verzerrt wird. Nach Decodierung müssen die zurückgewonnenen Abtastwerte einer inversen Verzerrung, der Expansion, unterzogen werden, um den linearen Zusammenhang zum Eingangssignal herzustellen. Das frühere nordamerikanische PCM-System (BELL T-1-System) arbeitete nach diesem Prinzip mit einem Wert von $\mu = 100$. Heutige Systeme basieren auf Werte von $\mu = 255$ bzw. beim A-Gesetz nach CCITT-Empfehlung von $A = 87{,}6$. Der Grund für die Anwendung solch unterschiedlicher Faktoren liegt in dem erreichbaren Verbesserungsgrad beim Signal/Quantisierungsgeräuschabstand.

Die störungsmindernde Wirkung der Kompandierung läßt sich durch den Kompandergewinn g_K ausdrücken. Dieser beträgt bei einer Kompressorkennlinie nach dem A-Gesetz

$$g_K = 20 \lg \frac{A}{1 + \ln A} \text{ dB} , \qquad (2.40)$$

wobei sich mit $A = 87{,}6$ ein Kompandergewinn von $g_K = 24$ dB ergibt. Der „Gewinn" bezieht sich dabei entweder auf die Erweiterung des Aussteuerbereiches des Coders oder auf die Anhebung des Signal/Quantisierungsgeräuschabstands an der unteren Grenze des Dynamikbereiches bei kleinen Signalpegeln [26].

Gegenüber der gleichmäßigen Quantisierung erhält man mit der nichtgleichmäßigen Quantisierung durch Kompandierung bei gleicher Stufenzahl einen konstanten Signal/Quantisierungsgeräuschabstand über einen relativ großen Pegelbereich des anliegenden Signals. Bild 2.14 gibt diesen Zusammenhang wieder. Der Abfall des Signal/Quantisierungsgeräuschabstands nach höheren Pegeln hin ist

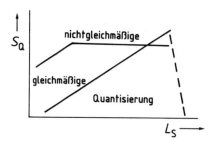

Bild 2.14 Signal/Quantisierungsgeräuschabstand bei gleichmäßiger und nichtgleichmäßiger Quantisierung in Abhängigkeit vom Signalpegel

2.1 Pulscodemodulation (PCM)

durch die Überschreitung des Aussteuerbereiches und dadurch hervorgerufene Verzerrungen bedingt.

Die nichtgleichmäßige Quantisierung nach Bild 2.13 ist verbunden mit einer sich stetig verändernden Quantisierungsstufenhöhe. Im Hinblick auf die in direktem Zusammenhang mit der Codierung vorgenommene Quantisierung ist es zweckmäßig, die Quantisierungsstufenhöhe wenigstens innerhalb von Teilbereichen gleich groß zu machen. Man erreicht dies durch Annäherung der kontinuierlichen Kompressorkennlinie durch eine Knickkennlinie, die sich aus Geradenstücken zusammensetzt. Die A-Kennlinie wird so z. B. durch eine 13-Segment-Kennlinie ersetzt. Es handelt sich dabei um eine symmetrische Kennlinie mit je sechs Segmenten im positiven und im negativen Bereich und einem über den Nullpunkt durchgehenden gemeinsamen Segment, das im Bereich $x \leq 1/64$ identisch ist mit dem Geradenstück der A-Kennlinie. Bild 2.15 zeigt den Verlauf der 13-Segment-Kompressorkennlinie. Die Knickpunkte erhält man jeweils durch Halbieren des Aussteuerbereiches. Die Steigungen von benachbarten Segmenten verhalten sich wie zwei zu eins, so daß bei gleicher Anzahl von Quantisierungsintervallen innerhalb eines Segments sich auch die Quantisierungsstufenhöhe um

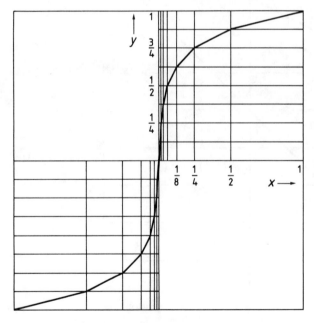

Bild 2.15 13-Segment-Kompressorkennlinie

den Faktor zwei von Segment zu Segment ändert. Das innerste Segment überstreicht im positiven und im negativen Bereich jeweils die doppelte Anzahl von Quantisierungsintervallen.

Die 13-Segment-Kennlinie wird angewendet bei der Sprachsignalübertragung. Es erfolgt hier eine Quantisierung in insgesamt $s = 256$ Quantisierungsintervalle, entsprechend einer 8-bit-Codierung. Davon entfallen jeweils 16 Quantisierungsintervalle auf eines der zwölf äußeren Segmente und 2×32 Quantisierungsintervalle auf das gemeinsame innerste Segment. Gegenüber einer gleichmäßigen Quantisierung erhält man nun in den einzelnen Spannungsbereichen eine unterschiedliche Anzahl von Quantisierungsintervallen. Die Unterteilung im innersten Segment (G) ist dabei so, wie wenn der gesamte Quantisierungsbereich in $s = s_{max} = 4096$ Stufen aufgeteilt wäre. Im äußersten Segment (A) hingegen entspricht die Unterteilung nur einer Anzahl von $s = s_{min} = 64$ Stufen über den gesamten Quantisierungsbereich. Der positive Bereich der 13-Segment-Kennlinie mit Zuordnung der Quantisierungsintervalle ist in Bild 2.16 dargestellt.

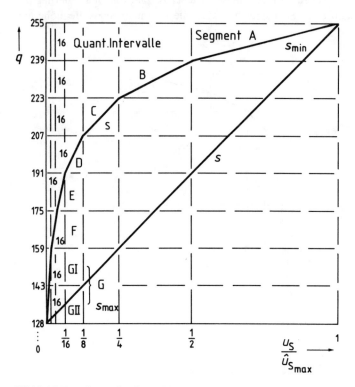

Bild 2.16 Zuordnung der Quantisierungsintervalle bei der 13-Segment-Kennlinie

2.1 Pulscodemodulation (PCM)

Über das Verhältnis der Stufenzahl s_{max} im innersten Segment zur Stufenzahl s im mittleren Segment, entsprechend der Stufenzahl bei gleichmäßiger Quantisierung, kann der Kompandergewinn angegeben werden zu [27]

$$g_K = 20 \lg \frac{s_{max}}{s} \text{ dB} .\qquad(2.41)$$

Das Verhältnis von maximaler zu minimaler Stufenzahl wird als Kompressionsfaktor bezeichnet und im logarithmischen Maß als Kompression C definiert mit

$$C = 20 \lg \frac{s_{max}}{s_{min}} \text{ dB} .\qquad(2.42)$$

Entsprechende Werte bei der Quantisierung mit 256 Stufen über die 13-Segment-Kennlinie sind

$$g_K = 20 \lg \frac{4096}{256} = 24 \text{ dB} \quad \text{und} \quad C = 20 \lg \frac{4096}{64} = 36 \text{ dB} .$$

In Bild 2.17 ist nun der Signal/Quantisierungsgeräuschabstand bei Sinusaussteuerung aufgetragen über dem relativen Pegel des Signals unter Zugrundelegung der 13-Segment-Kennlinie bei einer Quantisierung in $s = 256$ Stufen (a) und zum Vergleich in $s = 2048$ Stufen (b), d. h. bei einer Codierung mit 8 bit bzw. 12 bit je Codewort. Diese Darstellung berücksichtigt allerdings nicht die Quantisierungsintervalle in den einzelnen Segmenten. Der Kompandergewinn g_K und die Kompression C sind für die 8-bit-Codierung ebenfalls eingetragen.

Ein weiterer maßgeblicher Wert ist der Dynamikbereich. Er wird angegeben über das Verhältnis von maximal verarbeitbarer Signalspannung zur Quantisierungsgeräuschspannung im innersten Quantisierungsintervall, also dort, wo der Signal/Quantisierungsgeräuschabstand gleich 0 dB wird. Bei Sinusaussteuerung berechnet sich eine Dynamik D gemäß der Definition

$$D = 20 \lg \frac{U_{S_{max}}}{U_Q} = 20 \lg \frac{\hat{u}_{S_{max}}}{\sqrt{2} \cdot U_Q} \text{ dB} \qquad(2.43)$$

bei gleichmäßiger Quantisierung zu

$$D = 6 \cdot N + 1{,}8 - 3 \text{ dB} = 6 \cdot N - 1{,}2 \text{ dB} \qquad(2.44)$$

und bei nichtgleichmäßiger Quantisierung zu

$$D = 6 \cdot N + g_K - 1{,}2 \text{ dB} .\qquad(2.45)$$

Die entsprechenden Werte für eine 8-bit-Codierung sind in Bild 2.17 angegeben.

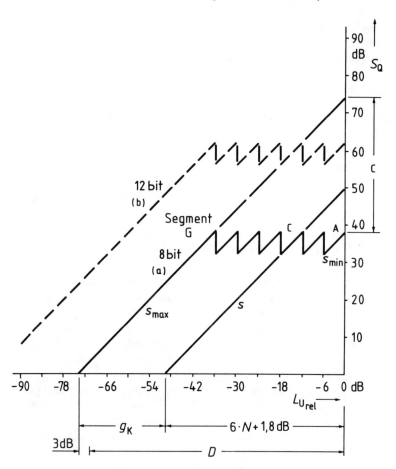

Bild 2.17 Signal/Quantisierungsgeräuschabstand als Funktion des Signalpegels unter Einbeziehung der 13-Segment-Kennlinie bei Codierung mit 8 bzw. 12 bit je Codewort

Bei der Frage nach dem tatsächlich ausnutzbaren Dynamikbereich sind allerdings weitere Gesichtspunkte zu berücksichtigen. Mit der Annahme, daß bei sehr feiner Quantisierung das Quantisierungsgeräusch einem weißen Rauschen gleichzusetzen ist, erhält man als Pegelunterschied zwischen der Effektivwertmessung und der bei Tonsignalübertragung nach CCIR[1])-Empfehlung 468-2 verbindlichen Quasi-Spitzenwertmessung des Störpegels eine Differenz von

$$\Delta L_{U_{S/E}} = 4 \text{ dB} .$$

---

[1]) CCIR: Comité Consultatif International des Radiocommunications

2.1 Pulscodemodulation (PCM)

Nach derselben Empfehlung ist weiterhin ein Unterschied zwischen bewerteter und unbewerteter Rauschpegelmessung bei einer für Tonsignalübertragung üblichen Bandbreite von 15 kHz um den Betrag

$$\Delta L_{U_{b/u}} = 8{,}5 \text{ dB} ,$$

womit sich insgesamt eine Pegeldifferenz von $\Delta L_U = 12{,}5$ dB ergibt. Dieser Korrekturwert ist bei der Berechnung des Signal/Quantisierungsgeräuschabstands einzuführen.

Zur Vermeidung einer Verzerrung durch Übersteuern des Codierers bei kurzen Tonsignalspitzen wird außerdem eine Übersteuerungsreserve ΔL_{U_R} vorgesehen, die in der Regel 6 dB beträgt.

Bei sehr feiner Quantisierung, z. B. bei Codierung mit $N = 14$ bit, muß mit einer Ungenauigkeit der Wandler gerechnet werden, die zu einer Erhöhung des Quantisierungsgeräuschpegels um etwa 1 bis 2 dB führt (im Mittel 1,5 dB).

Die Beziehung für den Signal/Quantisierungsgeräuschabstand nach Gl. (2.25) mit

$$S_Q = 6 \cdot N + 1{,}8 \text{ dB}$$

ist somit unter Berücksichtigung dieser Einflußgrößen zu korrigieren in

$$\begin{aligned} S_Q &= 6 \cdot N + 1{,}8 \text{ dB} - 12{,}5 \text{ dB} - 1{,}5 \text{ dB} - \Delta L_{U_R} \\ &\approx 6 \cdot N - \Delta L_{U_R} - 12 \text{ dB} \\ &\approx 6 \cdot N - 18 \text{ dB} . \end{aligned} \quad (2.46)$$

Nähere Angaben hierzu siehe bei [28], [29], [30].

Neben der 13-Segment-Kennlinie finden bei der Tonsignalübertragung noch eine 11-Segment-Kennlinie und eine 9-Segment-Kennlinie Anwendung. Den drei genannten Kompressorkennlinien liegt das A-Gesetz zugrunde. Die Steigungen zweier benachbarter Segmente verhalten sich wie zwei zu eins, so daß von Segment zu Segment der Signal/Quantisierungsgeräuschabstand jeweils konstant bleibt. Ausgehend vom Beispiel einer gleichmäßigen 14-bit-Codierung reduziert sich die Anzahl der Bits je Codewort bei der 13-Segment-Kennlinie um 4 bit bzw. bei der 11-Segment- und 9-Segment-Kennlinie um 3 bit. Die feinste Auflösung entspricht in jedem Fall einer 14-bit-Codierung, wohingegen die gröbste Auflösung im äußersten Segment einer 8-, 9- oder 10-bit-Codierung gleichkommt (Bild 2.18) [31]–[34].

Der genaue Verlauf des Signal/Quantisierungsgeräuschabstands in Abhängigkeit vom Signalpegel ist gegenüber der Darstellung in Bild 2.17 noch mit der Feinstruktur durch die einzelnen Quantisierungsstufen behaftet. Bild 2.19 zeigt dies am Beispiel einer 8-bit-Codierung über die 13-Segment-Kennlinie [35].

98   2 Digitale Modulationsverfahren im Basisband

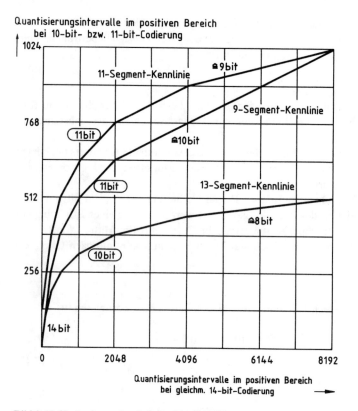

Bild 2.18 Verlauf von den bei der Tonsignalübertragung verwendeten Kompressorkennlinien und Zuordnung der Quantisierungsintervalle

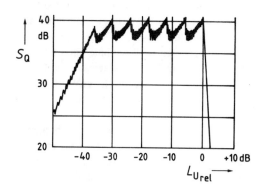

Bild 2.19 Genauer Verlauf des Signal/Quantisierungsgeräuschabstands bei einer 8-bit-Codierung über die 13-Segment-Kennlinie

2.1 Pulscodemodulation (PCM)

Bei Aussteuerung mit einem Sprachsignal, bei dem der Spitzenpegel etwa 10 dB über dem Pegel des Effektivwertes liegt, setzt das „Abknicken" des Signal/Quantisierungsgeräuschabstands infolge einer Begrenzungsverzerrung schon bei einem relativen Pegel $L_{U_{rel}} = -10$ dB des Effektivwertes ein. Die Grob- und Feinstruktur des Verlaufs nach Bild 2.19 wird durch die breite Streuung der Signalwerte verwischt und man erhält einen Signal/Quantisierungsgeräuschabstand von etwa 38 dB bezogen auf den Pegel des Effektivwertes in einem Bereich des Signalpegels von $L_{U_{rel}} = -35 \cdots -10$ dB.

Ein Wert von $S_Q = 38$ dB berechnet sich auch nach einer in [3] angegebenen Beziehung für den erreichbaren Signal/Quantisierungsgeräuschabstand bei Sprachsignalen und Verwendung der 13-Segment-Kompressorkennlinie mit

$$S_Q = 6 \cdot N - 10 \, \text{dB} \quad (N \geqq 5) . \tag{2.47}$$

Nach einem vom CCITT in der Empfehlung G 712 vorgegebenen Toleranzschema liegt die Grenze für den Signal/Quantisierungsgeräuschabstand bei Sprachsignalübertragung im Signalpegelbereich von $L_P = -6 \cdots -27$ dBm0 bei $S_Q = 34$ dB [36]. Diese Forderungen setzen allerdings eine genaue Übereinstimmung von Kompressorkennlinie und dazu inverser Expanderkennlinie voraus.

Neben der eigentlichen Momentanwert-Kompandierung nach Bild 2.13, die heute nicht mehr verwendet wird – es treten Probleme auf bei der exakten Aufeinanderabstimmung von Kompressor- und Expanderkennlinie – und der nichtgleichmäßigen Quantisierung wie zuletzt beschrieben, gibt es noch eine weitere Möglichkeit zu einer nichtgleichmäßigen Quantisierung zu gelangen über eine gleichmäßige Quantisierung und Codierung mit Codeumsetzung (B i l d 2.20). Bei dieser Methode wird zunächst mit hoher Stufenzahl der gesamte Quantisierungsbereich so codiert, daß alle Quantisierungsintervalle der kleinsten Stufe entsprechen, die bei nichtgleichmäßiger Quantisierung erreicht werden soll. Das erfordert einen mehrstelligeren Code als bei der nichtgleichmäßigen Quantisierung. Am Beispiel einer 8-bit-Codierung über die 13-Segment-Kennlinie werden für gleichmäßige Quantisierung mit dem kleinsten Quantisierungsintervall ($s_{max} = 4096$ Stufen) $N_1 = 12$ bit benötigt. Der hochauflösende Code (Code 1) wird nun durch Zusam-

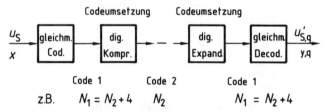

Bild 2.20 Erzeugung einer nichtgleichmäßigen Quantisierung durch Codeumsetzung

menfassen von Teilbereichen entsprechend der Quantisierung über die 13-Segment-Kennlinie in einen neuen Code (Code 2) geringerer Stellenzahl umgewandelt, z. B. hier in einen solchen mit $N_2 = 8$ bit. Die Nichtlinearität wird hier im Digitalbereich realisiert. Man erreicht damit sehr hohe Genauigkeit, aber auf Kosten eines aufwendigeren Coders und Codeumsetzers. Auf der Empfangsseite wird der niederwertige Code durch einen inversen Codeumsetzer in den höherwertigen Code umgesetzt. Mit einem gleichmäßigen Decoder werden Signalwerte zurückgewonnen, die den mittleren Werten der jeweils zusammengefaßten Quantisierungsintervalle entsprechen. In Bild 2.21 ist dieser Vorgang vereinfacht an einer Umcodierung von einem 4wertigen auf einen 3wertigen Code und umgekehrt gezeigt [3], [6], [37].

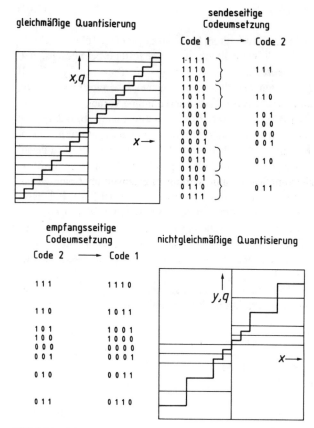

Bild 2.21 Nichtgleichmäßige Quantisierung durch Codeumsetzung am Beispiel von 4- bzw. 3-stelligen Codeworten

2.1.5 Codier- und Decodierverfahren

Die Codierung der analogen Signalwerte erfolgt in direktem Zusammenhang mit der Quantisierung. Es liegt eine Analog-Digital-Wandlung vor. Demgemäß könnten prinzipiell auch alle bekannten Verfahren der A-D-Umsetzung bei der Codierung der Abtastwerte verwendet werden, sofern sie genügend schnell arbeiten. Tatsächlich kommen bei der Pulscodemodulation im wesentlichen drei Verfahren zur Anwendung, nämlich

das Zählverfahren,
das Iterationsverfahren und
die Parallelumsetzung.

Beim Zählverfahren, im englischen Sprachgebrauch mit „step-at-a-time" oder „level-at-a-time" bezeichnet [3], [20], wird ein Normal, z. B. eine konstante Referenzspannung, durch wiederholtes Addieren solange mit dem zu codierenden Signalwert verglichen, bis dieser erreicht oder überschritten wird. Aus der Anzahl der notwendigen Additionsschritte – über einen Zähler binär codiert – erhält man das zugehörige Codewort. B i l d 2.22 zeigt das Prinzip.

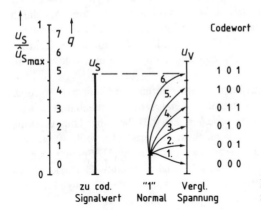

Bild 2.22 Prinzip der Codierung nach dem Zählverfahren

Mit *einem* Normal benötigt man bei s Quantisierungsintervallen maximal $r = s - 1$ Arbeitsschritte, die während der Abtastperiodendauer T_A bzw. genauer während der Haltezeit t_H der Abtast-Halte-Schaltung ablaufen müssen. Dies erfordert sehr schnell arbeitende Schaltungen.

Die Prinzipschaltung eines einfachen Zählcodierers ist in B i l d 2.23 wiedergegeben [5]. Das zu codierende Signal von der Abtast-Halte-Schaltung wird durch Vergleich mit einem während der Abtastperiodendauer T_A ablaufenden Sägezahn

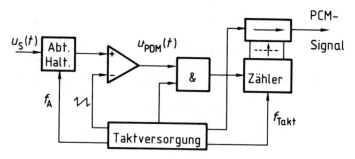

Bild 2.23 Blockschema eines einfachen Zählcodierers

über den Komparator in ein pulsdauermoduliertes Signal $u_{PDM}(t)$ umgewandelt. Dieses liegt zusammen mit dem Zähltaktsignal an einer UND-Verknüpfungsschaltung. Von deren Ausgang gelangen nur während der Impulsdauer τ die Taktimpulse an den Zähler, dessen Ergebnisstand jeweils am Ende einer Abtastperiode ausgelesen und über ein Schieberegister in ein serielles PCM-Signal umgewandelt wird. Bei einer Abtastfrequenz von z. B. $f_A = 8$ kHz und gleichmäßiger Quantisierung in $s = 256$ Stufen ergibt sich eine Zähltaktfrequenz von $f_{Takt} = 2048$ kHz.

Eine nichtgleichmäßige Quantisierung kann bei diesem Verfahren nur durch eine Umrechnung von hoher Stufenzahl aus erreicht werden. Im Falle einer nichtgleichmäßigen Quantisierung über die 13-Segment-Kennlinie müßte die Taktfrequenz dann wegen der zunächst gleichmäßigen Quantisierung in $s = 4096$ Stufen auf 32 768 kHz erhöht werden.

Die Anzahl der Arbeitsschritte beim Zählverfahren kann reduziert werden, wenn der Codiervorgang durch Verwenden von *mehreren* Normalien unterschiedlicher Gewichtung aufgeteilt wird. So reduziert sich z. B. bei einer Quantisierung in $s = 256$ Stufen die Anzahl der Arbeitsschritte bereits auf $r = 30$, wenn zwei Normalien der Wertigkeit „16" und „1" verwendet werden [3]. Benutzt man für eine mehrstufige Zählcodierung allgemein M dual abgestufte Normale, deren größtes den Wert „2^M" hat, so berechnet sich die Anzahl r der Arbeitsschritte für eine Codierung in N bit je Codewort nach [20] mit höchstens

$$r = 2^{N-M} + M. \tag{2.48}$$

Entspricht das Normal mit der größten Wertigkeit gerade dem halben Wert der maximal zu verarbeitenden Signalamplitude $\hat{u}_{S_{max}}$, womit $M = N - 1$ wird, so erhält man aus Gl. (2.48) die Anzahl von $r = N + 1$ Arbeitsschritten. Damit gelangt man fast zu dem Wert, der bei dem anschließend besprochenen Bewertungs- oder Wägecodierer vorliegt.

2.1 Pulscodemodulation (PCM)

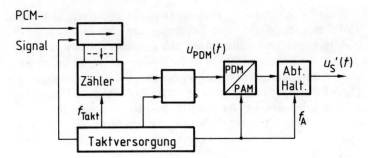

Bild 2.24 Blockschema des Zähldecodierers

Eine Umkehrung des Prinzips der Zählcodierung führt zum Zähldecoder (Bild 2.24). Das einlaufende PCM-Wort mit N bit wird nach Serien-Parallel-Wandlung in die N Stufen eines Binärzählers, der als Rückwärtszähler arbeitet, überschrieben. Darauf wird mit der Taktimpulsfolge der Zählerstand bis auf den Wert Null ausgelesen. Über eine Verknüpfungsschaltung gewinnt man einen Impuls, dessen Dauer proportional zur Anzahl der zum Nullsetzen des Zählers benötigten Taktimpulse ist. Dieser Impuls wird über eine Abtastperiode hinweg integriert und in einen schmalen Impuls entsprechender Amplitude umgewandelt, der von der nachfolgenden Abtast-Halte-Schaltung übernommen wird.

Das Iterationsverfahren mit sukzessiver Annäherung an den zu codierenden Signalwert liegt dem Bewertungs- oder Wägecodierer zugrunde. Es arbeitet mit N Normalien, entsprechend den N binären Elementen eines Codeworts. Die Normalien sind jeweils um den Faktor zwei abgestuft, das kleinste Normal hat den Wert einer Quantisierungsstufe.

Das Prinzip der Codierung beim Iterationsverfahren wird an Hand von Bild 2.25 erläutert. Im ersten Arbeitsschritt vergleicht man den zu codierenden Signal-

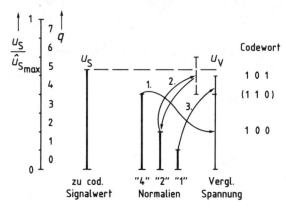

Bild 2.25 Prinzip der Codierung nach dem Iterationsverfahren

wert mit dem Normal der größten Wertigkeit. Liegt der Signalwert über dem Normal, so wird dieses festgehalten und gleichzeitig der logische Zustand „1" ausgegeben. Im folgenden Arbeitsschritt nimmt man zusätzlich das nächstkleinere Normal dazu. Ist nun der Signalwert kleiner als die Summe der beiden Normalien, so wird das letzte dazugenommene Normal wieder abgeworfen und logisch „0" ausgegeben. Diese Prozedur wird solange fortgesetzt, bis das kleinste Normal zur Gewichtsbildung herangezogen ist. Aus dem Status der einzelnen Normalien ergibt sich das binäre Codewort. Jeder Codiervorgang erfordert somit N Arbeitsschritte. In Ergänzung zu Bild 2.25 ist der Vorgang in B i l d 2.26 in einem Flußdiagramm dargestellt [38].

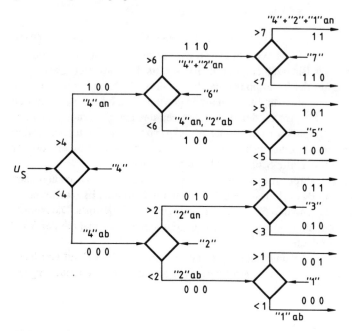

Bild 2.26 Flußdiagramm zum Iterationsverfahren am Beispiel mit acht Quantisierungsintervallen

Durch die gegenüber dem einfachen Zählverfahren jetzt auf $r = N$ reduzierte Anzahl von Arbeitsschritten ist dieses Verfahren schon wesentlich schneller als das erstgenannte. Umsetzzeiten von weniger als 10 µs für eine 12-bit-Codierung werden bereits erreicht. In [39] wird sogar ein 10-bit-Codierer nach dem Iterationsverfahren angegeben mit einer Wandlungszeit von 0,8 µs.

Die Prinzipschaltung eines Bewertungs- oder Wägecodierers zeigt B i l d 2.27. Es handelt sich dabei um ein rückgekoppeltes System, in dem eine Steuerlogik

2.1 Pulscodemodulation (PCM)

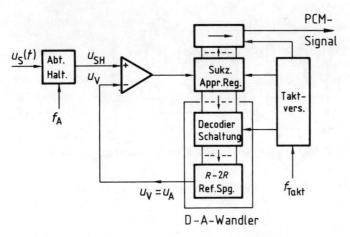

Bild 2.27 Prinzipschaltung des Bewertungs- oder Wägecodierers

(sukzessives Approximationsregister) das fortlaufende Anschalten der dual gestuften Spannungsnormalien an den Komparator vornimmt. Diese Vergleichsspannung wird in einem D-A-Wandler erzeugt. Ausgehend von einer Referenzspannung werden über ein sogenanntes R-$2R$-Widerstandsnetzwerk die erforderlichen Teilspannungen abgeleitet (Bild 2.28). Von jedem der eingezeichneten

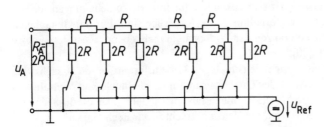

Bild 2.28 R-$2R$-Netzwerk zur D-A-Wandlung

Knotenpunkte führen zwei Wege mit je einem Gesamtwiderstand von $2R$ nach Masse. Die Querwiderstände $2R$ werden entweder an Masse geschaltet (logisch „0") oder an die Referenzspannung gelegt (logisch „1"). Die Teilströme aus den einzelnen Zweigen verursachen am Lastwiderstand $R_A = 2R$ eine Spannung $U_A = U_V$, die sich aus den dual gewichteten Anteilen der Referenzspannung zusammensetzt.

Eine andere Version des R-$2R$-Netzwerkes zeigt Bild 2.29. Unabhängig von den Schalterstellungen wird die Referenzspannungsquelle stets mit einem Widerstand R belastet, weil am Eingang des gegengekoppelten Operationsverstärkers

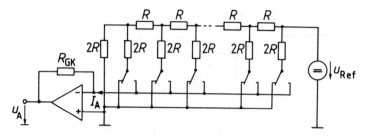

Bild 2.29 R-2R-Netzwerk mit konstanter Belastung der Referenzspannungsquelle

der virtuelle Massepunkt liegt. Der Ausgangsstrom I_A, der sich zusammensetzt nach

$$I_A = \frac{U_{Ref}}{R} \cdot \left[\binom{0}{1} \cdot \frac{1}{2} + \binom{0}{1} \cdot \frac{1}{4} + \binom{0}{1} \cdot \frac{1}{8} + \cdots + \binom{0}{1} \cdot \frac{1}{2^N} \right] \text{ [1)]} \quad (2.49)$$

wird über den Operationsverstärker in eine Spannung

$$U_A = -I_A \cdot R_{GK} \quad (2.50)$$

umgewandelt.

Das R-$2R$-Netzwerk eignet sich besonders für integrierte Schaltungen, da nur zwei Widerstandswerte im Verhältnis 2:1 erforderlich sind. Für die Genauigkeit sind nur die relativen Toleranzen der Widerstände maßgebend, nicht deren absolute Toleranzen [39], [40].

Die Realisierung einer nichtgleichmäßigen Quantisierung würde zunächst bei sich stetig ändernder Größe der Quantisierungsintervalle auch eine Vielzahl von Normalien zur Folge haben. Das Problem läßt sich jedoch über die 13-Segment-Kennlinie auf einfache Weise lösen. Dazu betrachten wir noch einmal den positiven Teil der 13-Segment-Kennlinie mit Zuordnung der Quantisierungsintervalle $(0 \cdots +127)$ und deren binäre Codeworte (Bild 2.30). Das erste Bit (MSB) gibt als Vorzeichen-Bit an, ob der codierte Spannungswert im positiven oder im negativen Bereich liegt. Die nächsten drei Bits bestimmen das Segment bzw. beim innersten Segment den Teilbereich. In den letzten vier Bits schließlich ist eines der 16 möglichen Quantisierungsintervalle innerhalb des Segments oder Segmentbereichs codiert.

[1)] Schreibweise $\binom{0}{1}$ soll bedeuten den Wert „Null" oder „Eins".

2.1 Pulscodemodulation (PCM)

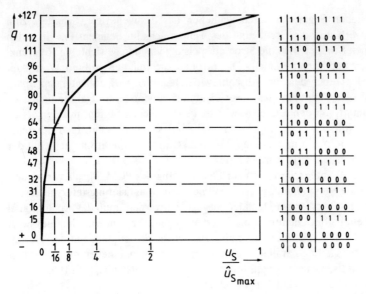

Bild 2.30 Positiver Teil der 13-Segment-Kennlinie mit Zuordnung der Quantisierungsintervalle und der 8-bit-Codeworte

Die Vergleichsspannung für den nichtgleichmäßigen Codierer wird nun in einem D-A-Wandler mit R-$2R$-Netzwerk und einem Satz dual gewichteter Stromquellen erzeugt (B i l d 2.31). Das nach Serien/Parallel-Wandlung anliegende 8-bit-Codewort bestimmt mit seinem ersten Bit das Vorzeichen der Vergleichsspannung. Dies geschieht z. B. durch Umschaltung auf positiv oder negativ gerichtete Stromquellen. Mit den nächsten drei Bits erfolgt nach Decodierung die Auswahl

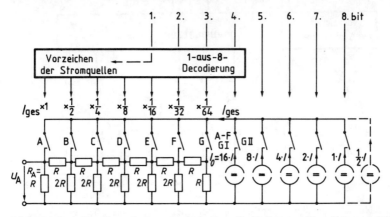

Bild 2.31 D-A-Wandler mit Quantisierung über die 13-Segment-Kennlinie nach Bild 2.30

eines der sieben Segmente durch Schließen des dazugehörigen Schalters zum
R-$2R$-Netzwerk und die Festlegung des Teilbereichs im Segment G. Über den
geschlossenen Schalter wird die Stromeinspeisung von den gewichteten Referenzstromquellen
her vorgenommen. Die Stromquelle mit der größten Wertigkeit
$I_0 = 16 \cdot I$ legt über den am Abschlußwiderstand $R_A = R$ auftretenden Spannungsabfall
den Fußpunkt des ausgewählten Segments fest. Darauf baut sich
dann, bestimmt von den letzten vier Bits, in 16 gleichen Stufen, mit der ersten
Stufe gleich Null, der Spannungswert innerhalb des Segments auf. Im Teilbereich
G II liegt der Fußpunkt im Spannungsnullpunkt, weshalb die Stromquelle mit der
Wertigkeit I_0 abgeschaltet werden muß.

Dieser D-A-Wandler wird auch zur Decodierung des PCM-Signals verwendet.
Damit nicht die Entscheidungswerte zwischen den Quantisierungsintervallen sondern
deren Mittelwerte vom Decoder ausgegeben werden, muß das Analogsignal
um jeweils ein halbes Quantisierungsintervall gegenüber dem Entscheidungswert
erhöht werden. Dies geschieht über eine zusätzliche Stromquelle mit der Wertigkeit
$1/2 \cdot I$, die ständig parallel zu den geschalteten Stromquellen für die Festlegung
des Quantisierungsintervalls innerhalb des Segments anliegt. In Bild 2.31 ist
diese Stromquelle gestrichelt eingezeichnet.

Im Abschnitt 2.1.4 wurde das Verfahren der Codeumsetzung zum Erreichen
einer nichtgleichmäßigen Quantisierung angeführt. Das Prinzip der Decodierung
am Beispiel einer Quantisierung in 256 Stufen über die 13-Segment-Kennlinie mit
Codeumsetzung von 8 bit auf 12 bit je Codewort zeigt Bild 2.32 [41]. Nach

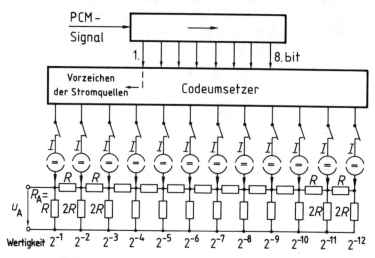

Bild 2.32 Nichtgleichmäßige Quantisierung über einen Codeumsetzer bei der Decodierung
eines 8-bit-PCM-Signals

2.1 Pulscodemodulation (PCM)

Aufnahme des 8-bit-Codeworts in ein Schieberegister wird vom 1. Bit (MSB) das Vorzeichen der Stromquellen bestimmt, die zusammen mit einem R-$2R$-Widerstandsnetzwerk den Normaliensatz bilden. Aus dem 2. bis 4. Bit des Codeworts wird ein binärer 1-aus-8-Code erzeugt, womit eine (Segmente A bis G I) oder keine (Segment G II) der ersten sieben Stromquellen angeschaltet wird. Über die entsprechenden Einspeisepunkte des Netzwerkes erhält man von den gleichen Stromquellen am Abschlußwiderstand R_A die gewichtete Spannung mit der Wertigkeit $U_A = 1/2 \cdot U_{max}$ bis $1/128 \cdot U_{max}$. Mit dem 5. bis 8. Bit des übertragenen Codeworts werden die jeweils auf die eingeschaltete Segment-Stromquelle folgenden vier Stromquellen ein- oder ausgeschaltet, mit denen das Quantisierungsintervall im Segment bestimmt wird. Die nächstfolgende Stromquelle wird dazugeschaltet, um auf den Mittelwert des Quantisierungsintervalls zu kommen.

Das dritte bei der Pulscodemodulation angewendete Codierverfahren, die Parallelumsetzung, kommt mit nur einem Arbeitsschritt ($r = 1$) aus, benötigt aber bei s Quantisierungsintervallen eine Anzahl von $s - 1$ Normalien. Es ist vergleichbar mit der direkten Längenmessung an einer quantisierten Meßskala. Bild 2.33 zeigt das Prinzip der Parallelumsetzung.

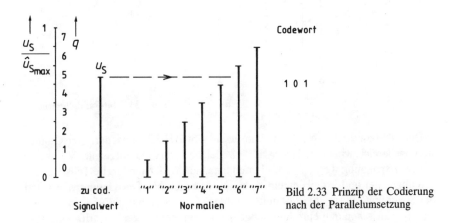

Bild 2.33 Prinzip der Codierung nach der Parallelumsetzung

Da die Bildung des Codeworts in nur einem Arbeitsschritt erfolgt, spricht man im Englischen von „word-at-a-time". Vielfach werden A-D-Umsetzer nach diesem Verfahren aber als „Flash Converter" bezeichnet.

Dieses vom Prinzip her einfache Verfahren kann technisch sehr aufwendig werden, wenn eine Quantisierung mit hoher Stufenzahl verlangt wird. Es arbeitet jedoch sehr schnell. Man erreicht damit Abtastraten von über 100 MHz. Wegen der kurzen Wandlungszeit erübrigt sich in den meisten Fällen eine Abtast-Halte-Schaltung.

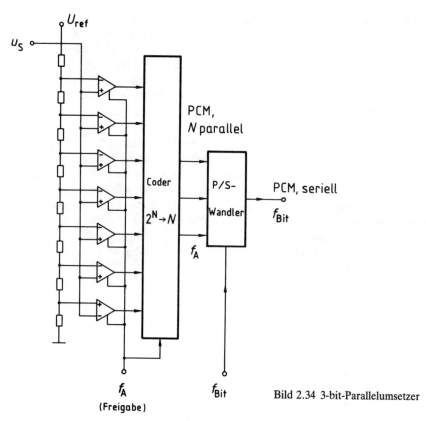

Bild 2.34 3-bit-Parallelumsetzer

Den Aufbau eines 3-bit-Parallelumsetzers gibt Bild 2.34 wieder. Der Quantisierungsbereich wird hier in $s = 2^N = 8$ gleiche Intervalle aufgeteilt. Von einer Referenzspannung werden dazu über eine genaue Widerstandskette Teilspannungen abgeleitet und jeweils einem Komparator zugeführt. Der Gesamtwiderstand der Spannungsteilerkette ist ohne Bedeutung. Es müssen nur die Widerstandsverhältnisse zwischen den einzelnen Abgriffen entsprechend den Linearitätsanforderungen exakt eingehalten werden. Das analoge Eingangssignal liegt gleichzeitig an allen Komparatoren an. Wird auf den Freigabe-Eingang (Strobe, Convert) der Komparatoren ein kurzer Abtastimpuls angelegt, so vergleicht jeder der Komparatoren, ob das ihm zugeführte Eingangssignal größer oder kleiner ist als die an ihm anliegende Referenzspannung. Bei allen Komparatoren, deren Referenzspannung niedriger ist als die anliegende Eingangsspannung, erscheint am Ausgang eine logische „1". Alle darüber liegenden Komparatoren geben die logische „0" ab. Nach dem kurzen Freigabe-Impuls wird der Zustand der Komparatoren in eine Decodierlogik übertragen, die die $2^N - 1$ möglichen binären Zustände in

2.1 Pulscodemodulation (PCM)

einen N-bit-Code umzusetzen hat. Verschiedene Verfahren kommen hier in Frage [39], [42]. Um die Wandlungsrate zu erhöhen, wird ein Ausgangsregister benutzt. Dieses Register ist mit dem Freigabe-Eingang der Komparatoren verbunden und speichert das jeweils vorangehende Codewort, während am Eingang bereits wieder ein neuer Signalwert verarbeitet wird. Das PCM-Codewort erscheint in paralleler Form an den N Ausgängen der Decodierlogik mit der Bitrate gleich der Abtastfrequenz f_A und nach Parallel-Serien-Wandlung seriell mit der Bitfolgefrequenz $f_{Bit} = N \cdot f_A$.

Der Aufwand des Parallelumsetzers liegt in der großen Zahl ($2^N - 1$) von Komparatoren, Gatter und Speicherstufen. Mit der Anzahl der Komparatoren wächst die wirksame Eingangskapazität, die bei monolithischen Schaltkreisen mit etwa $0,5 \cdots 1$ pF je Komparator angenommen werden kann. Mit zunehmender Zahl von Quantisierungsstufen muß auch die maximal zulässige Offsetspannung, bei vorgegebenem Eingangsspannungsbereich, immer weiter reduziert werden. Die technologisch derzeit erreichbaren Eigenschaften von A-D-Wandlern nach dem Verfahren der Parallelumsetzung liegen mit 6-bit-Codierung bei Abtastfrequenzen bis zu 100 MHz. Eine feinere Quantisierung, verbunden mit einer höheren Zahl von Komparatoren, bedingt eine Reduzierung der maximalen Abtastfrequenz auf z. B. 75 MHz bei 8-bit- oder 20 MHz bei 9-bit-Codierung [39], [43], [44], [45].

Eine Möglichkeit zur Erweiterung der Auflösung ist dann gegeben, wenn der Parallelumsetzer einen zusätzlichen Komparator mit Datenausgang für den Überlauf besitzt. Durch Kaskadierung mehrerer Umsetzer kann die Auflösung erhöht werden. Mit zwei 6-bit-A-D-Wandlern erhält man eine Auflösung entsprechend einer 7-bit-Codierung oder mit vier 6-bit-A-D-Wandlern eine 8-bit-Codierung. Um die volle Genauigkeit zu erreichen, ist allerdings Voraussetzung, daß die Schaltgenauigkeit des 6-bit-A-D-Wandlers so hoch ist, wie sie bei gleichem Quantisierungsbereich für eine 7-bit- bzw. 8-bit-Codierung notwendig ist [43], [44].

Auch mit dem *Subranging-Verfahren*, bei dem die A-D-Umsetzung in mehreren Phasen erfolgt, läßt sich eine höhere Auflösung erreichen. Bild 2.35 zeigt das

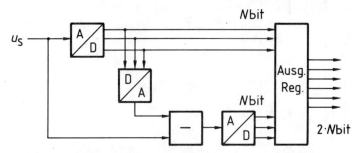

Bild 2.35 Blockschema eines A-D-Umsetzers nach dem Subranging-Verfahren

Prinzip des Subranging-A-D-Wandlers. Bei Verwenden von zwei Parallelumsetzern mit je N bit je Codewort beträgt die Auflösung des Systems $2 \cdot N$ bit je Abtastwert.

Der erste A-D-Wandler setzt die Eingangsspannung durch Grobcodierung in ein N-bit-Codewort um und gibt dieses an das Ausgangsregister. Parallel dazu erfolgt eine D-A-Wandlung. Die Ausgangsspannung des D-A-Wandlers wird von der am System anliegenden Eingangsspannung subtrahiert. Der zweite A-D-Wandler übernimmt die Feincodierung, indem die Differenzspannung in ein weiteres N-bit-Codewort umgesetzt wird, das über das Ausgangsregister zusammen mit dem bereits vorliegenden höherwertigen Datenwort an den Parallelausgängen das $2 \cdot N$-bit-Codewort ergibt. Damit beide A-D-Wandler mit der gleichen Referenzspannung arbeiten können, wird die Differenzspannung noch um den Faktor 2^N verstärkt.

Das Subranging-Verfahren kann jedoch nicht so schnell arbeiten wie ein Parallelumsetzer allein, weil sich die gesamte Umsetzzeit aus mehreren Verzögerungszeiten zusammensetzt: Umsetzzeit des ersten A-D-Wandlers, Einstellzeit des D-A-Wandlers, Rechenoperationszeit und Umsetzzeit des zweiten A-D-Wandlers. Auch hier muß der erste A-D-Wandler eine sehr hohe Linearität aufweisen entsprechend einer $2 \cdot N$-bit-Codierung. Durch eine digitale Fehlerkorrektur kann diese Forderung jedoch umgangen werden [38], [46], [47].

Die Umkehrung des Prinzips der Parallelumsetzung findet sich beim multiplizierenden D-A-Wandler. Das parallel anliegende N-bit-Codewort wird einem 1-aus-$(2^N - 1)$-Decoder zugeführt. Mit dessen Ausgangssignal wird vom Freigabe-

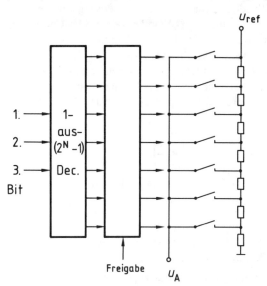

Bild 2.36 Multiplizierender 3-bit-D-A-Wandler

2.2 Deltamodulation (DM) und Differenz-Pulscodemodulation (DPCM)

Impuls einer von den $2^N - 1$ Schaltern geschlossen und damit die von der Referenzspannung über die Widerstandskette abgeleitete analoge Spannung auf den Ausgang gegeben. B i l d 2.36 zeigt dazu ein Beispiel für einen 3-bit-D-A-Wandler. Da die Referenzspannung an der Widerstandskette von außen verändert werden kann und damit das Ergebnis direkt beeinflußbar ist, spricht man vom „multiplizierenden" D-A-Wandler. Maximale Wandlungszeiten von 20 ns bei 8-bit- bzw. von 30 ns bei 10-bit-D-A-Wandlern werden erreicht [39].

2.2 Deltamodulation (DM) und Differenz-Pulscodemodulation (DPCM)

Bei der Pulscodemodulation erfolgt durch die Quantisierung im Sinne der Informationstheorie eine Irrelevanzreduktion, d.h. es wird eine unwesentliche Information nicht weitergegeben. Der dadurch bedingte Fehler kann klein gehalten werden, wenn der Quantisierungsbereich genügend fein unterteilt und die Quantisierung der Verteilung der Signalwerte angepaßt wird.

Das übertragene Signal weist jedoch noch einen beträchtlichen Anteil an Redundanz auf, wenn man davon ausgeht, daß vielfach aufeinanderfolgende Abtastwerte sich nur geringfügig unterscheiden. Durch Einführen einer Redundanzreduktion läßt sich der zu übertragende Nachrichtenfluß vermindern. Es wird dabei der Anteil des Signalwerts weggelassen, der sich auf Grund gewisser Kenntnisse über den wahrscheinlichen Signalverlauf rekonstruieren läßt. Dies bedeutet, daß bei der Rückgewinnung eines Signalwerts ein Vorhersagewert zugrunde gelegt wird.

2.2.1 Prinzip der prädiktiven Codierung

In die Signalverarbeitung wird ein Prädiktor einbezogen, der unter der Annahme eines zu erwartenden Signalverlaufs einen Vorhersagewert bildet. Die Differenz zwischen dem Momentanwert des Signals und dem Vorhersagewert wird binär codiert und übertragen. Der dabei anzuwendende Code erfordert um so weniger Bits je Codewort, je näher der Vorhersagewert beim tatsächlichen Signalwert liegt. Auf der Empfangsseite wird das decodierte Differenzsignal dem über einen Prädiktor gewonnenen Vorhersagewert dazuaddiert. Das Prinzip der Signalübertragung mit prädiktiver Codierung ist in B i l d 2.37 dargestellt. Dabei sind zwei Möglichkeiten zu unterscheiden.

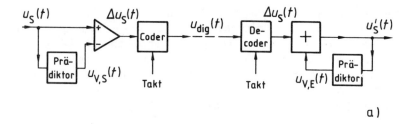

a)

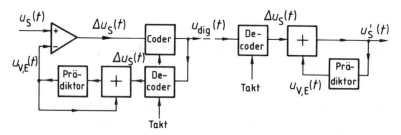

Bild 2.37 Prinzip der Signalübertragung mit prädiktiver Codierung: a) Vorhersagesignal vom Sendesignal abgeleitet, b) Vorhersagesignal vom Empfangssignal abgeleitet

Es wird zunächst das Vorhersagesignal $u_{V,S}(t)$ vom analogen Sendesignal $u_S(t)$ abgeleitet (Bild 2.37 a). Die Differenz der beiden Werte

$$\Delta u_S(t) = u_S(t) - u_{V,S}(t) \qquad (2.51)$$

wird in dem nachfolgenden Coder in ein binäres Datensignal $u_{\text{dig}}(t)$ umgewandelt. Empfangsseitig erhält man nach Decodierung des Digitalsignals den Differenzwert $\Delta u_S(t)$ zurück, der zu einem Vorhersagewert $u_{V,E}(t)$ addiert wird und so das Empfangssignal $u'_S(t)$ ergibt. Dieser Vorhersagewert kann aber nur aus dem rekonstruierten Empfangssignal $u'_S(t)$ gewonnen werden, das gegenüber dem Sendesignal $u_S(t)$ mit einem Quantisierungsfehler behaftet ist. Damit weicht aber der Vorhersagewert des Empfängers von dem des Senders ab, was zu einer Fehlerfortpflanzung führt.

Um dies zu vermeiden, wird auch auf der Sendeseite der Vorhersagewert aus dem Empfangssignal abgeleitet (Bild 2.37 b). Man verwendet dazu die empfangsseitige Signalrückgewinnung. Das nun erhaltene Empfangssignal $u'_S(t)$ unterscheidet sich vom Sendesignal um den Differenzwert $\Delta u_S(t)$. Der geschilderte Funktionsablauf ist genauso auch auf ein zeitquantisiertes Signal übertragbar, das aus einer periodischen Folge von Abtastwerten besteht. Die Zeitquantisierung kann beim Sendesignal $u_S(t)$ oder beim Differenzsignal $\Delta u_S(t)$ eingeführt werden [3].

2.2.2 Deltamodulation

Der einfachste Fall einer Prädiktion liegt vor, wenn als Vorhersagewert der letzte verarbeitete Signalwert genommen wird. Den Prädiktor bildet in diesem Fall ein Verzögerungsglied. Erfolgt im weiteren die Codierung des Differenzwertes mit nur einem Bit, das heißt es wird der Unterschied zwischen Sendesignal und dem Vorhersagewert nur nach dem Vorzeichen übertragen, dann handelt es sich um das Verfahren der Deltamodulation.

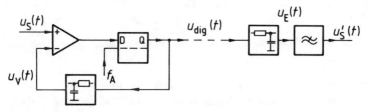

Bild 2.38 Einfacher Deltamodulator und Demodulator

Bild 2.38 gibt die praktische Realisierung eines einfachen Deltamodulators wieder, der den Vorhersagewert aus dem Empfangssignal ableitet. Die Differenzbildung und Vorzeichenbewertung geschieht in einem Komparator, während ein flankengesteuertes bistabiles Kippglied, in der Funktion einer Abtast-Halte-Schaltung mit logischem Ausgangspegel entsprechend, die Codierung übernimmt. Im Gegensatz zur Pulscodemodulation können hier allerdings Abtastfrequenz und Anzahl der Quantisierungsstufen nicht mehr voneinander unabhängig gewählt werden. Die Abtastfrequenz f_A, identisch mit der Bittaktfrequenz f_{Bit}, muß bei dieser 1-bit-Codierung höher gewählt werden als sie das Abtasttheorem vorschreibt, damit keine zu großen Quantisierungsverzerrungen entstehen. Die Decodierung, Prädiktion und Addition von Vorhersagewert und Differenzsignal besorgt ein RC-Integrationsglied. Ein nachgeschalteter Tiefpaß bereinigt das Empfangssignal von Schwankungen im Rhythmus der Taktfrequenz [48].

Die dazugehörigen Signalverläufe zeigt Bild 2.39. Am Modulatorausgang erscheint über eine Taktperiode ein positiver Impuls als logische „1", wenn bei der Taktflanke das anliegende Sendesignal $u_S(t)$ größer ist als der Vorhersagewert $u_V(t)$, und ein negativer Impuls als logische „0", wenn der Signalwert niedriger liegt als die Spannung am Integratorausgang. Nimmt die Eingangsspannung einen konstanten Wert an, so erhält man als Digitalsignal eine Folge von „1"- und „0"-Werten. Das Empfangssignal $u_E(t)$ nach dem Integrationsglied hat sägezahnförmigen Verlauf. Es weist gegenüber dem Sendesignal eine Quantisierungsverzerrung auf, die abhängig ist von der Taktfrequenz und der Amplitude des Digitalsignals in bezug auf den zu übertragenden Signalspannungsbereich.

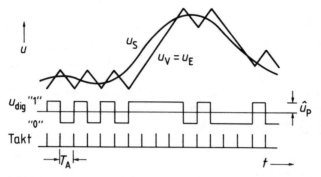

Bild 2.39 Verlauf von Vorhersagesignal und übertragenem Digitalsignal bei der Deltamodulation

Der Einfluß der Amplitude des Digitalsignals wird am Beispiel eines Sendesignals mit unterschiedlicher Steigung demonstriert. In B i l d 2.40 a ist eine in bezug auf die Signalamplitude kleine Impulsamplitude $\hat{u}_P$ angenommen. Die Vorhersagespannung $u_V(t)$ am Komparator, genauso wie die Empfangsspannung $u_E(t)$ am Integrationskondensator, folgt im Bereich der langsamen Änderung des Sendesignals diesem relativ gut. Es tritt dabei ein geringes Quantisierungsgeräusch, das sogenannte granulare Geräusch (granular noise) auf. Dem steilen Anstieg des Sendesignals kann jedoch die Vorhersagespannung nicht mehr genügend schnell folgen. Es kommt zu einer Steigungsüberlastung mit dem dafür typischen Geräusch (overload noise).

Bei einer größeren Impulsamplitude gemäß B i l d 2.40 b erhöht sich die Schwankungsbreite des Empfangssignals. Damit steigt das granulare Geräusch an, aber

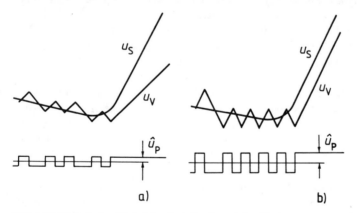

Bild 2.40 Einfluß der Digitalsignalamplitude auf das Vorhersagesignal: a) kleine Amplitude, b) große Amplitude des Digitalsignals

2.2 Deltamodulation (DM) und Differenz-Pulscodemodulation (DPCM)

im steilen Anstieg des Sendesignals kann nun der Vorhersagewert dem tatsächlichen Signalwert gut folgen.

Mit der Annahme, daß die Integrationszeitkonstante $\tau = R \cdot C$ groß ist gegenüber der Abtastperiodendauer T_A, kann die Spannung $u_C(t)$ am Integrationskondensator als schrittweise linear sich ändernd angenommen werden. Eine Steigungsüberlastung wird vermieden, solange der Anstieg der Kondensatorspannung $u_C(t)$ noch steiler oder mindestens gleich steil erfolgt wie der Anstieg des Sendesignals $u_S(t)$. Es muß also gelten:

$$\frac{du_S(t)}{dt} \leq \frac{du_C(t)}{dt} = \frac{\hat{u}_P}{T_A} = \hat{u}_P \cdot f_A . \qquad (2.52)$$

Bild 2.41 zeigt diese Situation für $T_A \to \tau$.

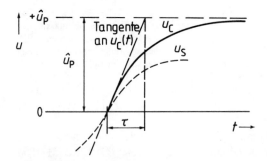

Bild 2.41 Zeitlicher Verlauf der Vorhersagespannung am Integrationskondensator

Für ein sinusförmiges Signal läßt sich aus dem Grenzfall von Gl. (2.52) unmittelbar der Zusammenhang zwischen maximal codierbarer Signalamplitude $\hat{u}_{S_{max}}$ und den Größen Impulsamplitude $\hat{u}_P$, Abtastfrequenz f_A und Signalfrequenz f_S angeben mit [49]

$$\hat{u}_{S_{max}} \sim \hat{u}_P \cdot \frac{f_A}{f_S} . \qquad (2.53)$$

Nach [50] berechnet sich die abhängig von der Signalamplitude maximal zulässige Signalamplitude bei Vermeiden einer Steigungsüberlastung zu

$$\hat{u}_{S_{max}} = \frac{\hat{u}_P}{\sqrt{1 + (\omega_S \cdot \tau)^2}} = \frac{\hat{u}_P}{\sqrt{1 + (f_S/f_g)^2}} \qquad (2.54)$$

bei einer Grenzfrequenz des Integrator-Tiefpasses von

$$f_g = \frac{1}{2\pi \cdot \tau} = \frac{1}{2\pi \cdot R \cdot C} . \qquad (2.55)$$

Das bedeutet, daß die maximal zulässige Signalamplitude oberhalb der Grenzfrequenz f_g mit der Signalfrequenz f_s absinkt nach einer Funktion, die gleich ist der Übertragungsfunktion eines RC-Tiefpaßgliedes.

Im Gegensatz zur Pulscodemodulation, mit der ein bandbegrenztes Signal konstanter spektraler Dichte übertragen werden kann, zeigt sich bei der Deltamodulation, daß diese sehr für die Übertragung von Sprachsignalen mit unterschiedlicher Verteilung der Spektralkomponenten geeignet ist. B i l d 2.42 gibt dies wieder in

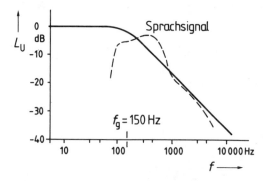

Bild 2.42 Maximal zulässiger Signalpegel L_U bei der einfachen Deltamodulation in Abhängigkeit von der Signalfrequenz

der Abhängigkeit des relativen Pegels eines Sprachsignals abhängig von der Frequenz im Vergleich zu dem maximal zulässigen Signalpegel bei einer Grenzfrequenz des Integrationsgliedes von $f_g = 150$ Hz [50].

Den Einfluß der Impulsamplitude, ausgedrückt durch das Verhältnis $\hat{u}_P/\hat{u}_S$, auf den Signal/Geräuschabstand des demodulierten Signals zeigt B i l d 2.43 [51]. Daraus ist die gegenläufige Tendenz in den Bereichen des granularen Geräusches und des Überlastungsgeräusches zu entnehmen.

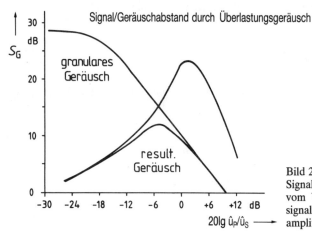

Bild 2.43 Abhängigkeit des Signal/Geräuschabstands S_G vom Verhältnis der Digitalsignalamplitude zur Signalamplitude

2.2 Deltamodulation (DM) und Differenz-Pulscodemodulation (DPCM)

Der erreichbare Signal/Geräuschabstand hängt aber wesentlich auch von der Abtastfrequenz ab. In [3] wird angeführt, daß bei einer Abtastfrequenz von $f_A = 2 \cdot f_S$, also bei der Grenze des Abtasttheorems, die Impulsamplitude gleich der Signalamplitude gewählt werden müßte, um Steigungsüberlastung zu vermeiden. Dies hätte aber ein sehr hohes granulares Geräusch zur Folge. Es wird deshalb bei der Deltamodulation die Abtastfrequenz stets sehr viel höher gewählt als bei der Pulscodemodulation. Dies bringt zudem den Vorteil mit sich, daß auch das Spektrum des Quantisierungsgeräusches breiter ist und der auf das Signalband entfallende Anteil verringert wird.

Die Berechnung des Signal/Quantisierungsgeräuschabstandes ist bei der Deltamodulation viel komplizierter als bei der Pulscodemodulation. Neben dem Verhältnis von Impulsamplitude zu Signalamplitude geht in erster Linie die Abtastfrequenz sehr stark ein, sowie auch die Signalfrequenz selbst und die Bandbreite B_S des Tiefpasses am Ausgang des Systems, durch den das Spektrum des Quantisierungsgeräusches begrenzt wird. In [3] und [50] werden dazu Näherungslösungen angegeben. Nach [50] erhält man einen Signal/Quantisierungsgeräuschabstand bei einer Impulsamplitude, die zur Vermeidung von Steigungsüberlastung nach dem Grenzwert von Gl. (2.54) gewählt wird, zu

$$S_Q \approx 10 \lg \frac{f_A^3}{4 \cdot \pi^2 \cdot (1 + (f_S/f_g)^2) \cdot f_g^2 \cdot B_S} \text{ dB} . \qquad (2.56)$$

Mit einer wie im Fall der Sprachübertragung nach Bild 2.42 gewählten Grenzfrequenz des Integrationsgliedes von $f_g = 150$ Hz und der daraus resultierenden Bedingung, daß $f_S > f_g$ ist, kann Gl. (2.56) vereinfacht geschrieben werden mit

$$S_Q \approx 10 \lg \frac{f_A^3}{4 \cdot \pi^2 \cdot f_S^2 \cdot B_S} = 10 \lg \frac{f_A^3}{f_S^2 \cdot B_S} - 16 \text{ dB} . \qquad (2.57)$$

Ein ähnliches Ergebnis findet sich auch in [3], wo an Stelle des Wertes 16 dB eine signalabhängige Konstante erscheint, die bei Sprachsignalen 14 dB beträgt.

Die Darstellung in Bild 2.44 zeigt den nach Gl. (2.57) unter den angegebenen Bedingungen erreichbaren Signal/Geräuschabstand abhängig von der Abtastfrequenz f_A für den Sprachfrequenzbereich von $f_S = 0,3 \cdots 3,4$ kHz mit einem das Geräusch begrenzenden Tiefpaß der Bandbreite $B_S = 3,4$ kHz. Der bei Übertragung eines Sinussignals im Sprachfrequenzbereich durch Pulscodemodulation mit einer Bitrate von 64 kbit/s maximal mögliche Signal/Quantisierungsgeräuschabstand von $S_Q = 49,8$ dB wird bei Deltamodulation nicht erreicht.

Neben der maximal übertragbaren Signalamplitude interessiert auch der minimale Signalwert, unterhalb dem der Modulator nicht mehr anspricht. Dieser Fall liegt dann vor, wenn die Spitze-Spitze-Amplitude des Signals kleiner ist als die

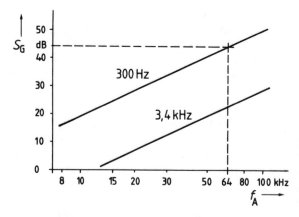

Bild 2.44 Abhängigkeit des Signal/Geräuschabstands von der Abtastfrequenz und der Signalfrequenz

Schwankung des Vergleichswertes. Der Modulator gibt abwechselnd positive und negative Impulse ab, entsprechend einem Wert Null des Eingangssignals. Nach [50] berechnet sich dieser Schwellwert, das heißt die minimale Signalamplitude zu

$$\hat{u}_{S_{min}} = \frac{\pi \cdot \hat{u}_P \cdot f_g}{f_A} \, . \tag{2.58}$$

Das Verhältnis von maximaler zu minimaler Signalamplitude, ausgedrückt durch den Dynamikbereich D, erhält man aus den Gln. (2.54) und (2.58) mit

$$D = 20 \lg \frac{\hat{u}_{S_{max}}}{\hat{u}_{S_{min}}} = 20 \lg \frac{f_A}{\pi \cdot f_g \cdot \sqrt{1 + (f_S/f_g)^2}} \text{ dB} \, . \tag{2.59}$$

Bei einer Abtastfrequenz $f_A = 100$ kHz, der Signalfrequenz $f_S = 1$ kHz und der Grenzfrequenz $f_g = 150$ Hz ergibt das einen Wert von $D = 30$ dB.

2.2.3 Delta-Sigma-Modulation

Eine geringfügige Erweiterung der einfachen Deltamodulation führt zur Delta-Sigma-Modulation. Sie vermeidet ohne wesentlichen Mehraufwand in der Schaltung die Steigungsüberlastung und eignet sich deshalb insbesondere für Signale mit flachem Leistungsspektrum. Nachdem bei der einfachen Deltamodulation bei einem Signal mit steilem Spannungsanstieg der Vorhersagewert bei kleiner Impulsamplitude nicht genügend schnell folgen kann, nimmt man nun eine „Abflachung" des Anstiegs beim Sendesignal durch ein Integrationsglied am Eingang des Modulators vor. Um die dadurch bedingte lineare Verzerrung des Empfangssi-

2.2 Deltamodulation (DM) und Differenz-Pulscodemodulation (DPCM)

gnals zu verhindern, muß nach dem Demodulator ein dem Integrationsglied entgegengesetzt wirkendes Differentiationsglied eingefügt werden. Prinzipiell ergibt sich damit eine Anordnung nach Bild 2.45.

Bei näherer Betrachtung lassen sich allerdings einige Möglichkeiten der Schaltungsvereinfachung erkennen. Die Wirkung des Differenzier- und des Integriergliedes auf der Empfangsseite heben sich bei gleicher Zeitkonstante auf, womit beide entfallen können. Es verbleibt nur noch ein bandbegrenzender Tiefpaß. Der Komparator auf der Sendeseite kann zum Integrator-Komparator umfunktioniert werden, wenn das Sendesignal $u_S(t)$ auf den invertierenden Eingang gegeben und dafür das der bistabilen Kippstufe am $\overline{Q}$-Ausgang entnommene invertierte Digitalsignal $\bar{u}_{dig}(t)$ nach Integration dem Komparator am nichtinvertierenden Eingang zugeführt wird (Bild 2.46) [52].

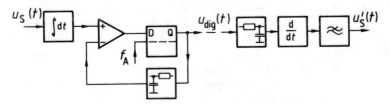

Bild 2.45 Blockschema eines Delta-Sigma-Modulators und Demodulators

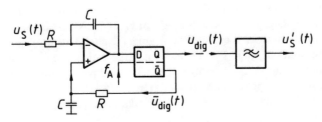

Bild 2.46 Praktische Realisierung eines Delta-Sigma-Modulators

Mit der Beziehung nach Gl. (2.54) für die maximale Signalamplitude bei der einfachen Deltamodulation und einem RC-Tiefpaß am Eingang des Modulators, der die gleiche Grenzfrequenz wie der Integrator-Tiefpaß zur Bildung des Vorhersagewertes aufweist, ergibt sich nun für die maximale Signalamplitude der frequenzunabhängige Wert

$$\hat{u}_{S_{max}} = \hat{u}_P . \tag{2.60}$$

Das Eintreten der Steigungsüberlastung wird damit unabhängig von der Signalfrequenz.

Das Quantisierungsgeräusch wird bei der Delta-Sigma-Modulation um so geringer, je niedriger die Grenzfrequenz des Integrator-Tiefpasses liegt. Nach [50] berechnet sich unter der Annahme, daß $f_g \ll B_S = f_{S_{max}}$ ist, ein signalfrequenzunabhängiger Signal/Quantisierungsgeräuschabstand bei sinusförmigem Signal von

$$S_Q \approx 10 \lg \frac{3}{4 \cdot \pi^2} \cdot \left(\frac{f_A}{B_S}\right)^3 = 10 \lg \left(\frac{f_A}{B_s}\right)^3 - 11 \text{ dB} . \qquad (2.61)$$

Im Vergleich zur einfachen Deltamodulation ergibt sich keine Verbesserung im Signal/Geräuschabstand. Auch der Dynamikbereich bleibt gleich.

Eine wesentliche Eigenschaft der Delta-Sigma-Modulation liegt jedoch in der Übertragbarkeit von Gleichspannungswerten. Das Verfahren wird deshalb vielfach in der Telemetrie eingesetzt. Beim Gleichspannungswert Null werden gleichviele positive und negative Impulse gesendet, das Ausgangssignal nach dem Demodulator-Tiefpaß ist damit Null. Ein positiver Signalwert führt zu mehr positiven als negativen Impulsen. Der Mittelwert der Impulsfolge ist somit direkt proportional dem Eingangssignal. In ähnlicher Weise erscheinen bei einem negativen Eingangssignal mehr negative als positive Impulse.

Im Gegensatz zur einfachen Deltamodulation, wo eine Information über die Änderung des Eingangssignals übertragen wird, folgt also für die Delta-Sigma-Modulation, daß hier eine Information über den Signalwert selbst übertragen wird. Dies wirft die Frage auf, wo nun ein Unterschied zwischen der Delta-Sigma-Modulation und der Pulscodemodulation liegt. Bei der Pulscodemodulation wird über eine echte Analog-Digital-Wandlung je Abtastwert ein N-bit-Codewort erzeugt, das auf der Empfangsseite Wort für Wort in einem Digital-Analog-Wandler wieder decodiert werden muß. Die Delta-Sigma-Modulation arbeitet mit einem 1-bit-Code und einfacher Decodierung über einen Tiefpaß. Es ist keine Wort-Synchronisation notwendig. Allerdings sind hier wesentlich mehr Abtastwerte zu übertragen als bei Pulscodemodulation, damit die Quantisierungsverzerrung in Grenzen bleibt.

Das Verfahren der Delta-Sigma-Modulation findet auch Eingang bei der hochwertigen Tonsignalverarbeitung. Die Abtastung erfolgt mit relativ hoher Frequenz. Aus dem 1-bit-Datenfluß werden N-bit-Codeworte gebildet, die im weiteren z. B. in digitalen Filtern verarbeitet werden. Wegen der hohen Abtastfrequenz kann auf steilflankige Bandbegrenzungsfilter verzichtet werden [53], [54], [167].

2.2.4 Adaptive Deltamodulation

Ein wesentlicher Nachteil der bisher behandelten Verfahren der Deltamodulation liegt im begrenzten Dynamikbereich. Die obere Grenze wird durch das Ein-

2.2 Deltamodulation (DM) und Differenz-Pulscodemodulation (DPCM)

setzen der Steigungsüberlastung bestimmt, während an der unteren Grenze das bei konstanter Quantisierungsstufenhöhe vom Pegel des Eingangssignals unabhängige granulare Geräusch für den Signal/Geräuschabstand verantwortlich ist.

Einen größeren Dynamikbereich und eine Verbesserung des Signal/Geräuschabstandes erreicht man ohne Erhöhen der Abtastrate durch adaptive Verfahren, wo die Quantisierungsstufenhöhe abhängig vom Signalpegel beeinflußt wird. Es ist jedoch auch hier zu berücksichtigen, daß gemäß der Bedingung nach Gl. (2.52) die zeitliche Änderung des zu übertragenden Signals nicht den Wert des Produkts $\hat{u}_P \cdot f_A$ übersteigt.

Durch die Anpassung der Quantisierungsstufenhöhe an den Signalpegel kann der Deltamodulator über einen weiten Bereich nahe seiner optimalen Aussteuerung betrieben werden. Der ausnutzbare Dynamikbereich für einen geforderten Wert des Signal/Geräuschabstandes ist durch das Verhältnis von größtmöglicher Quantisierungsstufe $\hat{u}_{P_{max}}$ zur kleinsten Stufe $\hat{u}_{P_{min}}$ gegeben. Ein Dynamikbereich von über 40 dB ist damit erreichbar [55], [56].

Die Beeinflussung der Quantisierungsstufenhöhe erfolgt über eine Steuergröße $c(t)$, die entweder aus dem mittleren Pegel des anliegenden Sendesignals oder aus dem Digitalsignal gewonnen wird. Das Prinzip der adaptiven Deltamodulation ist in B i l d 2.47 dargestellt. Bei dem Verfahren der exponentiellen Deltamodulation werden durch das Steuersignal aufeinanderfolgende positive Impulse jeweils um den gleichen Faktor (z. B. 1,25) vergrößert bzw. beim Auftreten eines negativen Impulses wieder mit dem reziproken Faktor verkleinert [3], [57].

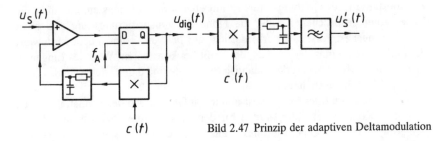

Bild 2.47 Prinzip der adaptiven Deltamodulation

Besonders für die Übertragung von Sprachsignalen wurde das Verfahren der „High Information Delta Modulation" (HIDM) [3] oder „Continuously Variable Slope Delta Modulation" (CVSD) [55] entwickelt. Die Steuergröße wird vom Digitalsignal abgeleitet, indem jeweils nach drei aufeinanderfolgenden Impulsen gleicher Polarität die Quantisierungsstufenhöhe gegenüber dem vorangehenden Wert verdoppelt wird. Ein folgender Wechsel der Polarität verursacht eine Halbierung der Impulsamplitude. Insgesamt hat dies zur Folge, daß sich die Höhe der Quantisierungsstufe automatisch dem Signalwert anpaßt. Wegen der digitalen

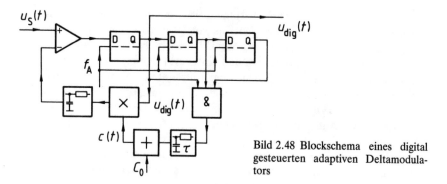

Bild 2.48 Blockschema eines digital gesteuerten adaptiven Deltamodulators

Herleitung der Steuergröße wird dieses Verfahren auch als „Digitally Controlled Delta Modulation" (DCDM) bezeichnet [49], [55], [56].

Bild 2.48 zeigt das Blockschaltbild des Sendeteils eines DCDM-Systems. Das vom Modulator abgehende Digitalsignal wird einer Koinzidenzschaltung zugeführt, wo jeweils drei aufeinanderfolgende Bits in ihrer Polarität verglichen werden. Über ein Schieberegister und eine Dreifach-UND-Verknüpfungsschaltung gewinnt man bei einer Folge von drei logischen „1" ein Koinzidenzsignal, das nach Integration über ein Glättungsfilter und Hinzufügen einer konstanten Spannung (C_0) für die kleinste Stufenhöhe als Steuergröße $c(t)$ dient. Die Dichte der Pulsfolge am Ausgang der Koinzidenzschaltung und damit auch die Höhe der Steuerspannung ist um so größer, je schneller das Eingangssignal $u_S(t)$ ansteigt. Die Zeitkonstante τ des Glättungsfilters ist mit etwa 4 ms so bemessen, daß über die Dauer einer gesprochenen Silbe die Höhe der Quantisierungsstufe sich nicht ändert. Eine Festgröße c_0 ist erforderlich, um bei verschwindendem Mittelwert des integrierten Koinzidenzsignals, das heißt bei konstantem Wert des Eingangssignals, einen Minimalwert der Quantisierungsstufe und damit wiederum das Digitalsignal aufrechtzuerhalten.

Der Empfangsteil des Systems ist ähnlich aufgebaut wie der Sendeteil, jedoch ohne den Komparator. Ein Tiefpaß für den Signalfrequenzbereich unterdrückt den größten Teil des Quantisierungsgeräusches, weil dessen Spektrum wegen der hohen Abtastfrequenz wesentlich breiter ist als das Signalfrequenzband.

Dieses „silbenkompandierende" adaptive Deltamodulationsverfahren ist sehr resistent gegen Bitfehler auf der Übertragungsstrecke, da die einzelnen Bits gleiche Wertigkeit aufweisen und bei einem Fehler eine schnelle Mittelung des zurückgewonnenen Signalwerts erfolgt.

Die Aussteuerungsgrenze erniedrigt sich signalfrequenzabhängig mit 6 dB/Oktave, bedingt durch den Integrator zur Bildung des Vorhersagewertes. Der Abfall im Spektrum des Sprachsignals beträgt jedoch etwa 8 bis 9 dB/Oktave (siehe dazu Bild 2.42). Durch eine Anpassung des Integrators an diese Funktion

2.2 Deltamodulation (DM) und Differenz-Pulscodemodulation (DPCM)

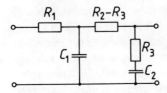

Bild 2.49 Erweitertes Integrationsglied zur Verbesserung des Signal/Geräuschabstands bei der Sprachsignalübertragung

mit einem Zweifach-RC-Glied erreicht man eine weitere Verbesserung des Signal/Geräuschabstandes bei der Sprachsignalübertragung. Nach [50] wird dazu ein Netzwerk verwendet gemäß B i l d 2.49 mit der komplexen Übertragungsfunktion

$$H(j\omega) = \frac{(1 + jf/f_3)}{(1 + jf/f_1) \cdot (1 + jf/f_2)} \tag{2.62}$$

und praktisch ausgeführten Werten für die Eckfrequenzen bei $f_1 = 150$ Hz, $f_2 = 1$ kHz und $f_3 = f_A/2\pi = 9$ kHz bei einer Abtastrate von $f_A = 56$ kHz.

2.2.5 Differenz-Pulscodemodulation

Die Differenz-Pulscodemodulation ist durch das Prinzip der prädiktiven Codierung nach Bild 2.37 bereits grob beschrieben. Sie kann entweder als der allgemeine Fall einer Codemodulation betrachtet werden oder als ein Kompromiß zwischen der eigentlichen Pulscodemodulation und der Deltamodulation. Die einfache 1-bit-Codierung des Differenzwertes bei der Deltamodulation wird jetzt ersetzt durch eine mehrstufige Quantisierung des Differenzwertes mit nachfolgender binärer Codierung.

Bei genügend feiner Quantisierung des Differenzsignals braucht die Abtastfrequenz im Fall der Differenz-Pulscodemodulation nicht höher zu sein als bei der Pulscodemodulation. Gegenüber der Deltamodulation erhält man als neu definierbare Parameter

a) die Anzahl der Quantisierungsstufen für das Differenzsignal und damit die Anzahl der zu übertragenden Bits je Differenzwert und

b) die Art der Unterteilung des Quantisierungsbereiches, das heißt gleichmäßige oder nichtgleichmäßige Quantisierung.

Gerade durch Anwenden einer der Häufigkeitsverteilung der Differenzwerte angepaßten Kompandierung erreicht man eine wesentliche Verminderung der Quantisierungsverzerrungen.

Das Hauptanwendungsgebiet der Differenz-Pulscodemodulation liegt bei der Übertragung von Fernseh-Bildsignalen, wo durch die Redundanzreduktion eine beträchtliche Senkung der Bitrate gegenüber Pulscodemodulation erzielt werden kann. Das Fernsehsignal weist bekanntlich sehr viel redundante Information auf, wenn sich z. B. über gewisse Bereiche im Bild der Helligkeitswert nicht ändert. Darüber hinaus kann die Unempfindlichkeit des menschlichen Auges gegenüber Helligkeitsstörungen in Bildpartien mit großen Änderungen in der Helligkeit ausgenutzt werden. Für die Quantisierung bedeutet dies, daß große Differenzwerte, die gemäß der Wahrscheinlichkeitsverteilung ohnehin nur mit geringer Häufigkeit auftreten, gröber quantisiert werden können als kleine Differenzwerte. Auf diese Weise kommt man bei der Bildsignalübertragung durch Differenz-Pulscodemodulation mit z. B. 16 Quantisierungsstufen für das Differenzsignal, entsprechend 4-bit-Codeworten, auf die halbe Bitrate gegenüber Pulscodemodulation mit 256 Quantisierungsstufen und 8-bit-Codeworten bei vergleichbarer Bildqualität.

Die Empfindlichkeit gegenüber Bitfehlern ist bei der Differenz-Pulscodemodulation allerdings höher als bei der Pulscodemodulation, da über das Differenzsignal eine Fehlerfortpflanzung stattfindet. Es wird deshalb ein sehr störungsfreier Übertragungskanal erforderlich oder die Erweiterung des Codes durch redundante Schutzinformation zur Fehlererkennung und ggf. Fehlerkorrektur.

Als Vorhersagewert dient in der einfachsten Version der Signalwert des jeweils vorangehenden Bildpunkts. Der Prädiktor wird dann durch ein Verzögerungsglied mit $\tau = T_A$ gebildet. Eine weitergehende Prädiktion würde auch noch Bildpunkte der vorangehenden Zeile und des vorangehenden Teilbilds mit einbeziehen.

Das Blockschaltbild eines DPCM-Systems mit 4-bit-Codierung gibt Bild 2.50 wieder. Die Differenz zwischen dem anliegenden Signalwert und dem Vorhersagewert wird zu den Abtastzeitpunkten im Abstand von T_A festgestellt. Der nicht-

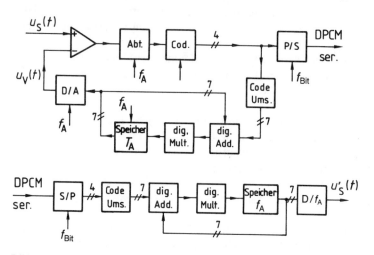

Bild 2.50 Blockschema eines 4-bit-DPCM-Systems

gleichmäßige Codierer entscheidet, in welchem der vorgegebenen 16 Quantisierungsintervallen der Differenzwert liegt und gibt diese Information als „1-aus16"-Codewort parallel aus. Ein Parallel-Serien-Wandler bildet daraus das 4-bit-Codewort. Der kleinste quantisierte Differenzwert ist so gewählt, daß er einem 1/128 der maximalen Bildsignalamplitude $\hat{u}_{ss}$ (Schwarz-Weiß-Bereich) entspricht. Das rekonstruierte Bildsignal umfaßt daher 128 verschiedene Helligkeitswerte, wovon jeder durch ein 7-bit-Codewort dargestellt werden kann. Zur Bildung des Vorhersagewertes ist somit auch ein 7-bit-Codewort erforderlich, das ein Codeumsetzer aus dem 4-bit-Codewort des Differenzsignals erzeugt. Der so umgesetzte Differenzwert wird in einem 7-bit-Addierer mit dem digitalen Vorhersagewert des vorangehenden Bildpunkts addiert und nach Bewertung mit einem Gewichtsfaktor a ($a \leq 1$) als digitaler Vorhersagewert für den nächsten Abtastzeitpunkt in den Speicher eingelesen. Aus dem Speicher geht die Information an einen D-A-Wandler, der das analoge Vorhersagesignal an die Subtrahierstufe gibt. Nicht berücksichtigt ist in dieser Anordnung die Verarbeitung des Synchronanteils aus dem Fernsehsignal. Dieses wird getrennt codiert und zusammen mit einer digitalen Toninformation in den Austastlücken des Bildsignals übertragen.

Die Funktionsblöcke auf der Empfangsseite sind im wesentlichen die gleichen wie auf der Sendeseite. Am Ausgang erscheint das Signal $u'_S(t)$, das dem sendeseitigen Vorhersagesignal entspricht und sich vom Eingangssignal $u_S(t)$ außer der Quantisierungsverzerrung noch um den Gewichtsfaktor a und die Verzögerungszeit T_A unterscheidet [3].

Die nichtgleichmäßige Quantisierung und Codeumsetzung wird am Beispiel eines DPCM-Systems in Verbindung mit einem Bildtelefon in [58] eingehend behandelt.

2.3 PCM-Zeitmultiplexverfahren

Das vom Codierer abgegebene N-bit-Codewort wird üblicherweise seriell übertragen und auf der Empfangsseite über einen Serien-Parallel-Wandler der eigentlichen Decodierschaltung zugeführt. Zur Erkennung des Wortanfangs ist eine geeignete Wortsynchronisierung beizufügen, von der ausgehend, über einen N-bit-Zähler gesteuert, die Codeworte übernommen werden. In den meisten Anwendungsfällen der Pulscodemodulation werden jedoch nach dem Zeitmultiplexverfahren mehrere Signale zeitlich gebündelt in einem sog. Rahmen übertragen. Das Empfangssystem benötigt nun zusätzlich eine Rahmensynchronisierung, nach der im Demultiplexer die richtige Zuordnung der einzelnen Kanäle erfolgt. Man verwendet zur Rahmensynchronisierung bestimmte Codeworte, deren

Muster durch Vergleich mit der auf der Empfangsseite abgespeicherten Bitkombination aus dem übertragenen Bitstrom erkannt wird. Bei fester Anzahl von Kanälen innerhalb eines Rahmens und gegebener Codewortlänge kann aus der Rahmensynchronisierung auch die Wortsynchronisierung abgeleitet werden.

Die zeitliche Bündelung mehrerer Signale kann über eine Verschachtelung der analogen Abtastwerte mit nachfolgender Analog-Digital-Umsetzung (zentrale Codierung) oder nach getrennter Analog-Digital-Wandlung in den einzelnen Kanälen in einem Digitalsignal-Multiplexer vorgenommen werden (getrennte Codierung). Bild 2.51 zeigt die beiden Möglichkeiten am Beispiel eines 3-Kanal-

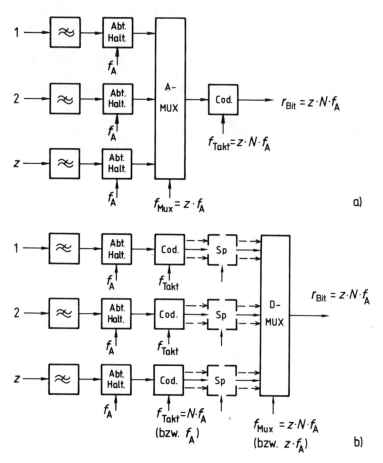

Bild 2.51 3-Kanal-PCM-Zeitmultiplexsystem mit (a) zentraler Codierung und (b) getrennter Codierung

2.3 PCM-Zeitmultiplexverfahren

PCM-Zeitmultiplexsystems. Im ersten Fall (a) werden die $z = 3$ anliegenden Signale nach Bandbegrenzung jeweils einer Abtast- bzw. Abtast-Halte-Schaltung zugeführt, wo in den einzelnen Kanälen zeitlich um $T_A/z = T_A/3$ gegeneinander versetzt im Abstand von $T_A = 1/f_A$ ein Momentanwert des Signals festgestellt wird. Der Analog-Multiplexer übernimmt die Abtastwerte mit dem Multiplexertakt f_{MUX} und führt sie nacheinander dem Codierer zu. Diesem steht für die Verarbeitung eines Signalwerts die Zeit $T_A/z = T_A/3$ zur Verfügung. Das vom Codierer abgegebene serielle Digitalsignal weist bei einer Codierung mit N bit je Abtastwert eine Bitfolgefrequenz oder Bitrate von

$$r_{Bit} = z \cdot N\,bit \cdot f_A \quad \text{in } \frac{bit}{s} \tag{2.63}$$

auf. Die Rahmensynchronisierung ist bei der Berechnung der Bitrate in diesem, wie auch im nachfolgenden einfachen Beispiel nicht berücksichtigt.

Im Gegensatz dazu wird bei der getrennten Codierung (b) in jedem Kanal eine Analog-Digital-Wandlung vorgenommen. Erfolgt diese innerhalb einer Zeit von $T_A/z = T_A/3$, dann muß jeder Codierer genau so schnell arbeiten wie beim Verfahren nach (a). Es bietet sich aber hier die Möglichkeit an den Digitalsignal-Multiplexer an seinen Eingängen mit je einem Pufferspeicher zu versehen, in den das N-bit-Codewort mit dem Kanal-Bittakt $f_{Takt} = N \cdot f_A$ seriell eingelesen oder auf N parallelen Leitungen mit dem Abtasttakt f_A übergeben wird. Für die Analog-Digital-Wandlung steht nun dem Codierer in jedem Kanal die Zeit T_A zur Verfügung. Die Inhalte der Pufferspeicher werden vom Digitalsignal-Multiplexer über einen Ausgang seriell mit dem Multiplexertakt $f_{MUX} = z \cdot N \cdot f_A$ bzw. über N Ausgänge parallel mit $f_{MUX} = z \cdot f_A$ übernommen. Die Bitrate des seriellen Digitalsignals nach dem Multiplexer ergibt sich auch bei diesem Verfahren gem. Gl. (2.63).

Das erste Verfahren findet Anwendung z. B. bei der Übertragung von Fernsprechsignalen durch Pulscodemodulation. Die Grundstufe einer PCM-Hierarchie bildet das System PCM 30/32, wo 30 Sprachkanäle zusammen mit einem Rahmensynchronwort bzw. Meldewort und der Kennzeicheninformation (umgesetzte Wählimpulse) in 32 Zeitkanälen gebündelt werden. Den Pulsrahmen des Systems, der nach CCITT-Empfehlung G 732 festgelegt ist, zeigt Bild 2.52. Die 32 Zeitschlitze werden in den Zeitkanälen 1 bis 15 und 17 bis 31 mit den digitalisierten Signalen der anliegenden 30 Sprachkanäle belegt. Im Zeitkanal 0 wird abwechselnd von Rahmen zu Rahmen ein Rahmenkennwort mit bestimmter Bitfolge oder ein Meldewort übertragen. Der Zeitkanal 16 dient zur Weitergabe der Vermittlungs-Kennzeichen. Die Gleichstrom-Wählsignale mit unterschiedlichem Impuls-Pause-Verhältnis werden dazu mit einer Abtastfrequenz von 500 Hz in digitale Kennzeichensignale umgewandelt. Die Bitrate des Multiplexsignals beträgt bei diesem System 2,048 Mbit/s [24], [36], [59], [60].

2 Digitale Modulationsverfahren im Basisband

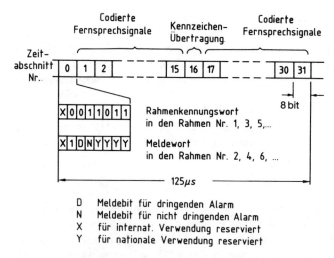

Bild 2.52 Pulsrahmen des PCM-30/32-Fernsprechsystems

Durch die analoge Multiplexbildung entsteht im Digitalsignal automatisch eine Codewort-Verschachtelung. Diese kommt aber auch zustande, wenn von einer Einzelkanalcodierung ausgegangen wird. Ein typisches Beispiel dafür ist die Digitalisierung eines Farbfernsehsignals, das über eine getrennte Codierung des Leuchtdichtesignals Y und der beiden Farbdifferenzsignale U und V verarbeitet wird. Nach einer CCIR-Empfehlung [61] wird das Y-Signal mit einer Frequenz von $f_{A,Y}$ = 13,5 MHz abgetastet. Die Abtastfrequenz für die beiden Farbdifferenzsignale beträgt $f_{A,U} = f_{A,V}$ = 6,75 MHz. Die Codierung der Signale erfolgt mit 8 bit je Abtastwert. Die digitale Multiplexbildung wird bitparallel vorgenommen. An den Pufferspeicher des Digitalsignal-Multiplexers sind dazu jeweils die acht Parallelausgänge der Codierer für das Y-Signal und die U- und V-Signale angeschlossen. Die Codeworte werden in den Pufferspeicher mit einer Bitrate von 13,5 MBit/s bzw. 6,75 Mbit/s auf den parallelen Leitungen übernommen. Das Auslesen geschieht in der Folge Y-U-Y-V mit der zweifachen Taktfrequenz des Y-Signals $2 \cdot f_{A,Y}$ = 27 MHz. Damit erhält man ein bitparalleles Multiplexsignal mit 27 Mbit/s (Bild 2.53). In einer nachfolgenden Torschaltung werden die für die Rahmensynchronisation jeder Fernsehzeile notwendigen Synchronworte sowie digitale Tonsignale in den Multiplexrahmen eingeschachtelt, wobei für das Einbringen der zum Fernseh-Bildsignal zusätzlichen Information die horizontale Austastlücke dienen kann. Im Parallel-Serien-Wandler werden die 8-bit-Worte mit der Taktfrequenz von 27 MHz parallel in ein Schieberegister eingelesen und mit der achtfachen Taktfrequenz wieder ausgelesen, so daß ein serieller Datenstrom mit 216 Mbit/s erzeugt wird.

2.3 PCM-Zeitmultiplexverfahren

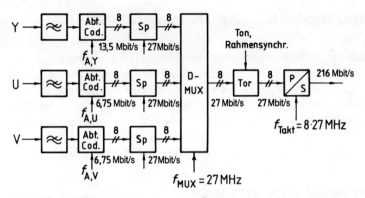

Bild 2.53 PCM-Zeitmultiplexsystem zur Übertragung eines Farbfernsehsignals

Auf der Empfangsseite erfolgt nach Serien-Parallel-Wandlung und Abtrennung der Toninformation im Demultiplexer wieder die Aufteilung in die bitparallelen Digitalsignale mit anschließender Digital-Analog-Wandlung [62].

Neben der Codewort-Verschachtelung, wie sie in den beiden vorangehenden Beispielen zur Anwendung kommt, besteht noch die Möglichkeit der Rahmen- oder Bitverschachtelung. Insbesondere bei der Bildung von Impulsfolgen in höheren Hierarchiestufen aus den Datenströmen mehrerer PCM-Systeme wird meist das Verfahren der bitweisen Verschachtelung gewählt, da andernfalls aufwendige Zwischenspeicher notwendig wären. Bei der Bündelung von Fernsprechsignalen z. B. werden die Digitalsignale von vier PCM-30-Systemen zu einem 120-Kanal-Datenstrom mit einer Bitrate von 8,448 Mbit/s zusammengefaßt. Weitere Hierarchiestufen bilden die Systeme mit 480 Kanälen (34,368 Mbit/s), 1920 Kanälen (139,264 MBit/s) und 7680 Kanälen (564,922 Mbit/s).

Ein Problem ergibt sich bei der Zusammenfassung von verschiedenen unabhängigen Untersystemen durch die notwendige Taktanpassung, weil alle ankommenden Digitalsignale eine geringfügig von der Nennbitrate abweichende Taktfrequenz aufweisen können (plesiochrone Systeme). Die Angleichung an den gemeinsamen übergeordneten Takt erfolgt nach einem Impuls-Stopfverfahren. Beim meist angewendeten Positiv-Stopfverfahren wird für ein ankommendes Digitalsignal ein Zeitkanal zur Verfügung gestellt, dessen Kapazität etwas größer ist als für die Nennbitrate notwendig. Damit kann einerseits eine geringfügig niedrigere Bitrate aufgefangen und andererseits durch sog. Stopfbits die Taktanpassung vorgenommen werden. Die Lage der Stopfbits ist im Rahmen festgelegt. Ihr Einfügen wird der Empfangsseite durch Stopfinformationsbits mitgeteilt [24], [35], [63], [64], [65], [66], [67], [68].

2.4 Übertragung des Digitalsignals im Basisband

Im Vergleich zum analogen Signal ist die digital übertragene Information gegenüber einer Signalverzerrung und Störeinflüssen wesentlich weniger empfinglich. Der Übertragungskanal muß jedoch auch hier bestimmten Anforderungen genügen, damit eine unverfälschte Rückgewinnung der Information möglich wird. In erster Linie betrifft dies die notwendige Bandbreite und Übertragungscharakteristik des Kanals. Darüber hinaus hat auch der Signal/Störabstand am Eingang des Decoders einen bedeutenden Einfluß auf die Fehlerhäufigkeit.

2.4.1 Bandbreite des Übertragungskanals

Das vom Codierer nach Einfügen der Synchronisierinformation oder vom Multiplexer abgehende serielle Datensignal setzt sich aus einer unregelmäßigen Folge von „1"- und „0"-Elementen zusammen. Die Impulsfolge bildet ein sogenanntes NRZ-Signal (Non Return to Zero), bei dem der Signalwert zwischen aufeinanderfolgenden „1"-Zuständen nicht auf logisch Null zurückgeht (Bild 2.54). Als kür-

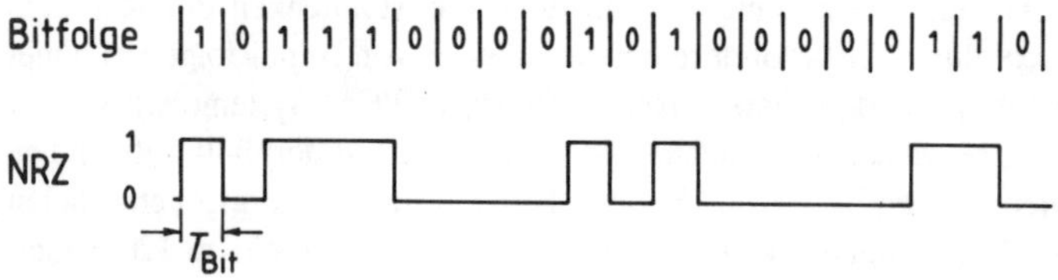

Bitfolge |1|0|1|1|1|0|0|0|0|1|0|1|0|0|0|0|0|1|1|0|

NRZ

Bild 2.54 NRZ-Signal

zester Signalzustand tritt die Bitdauer T_{Bit} auf. Daraus berechnet sich die Schrittgeschwindigkeit des Binärsignals, das heißt die Bitrate r_{Bit} zu

$$r_{Bit} = \frac{1 \text{ bit}}{T_{Bit}}. \tag{2.64}$$

Sie wird angegeben in bit/s.

Dem Zahlenwert nach ist die Bitrate identisch mit der Bitfolgefrequenz oder Bittaktfrequenz f_{Bit}, die sich berechnet aus

$$f_{Bit} = \frac{1}{T_{Bit}}. \tag{2.65}$$

und mit der Dimension 1/s verbunden ist.

Für eine eindeutige Schwellenwertentstehung muß von dem zufällig verteilten Impulssignal mindestens die erste Harmonische des kürzesten Wechsels, also

2.4 Übertragung des Digitalsignals im Basisband

einer 1-0-1-Bitfolge, übertragen werden. Die dazu mindest notwendige Bandbreite, man bezeichnet sie auch als die NYQUIST-Bandbreite B_N, beträgt

$$B_N = \frac{1}{2 \cdot T_{Bit}} = \frac{1}{2} \cdot f_{Bit} = \frac{1}{2} \cdot \frac{r_{Bit}}{bit} .\qquad(2.66)$$

Längere Folgen von „1"- oder „0"-Elementen führen zu entsprechend niedrigeren Frequenzen der ersten Harmonischen im Spektrum bis hinab zur Frequenz Null. Insgesamt setzt sich das Spektrum des Digitalsignals aus einem diskreten Anteil mit gebrochenen Vielfachen der Bitfolgefrequenz und aus einem kontinuierlichen Anteil, herrührend von dem ständigen Wechsel des Bitmusters, zusammen. Es weist eine erste Nullstelle bei der Bitfolgefrequenz f_{Bit} auf.

Eine rechteckförmige Bandbegrenzung des Spektrums auf den Bereich von Null bis B_N hätte eine Verformung der Impulse zur Folge. Am idealisierten Beispiel, mit der Annahme sehr schmaler Impulse, ergäbe sich am Ausgang des Übertragungskanals eine Systemreaktion entsprechend der si-Funktion mit Nulldurchgängen im Abstand von $1/(2 \cdot B_N) = T_{Bit}$ von der Impulsmitte aus (Bild 2.55 a). Eine Abweichung der Bandbreite von dem festen Wert nach Gl. (2.66) könnte jedoch ein Impulsnebensprechen hervorrufen. Abgesehen davon, daß ein idealer Tiefpaßkanal praktisch nicht realisierbar ist, wäre es auch unzweckmäßig sich auf eine so starre Bandbreitebeziehung festlegen zu müssen.

Wenn nun der Übertragungskanal nicht schon von vornherein eine mit der Frequenz kontinuierlich ansteigende Dämpfung aufweist, wie im Falle einer Leitungsverbindung, so gibt man diesem vielfach durch ein zusätzliches Filter einen

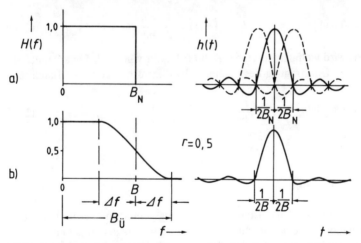

Bild 2.55 Einfluß einer Bandbegrenzung auf die Impulsform bei (a) rechteckförmiger und (b) $\cos^2$-förmiger Bandbegrenzung

allmählichen Übergang der Übertragungsfunktion in Form eines $\cos^2$-förmigen Abfalls. Dies hat zur Folge, daß die Systemreaktion nach dem Übertragungskanal ebenfalls etwa $\cos^2$-förmig verlaufende Flanken und fast keine Überschwinger mehr ausweist (Bild 2.55 b). Die Übertragungsfunktion $H(f)$ des $\cos^2$-Tiefpasses wird bestimmt durch

$$H(f) = \frac{1}{2} \cdot \left(1 + \sin\frac{\pi}{2} \cdot \frac{(B-f)}{\Delta f}\right) \quad \text{für} \quad (B - \Delta f) < f < (B + \Delta f)$$

$$= 1 \quad \text{für} \quad f < (B - \Delta f)$$

$$= 0 \quad \text{für} \quad f > (B + \Delta f). \quad (2.67)$$

Der Funktionswert $H(f)$ sinkt bei der Frequenz $f = B$ auf 50% seines Maximalwertes ab. Man definiert nun ein Verhältnis $r = \Delta f/B$, das mit „Roll-off-Faktor" bezeichnet wird. Der Roll-off-Faktor r kann Werte zwischen Null und Eins annehmen. Im Falle von $r = 1$ geht die Übertragungsfunktion nach Gl. (2.67) über in

$$H(f) = \frac{1}{2} \cdot \left(1 + \cos\frac{\pi}{2} \cdot \frac{f}{B}\right) = \cos^2\left(\frac{\pi}{4} \cdot \frac{f}{B}\right) \quad \text{für} \quad 0 < f < 2 \cdot B.$$

(2.68)

Bezogen auf die 50%-Bandbreite B, die gemäß Bild 2.55 für gleichen Abstand der Nulldurchgänge der Zeitfunktion mit der NYQUIST-Bandbreite B_N identisch ist, berechnet sich die für eine Bitrate r_{Bit} tatsächlich benötigte Übertragungsbandbreite $B_Ü$ abhängig vom Roll-off-Faktor r zu

$$B_Ü = B \cdot (1 + r) = \frac{1}{2} \cdot f_{Bit} \cdot (1 + r) = \frac{1}{2} \cdot \frac{r_{Bit}}{bit} \cdot (1 + r). \quad (2.69)$$

In der Praxis wird vielfach mit einem Roll-off-Faktor von $r = 0{,}5$ gearbeitet, was zu einer für die Übertragung des binären NRZ-Signals notwendigen Bandbreite von

$$B_{Ü,\,pr} = 1{,}5 \cdot B_N = 0{,}75 \cdot \frac{r_{Bit}}{bit} \quad (2.70)$$

führt [50], [69].

2.4.2 Signalwandlung

Die Übertragung des Digitalsignals kann leitungsgebunden oder im Funkkanal durch Modulation auf einen hochfrequenten Träger erfolgen. Das binäre NRZ-Signal weist dazu in keinem Fall die günstigste Signalform auf, was folgendermaßen zu begründen ist:

2.4 Übertragung des Digitalsignals im Basisband

a) Die zur Decodierung auf der Empfangsseite bei Pulscodemodulation notwendige und aus dem übertragenen Digitalsignal zu gewinnende Taktinformation fehlt bei längeren Folgen von „1"- oder „0"-Werten.
b) Im Zuge von längeren Leitungsverbindungen sind Zwischenverstärker angeordnet, denen das Digitalsignal über Leitungsübertrager zugeführt wird. Man kann damit über die Leitung die Verstärker mit Betriebsspannung fernspeisen. Durch Ankopplung der Verstärker über die Leitungsübertrager geht der im binären NRZ-Signal enthaltene Gleichanteil verloren, was zu einer laufenden Potentialverschiebung im Digitalsignal führt.
c) Die unvermeidliche Bandbegrenzung durch den Tiefpaßcharakter des Übertragungskanals hat eine Verbreiterung und Verformung der Rechteckimpulse zur Folge, wodurch eine Intersymbolstörung (Impulsnebensprechen) hervorgerufen wird.

Die genannten Tatsachen erfordern eine Signalwandlung, die durch eine Codeumsetzung und durch eine geeignete Impulsformung vorgenommen wird.

Bei der Übertragung des Digitalsignals über Leitungen mit Zwischenverstärkern gilt es zunächst das binäre NRZ-Signal gleichstromfrei zu machen und darüber hinaus noch möglichst viel Bittaktinformation in den neuen Code einzubringen. Man erreicht dies durch eine Umcodierung in ein bipolares oder pseudoternäres Datensignal nach dem AMI-Code (Alternate Mark Inversion). Dabei werden aufeinanderfolgende „1"-Werte abwechselnd als „+1" und „–1" gesendet (Bild 2.56a). Über einen längeren Zeitabschnitt wird damit der Gleichanteil zu Null. Durch den Polaritätswechsel erhält man aus ursprünglich durchlaufenden „1"-Werten wieder den Bittakt. Das Verfahren wird in der englischen Literatur auch als „bipolar" mit „full width pulses" bezeichnet im Gegensatz zu der Umcodierung eines RZ-Signals (Return to Zero), wo man von „bipolar" mit „half width pulses" spricht (Bild 2.56b). Bei gleicher Spitze-Spitze-Spannung ist das Leistungsdichtemaximum beim RZ-AMI-Signal nicht so ausgeprägt wie beim NRZ-AMI-Signal, weil der Energieinhalt der Impulse im Fall des RZ-Signals

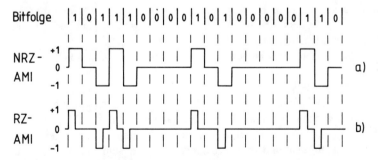

Bild 2.56 Impulsfolge nach dem AMI-Code mit (a) NRZ-Signal und (b) RZ-Signal

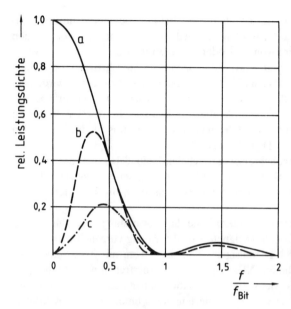

Bild 2.57 Spektrale Leistungsdichte verschiedener PCM-Signale: Kurve a NRZ-Signal, Kurve b NRZ-AMI Signal und Kurve c RZ-AMI Signal

geringer ist. Einen Vergleich der spektralen Leistungsdichte über der normierten Frequenz für ein Datensignal mit gleicher Auftrittswahrscheinlichkeit der Werte „1" und „0" gibt Bild 2.57 wieder [3], [70].

Der AMI-Code ermöglicht eine einfache Fehlererkennung durch Prüfung des empfangenen Signals auf Codeverletzung. Wird ein gesendetes „+1"- oder „–1"-Element als „0" empfangen oder eine gesendete „0" als „+1" oder „–1", dann weisen zwei aufeinanderfolgende „1"-Bits die gleiche Polarität auf, was als eine Verletzung der AMI-Regel erkannt wird.

Bei längeren Null-Folgen fehlt allerdings auch nach der AMI-Codierung die Taktinformation. Dem begegnet man durch die Anwendung eines weiter differenzierenden Codes, z. B. dem HDB-3-Code (High Density Bipolar of order 3). Dieser Code geht aus dem AMI-Code hervor, wobei, wie der Name besagt, nur maximal drei „0"-Elemente nacheinander auftreten können.

Dazu werden längere Null-Folgen in Blöcke von je vier Bits aufgeteilt und gesendet als
a) 000V oder b) B00V.

Dabei bedeutet „V" ein Verletzungs-Bit (Violating Bit), das entgegen der AMI-Codiervorschrift gerichtet ist, und „B" ein Bipolar-Bit, das mit „+1" oder „–1" entsprechend der AMI-Codierung eingefügt wird. In die Impulsfolge eingebrachte „V"-Bits müssen abwechselnd entgegengesetzt gerichtet sein, damit durch sie keine Gleichkomponente entsteht. Außerdem muß zwischen zwei „V"-Bits immer

2.4 Übertragung des Digitalsignals im Basisband

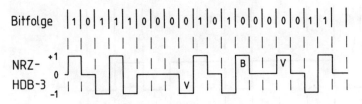

Bild 2.58 Impulsfolge nach dem HDB-3-Code

eine ungerade Zahl von „1"-Bits liegen, damit das Verletzungs-Bit erkannt wird. Daraus ergibt sich für eine seit dem letzten „V"-Bit ungerade Anzahl von zu übertragenden „1"-Bits die Codierregel nach a) und bei gerader Anzahl von „1"-Bits die Codierregel nach b) (Bild 2.58).

Der HDB-3-Code ist von CCITT u. a. als Schnittstellen-Code bei den PCM-Multiplexsystemen zur Tonsignalübertragung mit 2,048 Mbit/s, 8,448 Mbit/s und 34,368 Mbit/s genormt worden [24], [59], [70], [71].

Auch andere HDB-n-Codes sind möglich, wobei n die maximale Zahl aufeinanderfolgender Nullen angibt. So ist z. B. in Nordamerika ein HDB-2-Code in Gebrauch, der dort allerdings mit B 3 ZS (Bipolar with 3 Zero Substitution) bezeichnet wird. Ein ähnlicher, auch in USA verwendeter Code, ist der B 6 ZS-Code (Bipolar with 6 Zero Substitution). Dabei werden Blöcke von sechs aufeinanderfolgenden Nullen ersetzt durch

a) 0 +1 −1 0 −1 +1, wenn der vorangehende Impuls positiv (+1) war oder durch
b) 0 −1 +1 0 +1 −1, wenn der vorangehende Impuls negativ (−1) war.

Die bisher angeführten Codes waren binärer oder pseudoternärer Art, d. h. nur die logische „1" aus dem Binärsignal wurde alternierend umcodiert in „+1" oder „−1". Einen echten ternären Code erhält man bei der 4B/3T-Umcodierung. Dabei werden vier Bits des binären Signals durch drei ternäre Signalelemente dargestellt. Die Schrittgeschwindigkeit wird durch diese Umcodierung gegenüber dem binären Signal um 25% reduziert, was eine entsprechend geringere Übertragungsbandbreite zuläßt. Der Code weist eine relativ hohe Redundanz von 16% auf, weil durch die drei ternären Schritte mehr Codeworte als durch die vier binären Schritte gebildet werden können. Man verwendet jedoch aus den 27 Möglichkeiten des ternären Codes alle Kombinationen bis auf die Folge 000, indem über eine ständige Kontrolle der digitalen Summe dafür gesorgt wird, daß durch eine variable Zuordnung der von der Parität Null abweichenden Codeworte, nach einer vorgegebenen Codetabelle, ein im Mittel gleichstromfreies ternäres Signal erzeugt wird. Der 4B/3T-Code wird bei den 34-Mbit/s- und 139-Mbit/s-Übertragungssystemen verwendet [24], [71], [72].

Eine Reduzierung der Übertragungsbandbreite läßt auch der Partial-Response-Code zu. Es handelt sich dabei um einen Code, bei dem jedes einzelne Signalele-

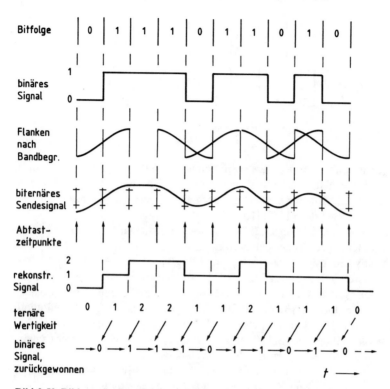

Bild 2.59 Bildung der Impulsfolge nach dem Partial-Response-Code und Rückgewinnung des binären Sendesignals

ment aus zwei (bzw. mehr) aufeinanderfolgenden Elementen des binären Codes in der Weise erzeugt wird, daß die aufeinanderfolgenden Bits jeweils mit einem Gewichtsfaktor bewertet, linear addiert werden. Die im Bittakt ablaufenden Impulse werden dabei über einen Tiefpaß mit einer Grenzfrequenz niedriger als die NYQUIST-Bandbreite B_N bandbegrenzt. Sie überlagern sich so schon auf der Sendeseite. Bild 2.59 zeigt dies an einem Beispiel. Durch die starke Bandbegrenzung wird aus dem binären Signal ein scheinbar ternäres, ein sog. „biternäres" Signal gebildet. Mit zwei Entscheidungsschwellen kann dieses verformte Signal auf der Empfangsseite wieder rekonstruiert werden. Die Wertigkeit des äquivalenten binären Empfangssignals erhält man aus der Differenz der Wertigkeiten von dem ternären und dem jeweiligen ternären Element vorangehenden zurückgewonnenen binären Signalelement. Die in Bild 2.59 dargestellte Codierung nach dem Partial-Response-Verfahren der Klasse 2 wird häufig auch bei der Übertragung von Digitalsignalen über Richtfunkgeräte angewandt [70], [73], [74].

2.4 Übertragung des Digitalsignals im Basisband

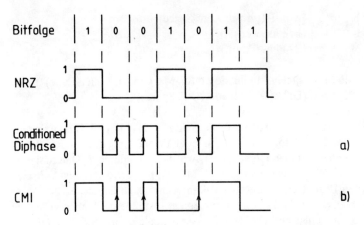

Bild 2.60 Umcodierung des NRZ-Signals nach dem (a) Conditioned-Diphase-Code und (b) CMI-Code

Bei den Partial-Response-Verfahren kann auch die Duobinär-Codierung eingeordnet werden. Man erhält hier ein dreiwertiges Signal, bei dem der Übergang von dem Signalwert „0" zum Wert „2" oder umgekehrt nur über mindestens einen Signalschritt beim Zwischenwert „1" erfolgt (siehe auch Bild 2.59). Durch eine einfache Vorcodierung unterbindet man die für Partial-Response-Verfahren ansonsten unendliche Fehlerfortpflanzung [70], [168].

Mit dem Begriff „Conditioned-Diphase-Code" ist ein Übertragungscode verbunden, bei dem an der Grenze zwischen zwei beliebigen aufeinanderfolgenden Bits immer ein Zustandswechsel des Signals erfolgt, und wo beim Binärwert „0" ein zusätzlicher Zustandswechsel in der Mitte des Bit-Intervalls stattfindet (Bild 2.60 a).

Auf ähnliche Weise erhält man die Zeichenfolge beim CMI-Code (Coded Mark Inversion). Der Binärwert „1" wird dabei abwechselnd durch einen positiven Zustand und den Wert 0 dargestellt und der eigentliche Binärwert „0", unabhängig vom vorangehenden Bit, durch den Zustand 0 in der ersten Hälfte und den Zustand 1 in der zweiten Hälfte des Bitintervals (Bild 2.60 b). Der CMI-Code ist vom CCITT als Schnittstellencode für Signale mit 139 Mbit/s empfohlen [73].

Darüber hinaus werden noch weitere Codes bei der Magnetbandaufzeichnung von PCM-Signalen angewendet. Die IRIG-Kommission (Inter Range Instrumentation Group) hat folgende Code-Formate standardisiert:

    RZ   (Return-to-Zero)
    NRZ-L   (Non-Return-to-Zero-Level)
    NRZ-M   (Non-Return-to-Zero-Mark)

NRZ-S   (Non-Return-to-Zero-Space)
Bi-Φ-L   (Bi-Phase-Level)
Bi-Φ-M   (Bi-Phase-Mark)
Bi-Φ-S   (Bi-Phase-Space)
DM-NRZ-M   (Delay-Modulation NRZ-Mark, auch Miller-Code)
DM-NRZ-S   (Delay-Modulation NRZ-Space)

Die speziellen Eigenschaften dieser Codes sind z. B. in [75], [76], [77] zu finden.

Häufig angewandt wird auch ein Verfahren der Verwürflung des binären Datenstroms mit einem Scrambler (Verwürfler), wo die ankommende Datenfolge in eine Pseudozufallsfolge umgewandelt wird. Man verhindert damit das Auftreten von bestimmten Bitmustern, die wenig Taktinformation enthalten.

Der Scrambler (Bild 2.61) besteht aus einem n-stufigen Schieberegister mit Rückkopplung an wenigstens zwei Stellen, von denen aus eine Exklusiv-ODER-Verknüpfung mti dem binären Sendesignal erfolgt. Bei geeigneten Anzapfungen des Schieberegisters wird der abgehende Datenstrom hinreichend statistisch verteilt sein. Insbesondere wird jede sich in kurzen Abständen wiederholende Bitmusterfolge ein Ausgangsmuster erzeugen, dessen Wiederholperiode um den Faktor $2^n - 1$ länger ist gegenüber dem Eingangsmuster. Der Faktor $2^n - 1$ sollte eine Primzahl sein. Schieberegisterlängen von $n = 7, 9, 11, 13, 15\ldots$ sind typisch. Die maximale Wortlänge, d. h. die Stufenzahl n, sollte mit steigender Bitrate zunehmen, damit im Leistungsspektrum eine gleichbleibend dichte Spektrallinienverteilung erreicht wird.

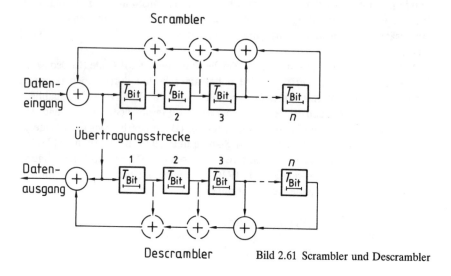

Bild 2.61 Scrambler und Descrambler

2.4 Übertragung des Digitalsignals im Basisband

Der umgekehrte Vorgang läuft auf der Empfangsseite im Descrambler ab. Das System ist selbstsynchronisierend und benötigt keinen Abgleich, weil dem vom Scrambler erzeugten Bitmuster ein eindeutiges Bildungsgesetz zugrunde liegt. Bei besonders ungünstigen Bitfolgen können jedoch auch die umcodierten Datenbits unerwünschte Muster aufweisen. Um dies zu verhindern, enthalten Scrambler und Descrambler Überwachungsschaltungen, über die gegebenenfalls durch gezielte Invertierung eines Bits das Muster unterbrochen wird. Nachteilig an dem Verfahren ist, daß ein falsch empfangenes Bit im Descrambler mindestens drei fehlerhafte Bits hervorruft. Die Einführung von Kontrollbits kann diesen Nachteil zwar beheben, muß aber durch einen höheren Schaltungsaufwand erkauft werden [70], [71], [72], [78], [79], [95].

Das binäre oder ternäre Datensignal weist in bezug auf den vorgegebenen Übertragungskanal noch nicht die ideale Impulsform auf. Wie schon im Abschnitt 1.2.3 erläutert, wirkt sich eine Bandbegrenzung auf die Verbreiterung der Impulse aus, was zu Störungen der Nachbarimpulse führen kann (Inter-Symbol-Störung). Dieser Effekt läßt sich weitgehend vermeiden, wenn an Stelle der rechteckförmigen Impulse solche mit cos- oder $\cos^2$-Form verwendet werden (Bild 2.62). Die Impulsformung erfolgt, ausgehend von einem RZ-AMI oder ähnlichem RZ-Signal, über ein spezielles Tiefpaßfilter. Das Spektrum des $\cos^2$-Impulses klingt nach der Funktion

$$F(f) \sim \frac{\text{si}(2\pi \cdot f/f_{\text{Bit}})}{1 - (2 \cdot f/f_{\text{Bit}})^2} \tag{2.71}$$

relativ rasch ab und ist im wesentlichen auf den Bereich bis f_{Bit} begrenzt. Die Bandbreite des Übertragungskanals kann damit auf einen Wert $B = 0{,}7 \cdots 0{,}8 \cdot f_{\text{Bit}}$ beschränkt werden, ohne daß eine wesentliche Impulsverformung sich bemerkbar macht.

Das bipolare Datensignal ist im Vergleich zu dem unipolaren Signal durch eine Bandbegrenzung weniger störanfällig. Das Maximum der spektralen Leistungs-

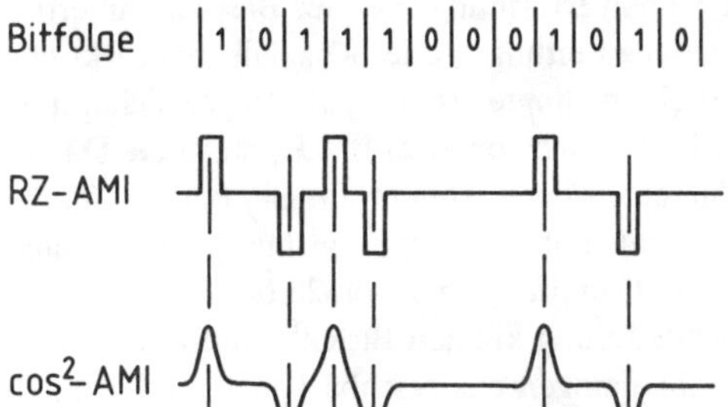

Bild 2.62 Impulsfolge nach dem AMI-Code mit $\cos^2$-förmigen Impulsen

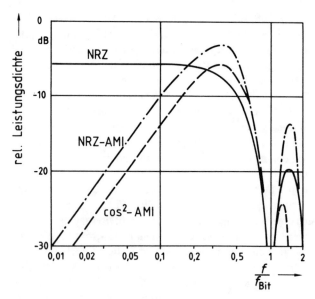

Bild 2.63 Spektrale Leistungsdichte des $\cos^2$-AMI-Signals im Vergleich zum NRZ- und NRZ-AMI-Signal

dichte liegt bei einer pseudoternären Impulsfolge unterhalb der halben Bitfolgefrequenz f_{Bit}. Die reltive Leistungsdichteverteilung einer Zufalls-Impulsfolge mit verschiedener Impulsform und Codeart ist in Bild 2.63 im logarithmischen Maßstab dargestellt [36].

2.4.3 Signalregenerierung

Das digitale Signal erfährt auf dem Übertragungsweg durch den Tiefpaß- oder Bandpaßcharakter des Kanals eine Signalverformung. Bei der Basisbandübertragung des PCM-Signals über symmetrische Leitungen oder Koaxialkabel wirkt sich hauptsächlich die durch den Skineffekt bedingte frequenzabhängige Dämpfung aus. Ab einer bestimmten Frequenz im Bereich von etwa 10 kHz steigt die Dämpfungskonstante proportional zur Wurzel aus der Frequenz an. Ein Beispiel für die Verformung eines bipolaren AMI-Signals mit $\cos^2$-Impulsen über eine Leitung, die bei der halben Bitfolgefrequenz ein Dämpfungsmaß von 20 dB aufweist, zeigt Bild 2.64. Als Folge der Impulsverbreiterung können Bitfehler auftreten.

Darüber hinaus werden sich Störspannungen aus Nachbarkanälen oder durch Übersprechen von im selben Leitungsbündel geführten Parallelkanälen dem

2.4 Übertragung des Digitalsignals im Basisband

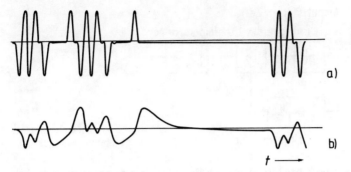

Bild 2.64 Verformung eines $\cos^2$-AMI-Signals über eine längere Leitung

PCM-Signal überlagern. Hinzu kommt noch das Rauschen der Leitung und der Verstärker. Auch dadurch werden Bitfehler verursacht.

Es ist ein großer Vorteil der digitalen Signalübertragung, daß ein empfangenes Signal nicht nur zusammen mit seinen überlagerten Störungen verstärkt, sondern durch eine Regenerierung von Störungen und Verzerrungen befreit werden kann. Auf einer längeren Übertragungsstrecke mit mehreren Verstärkerabschnitten bedeutet dies, daß, im Gegensatz zu einer analogen Übertragung, wo sich die innerhalb eines jeden Abschnitts hinzugekommenen Störgeräusche akkumulieren, bei digitaler Signalübertragung der Signal/Geräuschabstand sich nicht über das Maß in einem Verstärkerabschnitt hinaus verschlechtert (Bild 2.65). Das

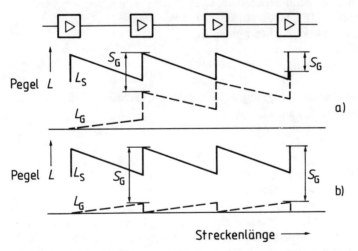

Bild 2.65 Pegeldiagramm und Signal/Geräuschabstand über mehrere Leitungs- und Verstärkerabschnitte bei (a) analoger Signalübertragung und (b) digitaler Signalübertragung

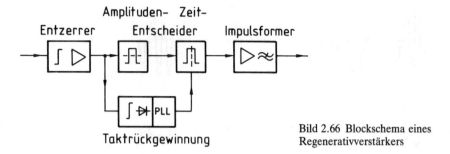

Bild 2.66 Blockschema eines Regenerativverstärkers

verbleibende Geräusch bewirkt zwar noch Bitfehler. Infolge der abschnittweisen Regenerierung addieren sich aber nur die Bitfehler, nicht aber die Störgeräusche.

Die Signalregenerierung erfolgt im Regenerativverstärker oder Regenerator. Dieser hat im wesentlichen drei Funktionen zu erfüllen:

a) Entzerrung und Verstärkung des empfangenen Signals
b) Erkennen der Signalzustände im richtigen Zeittakt
c) Aufbereitung des Sendesignals in der ursprünglichen Signalform.

Das vereinfachte Blockschema eines Regenerativverstärkers zeigt Bild 2.66. Im Entzerrer wird das ankommende, über den Leitungskanal abgeschwächte und verzerrte PCM-Signal durch eine frequenzabhängige Verstärkung in die ursprüngliche Signalform gebracht. Dazu muß der Entzerrer eine zur Übertragungsfunktion des Kanals $H_K(f)$ inverse Übertragungsfunktion $H_E(f)$ aufweisen. Die Übertragungsfunktion des Leitungskanals mit einer ab der Frequenz f_α proportional mit der Wurzel aus dem Frequenzverhältnis f/f_α ansteigenden Dämpfungskonstante kann näherungsweise angegeben werden zu

$$\underline{H}_K(f) = H_K(0) \cdot \frac{1}{1 + jf/f_\alpha} \, . \tag{2.72a}$$

Eine Kompensation des Dämpfungsanstiegs erfolgt durch die dazu inverse Übertragungsfunktion $H_E(f)$ mit

$$\underline{H}_E(f) = H_E(0) \cdot (1 + jf/f_\alpha) \, . \tag{2.72b}$$

Die insgesamt notwendige obere Grenzfrequenz f_g des Systems Übertragungskanal mit Entzerrer kann mit etwa dem 0,75fachen Wert der Bitfolgefrequenz angenommen werden. Eine Ausweitung der Übertragungsbandbreite nach höheren Frequenzen hin würde ein starkes Ansteigen der Rauschspannung zur Folge haben und damit den Signal/Rauschabstand nach dem Entzerrer sehr verschlechtern. Man begrenzt deshalb durch einen Impulsformer-Tiefpaß mit der Übertragungsfunktion

2.4 Übertragung des Digitalsignals im Basisband

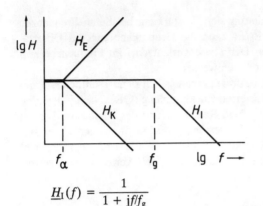

Bild 2.67 Amplitudenfrequenzgang des Leitungskanals (H_K) und des Entzerrers (H_E) sowie des Impulsformers (H_I) im BODE-Diagramm

$$\underline{H}_I(f) = \frac{1}{1 + jf/f_g} \tag{2.72c}$$

die Bandbreite des Entzerrers auf den für das PCM-Signal notwendigen Bereich. Bild 2.67 gibt den Zusammenhang im BODE-Diagramm wieder.

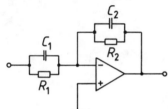

Bild 2.68 Aktives Empfangsfilter als Dämpfungsentzerrer und Impulsformer

Eine mögliche Schaltung eines aktiven Empfangsfilters zeigt Bild 2.68 [5]. Die Grenzfrequenzen des Rückkopplungsnetzwerkes liegen bei

$$f_{g_1} = \frac{1}{2\pi \cdot R_1 \cdot C_1} = f_\alpha \tag{2.73}$$

und

$$f_{g_2} = \frac{1}{2\pi \cdot R_2 \cdot C_2} = f_g = 0{,}75 \cdot f_{\text{Bit}} \ . \tag{2.74}$$

Es ergibt sich damit insgesamt eine Übertragungsfunktion mit dem Betragsverlauf

$$|\underline{H}_K(f) \cdot \underline{H}_E(f) \cdot \underline{H}_I(f)| = \left| H_K(0) \cdot \frac{R_2}{R_1} \cdot \frac{(1 + jf/f_{g_1})}{(1 + jf/f_\alpha)} \cdot \frac{1}{(1 + jf/f_{g_2})} \right|$$

$$= H_K(0) \cdot \frac{R_2}{R_1} \cdot \frac{1}{\sqrt{1 + (f/f_g)^2}} \ . \tag{2.75}$$

Durch entsprechende Dimensionierung der Verstärkung bei tiefen Frequenzen über das Widerstandsverhältnis R_2/R_1 kann die Grunddämpfung des Übertragungskanals ausgeglichen werden. Der Phasenverlauf darf im Frequenzbereich des Digitalsignals als linear angenommen werden.

Die obere Grenzfrequenz des Übertragungskanals läßt sich wesentlich reduzieren durch Anwendung einer quantisierten Rückkopplung (QR). Nach [80] wurde mit diesem Verfahren eine bitfehlerfreie Regenerierung des Digitalsignals noch bei einer oberen Grenzfrequenz des Entzerrers von $0{,}25 \cdot f_{Bit}$ erreicht.

Das Prinzip der quantisierten Rückkopplung beschreibt Bild 2.69 am Beispiel einer binären NRZ-Signalfolge. Ein zunächst aus dem stark verformten Entzerrer-

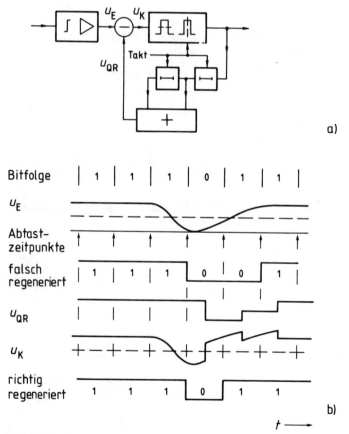

Bild 2.69 Prinzip der quantisierten Rückkopplung, dargestellt an einem verformten NRZ-Signal

2.4 Übertragung des Digitalsignals im Basisband

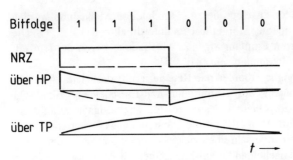

Bild 2.70 Schwankung der Nullinie eines übertragenen NRZ-Signals bei Abtrennung der Gleichkomponente durch einen Hochpaß

signal $u_E(t)$ falsch regeneriertes Binärsignal wird über ein Schieberegister geführt, dessen Ausgänge über eine Addierstufe zusammengefaßt sind. Das in der Addierstufe gewonnene quantisierte Rückkopplungssignal $u_{QR}(t)$ wird nun von dem Entzerrersignal $u_E(t)$ subtrahiert. Am Eingang des Amplituden-Zeit-Entscheiders liegt so ein korrigiertes entzerrtes Signal $u_K(t)$ an, aus dem das ursprüngliche Sendesignal fehlerfrei zurückgewonnen werden kann [80], [81], [82], [83], [84].

Neben der Dämpfungsverzerrung tritt bei einer Leitungsverbindung noch eine Begrenzung des Übertragungsbereichs nach tiefen Frequenzen hin auf durch die für die Fernspeisung der Regeneratoren und zur Sicherheit gegenüber Beeinflussung durch Starkstromsignale notwendigen Leitungsübertrager. Durch die Kettenschaltung von Eingangs- und Ausgangsübertrager in einem Verstärkerfeld geht die Übertragungsfunktion des Leitungsübertragers (Hochpaßcharakter) quadratisch ein. Die durch die Übertrager bedingte Abtrennung einer möglichen Gleichkomponente hat bei längeren Folgen von „1"- und „0"-Impulsen eine Schwankung der Nullinie zur Folge (B i l d 2.70). Dies würde zu Fehlern bei der Amplitudenentscheidung führen. Eine quantisierte Rückkopplung dient in diesem Fall zur Gleichstromwiedergewinnung (GWG). Dazu wird das regenerierte Digitalsignal über einen Tiefpaß auf den Summationspunkt zurückgeführt und zu dem entzerrten Signal addiert. Die Grenzfrequenz des Tiefpasses f_{TP} entspricht der durch die beiden Leitungsübertrager bedingten Grenzfrequenz $f_Ü$ bzw. der Grenzfrequenz eines zusätzlich in den Entzerrer eingefügten Hochpasses mit $f_{HP} > f_Ü$, um Streu-

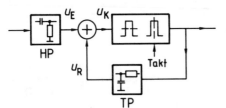

Bild 2.71 Prinzip der Gleichstromwiedergewinnung

ungen durch die Übertrager zu eleminieren. Durch diese Maßnahme werden zusätzlich noch niederfrequente Störgeräusche unterdrückt (Bild 2.71). Die Kompensation des verzerrten Empfangssignales wird jedoch wegen der Laufzeiten in der Schleife nicht vollkommen sein [84], [85].

Entscheidend für eine möglichst fehlerfreie Regenerierung des Digitalsignals ist der Signalverlauf am Eingang des Amplituden-Zeit-Entscheiders. Eine sehr anschauliche Beurteilung der Qualität des entzerrten Digitalsignals erlaubt das sogenannte Augendiagramm. Man erhält diese Darstellung als Oszillogramm des Digitalsignals durch Übereinanderschreiben vieler einzelner Signalelemente eines Zufallsmusters, die zeitlich nacheinander auftreten, über die Zeitdauer von einem oder mehreren Bits. Diesem Diagramm entnimmt man eine Augenöffnung in vertikaler Richtung, $\hat{u}_{Auge}$, und eine solche in horizontaler Richtung, T_{Auge}. Eine möglichst große Augenöffnung in jeder Richtung ist anzustreben, damit die Entscheiderschaltung den Signalwert richtig bestimmen kann. Bild 2.72 zeigt das ideale Augendiagramm eines binären (a) und eines pseudoternären (b) Digitalsignals mit $\cos^2$-förmigen Impulsen.

Erreicht das Digitalsignal bei den verschiedenen möglichen Übergängen zwischen den logischen Zuständen „0" und „1" oder „+1" und „−1" nicht mehr seine volle Amplitude oder tritt ein Überschwingen auf, dann wird die Augenöff-

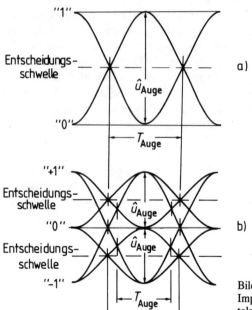

Bild 2.72 Augendiagramm mit $\cos^2$-Impulsen bei einem (a) binären Digitalsignal und (b) pseudoternären Digitalsignal

2.4 Übertragung des Digitalsignals im Basisband

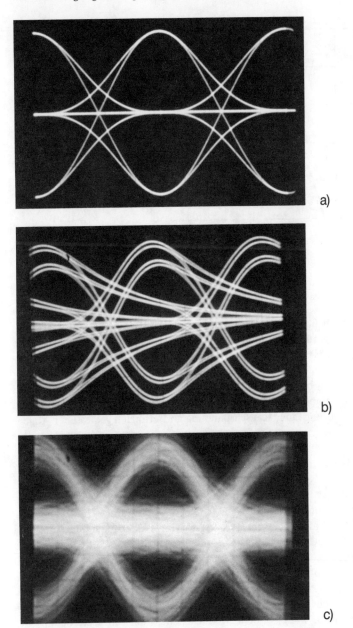

Bild 2.73 Gemessene Augendiagramme bei (a) idealer Übertragung, (b) Bandbegrenzung durch einen Leitungskanal und (c) Überlagerung einer Rauschspannung

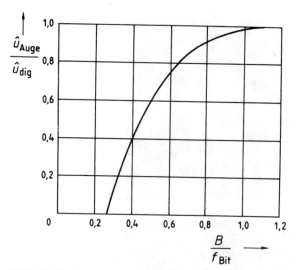

Bild 2.74 Vertikale Augenöffnung bei GAUSS-förmiger Übertragungsfunktion und binärem NRZ-Signal in Abhängigkeit von der normierten Bandbreite

nung kleiner. Auch überlagerte Störspannungen, meist in Form von Rauschen, haben eine Verringerung der Augenöffnung zur Folge. Je mehr sich das Auge durch überlagertes Rauschen schließt, um so häufiger wird aber die Entscheidungsschwelle nach der falschen Seite hin überschritten.

Die B i l d e r 2.73 a bis 2.73 c zeigen die ideale Form des Augendiagramms und den Einfluß einer Bandbegrenzung durch einen verlustbehafteten Leitungskanal sowie die Überlagerung einer Rauschspannung an Beispielen gemessener Augendiagramme.

Das Augendiagramm am Eingang des Amplituden-Zeit-Entscheiders beim Regenerativverstärker dient als Kriterium zur Einstellung des vorangehenden Entzerrers.

Einen wesentlichen Einfluß auf die Augenöffnung haben die Bandbreite des Übertragungskanals und der Roll-off-Faktor bei der $\cos^2$-förmigen Übertragungsfunktion [70], [86]. Am Beispiel einer GAUSS-förmigen Übertragungsfunktion, die annähernd gleichzusetzen ist einem $\cos^2$-förmigen Abfall des Übertragungsfaktors mit dem Roll-off-Faktor $r = 1$, zeigt B i l d 2.74 die relative vertikale Augenöffnung $\hat{u}_{Auge}/\hat{u}_{dig}$ in Abhängigkeit von der auf die Bitfolgefrequenz bezogenen 50%-Bandbreite B (vgl. dazu Bild 2.55). Der Darstellung liegt zugrunde ein binäres NRZ-Signal. Die volle Augenöffnung erreicht man in diesem Fall erst bei einer Übertragungsbreite $B_Ü$ mit etwa dem zweifachen Wert der Bitfolgefrequenz [87].

Die vertikale Augenöffnung hängt auch von der gewählten Impulsform ab. Bei $\cos^2$-Impulsen kann selbst mit relativ geringer Bandbreite noch eine für die Ampli-

2.4 Übertragung des Digitalsignals im Basisband

Abtast-
zeitpunkt

Bild 2.75 Augendiagramm bei starkem Jitter

tudenentscheidung ausreichende Augenöffnung in der Vertikalen erreicht werden, wobei allerdings dann die horizontale Augenöffnung verkleinert wird. Dies hat zur Folge, daß durch geringe zeitliche Verschiebungen des Abtasttaktes, der aus dem übertragenen Digitalsignal abgeleitet wird, Bitfehler hervorgerufen werden. Die Taktphasenschwankung bezeichnet man als *Jitter*. Der maximale Abstand, den die Flanken des Digitalsignals gegenüber äquidistanten Kennzeitpunkten im Abstand der Bitdauer einnehmen, wird als die Jitteramplitude angegeben. Jitteramplitude und Jitterfrequenz hängen von den Ursachen des Jitters ab. Bild 2.75 zeigt ein durch Jitter gestörtes Augendiagramm.

Im Zusammenhang mit den Regeneratoren unterscheidet man in nichtsystematischen Jitter, der durch Störspannungen, Rauschen o. ä. entsteht, und in systematischen Jitter, der durch Bandbegrenzung, Impulsnebensprechen und durch unvollkommene Taktrückgewinnung entsteht [36], [88], [89], [90].

Das entzerrte Digitalsignal wird in einem linearen Verstärker auf die vom Schwellwertentscheider benötigte Spannung gebracht. Durch Spitzenwertgleichrichtung und Vergleich mit einem Sollwert gewinnt man eine Steuerspannung, die den Verstärkungsfaktor des linearen Verstärkers so einstellt, daß am Schwellwertentscheider auch bei sich ändernder Streckendämpfung stets eine ausreichende Spannung anliegt.

Zur Amplitudenentscheidung wird das Signal in einem Differenzverstärker mit einer Referenzspannung verglichen, die dem halben Wert der nominellen Signalamplitude entspricht. Der Schwellwertentscheider gibt nur dann ein Ausgangssignal ab, wenn das Eingangssignal die Referenzspannung übersteigt. Es werden positiv und negativ gerichtete Signalanteile bewertet. Entsprechend hat der Schwellwertentscheider auch Ausgänge für das positive und negative Signal. Die hier anliegenden binären Impulse weisen noch keine konstante Impulsdauer auf. Ihre Flanken sind mit Jitter behaftet. Bild 2.76 gibt dazu ein detailliertes Block-

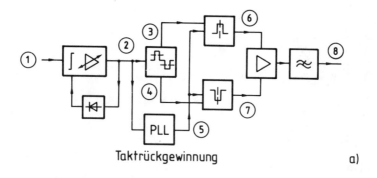

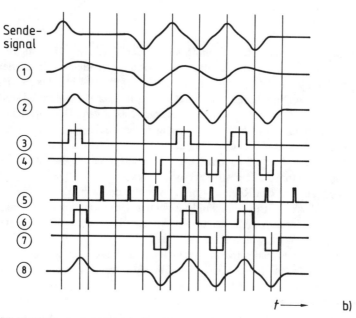

Bild 2.76 Blockschaltbild (a) eines Regenerativverstärkers mit den wichtigsten Signalverläufen (b)

schaltbild eines Regenerativverstärkers wieder mit den wichtigsten Signalverläufen [5], [91], [92].

Um die zeitliche Lage der Impulse zu regenerieren, wird ein Taktsignal benötigt, das genau mit der Folgefrequenz des übertragenen Digitalsignals übereinstimmt. Dieses Taktsignal gewinnt man über eine Taktaussiebung aus dem entzerrten Signal. Dazu muß letzteres aber eine Form aufweisen, bei der im Leistungsdichtespektrum die Bitfolgefrequenz mit möglichst hohem Anteil vor-

2.4 Übertragung des Digitalsignals im Basisband

kommt. Sowohl bei einem NRZ- als auch beim AMI- oder HDB-3-Signal ist dies jedoch nicht der Fall. Es werden deshalb aus dem amplitudenbegrenzten entzerrten Signal durch Differenzieren die Signalübergänge (Flanken) herausgehoben und durch anschließende Zweiweggleichrichtung einseitig gerichtete Impulse mit hohem Spektralanteil bei der Bitfolgefrequenz gewonnen.

Im Prinzip könnte nun die Taktaussiebung mit einem Schwingkreis hoher Güte erfolgen, dessen Resonanzfrequenz dem Sollwert der Bitfolgefrequenz entspricht. Durch eine hohe Schwingkreisgüte lassen sich Taktschwankungen infolge Jitter des Digitalsignals weitgehend unterdrücken. Es ist jedoch dabei zu bedenken, daß eine über die Zeit oder durch Temperaturschwankungen bedingte Verstimmung des Schwingkreises einen großen Phasenfehler bewirkt und das Jitterübertragungsverhalten verschlechtert. Als Kompromiß hat sich eine Kreisgüte von etwa 50 erwiesen [88], [93]. An Stelle des Schwingkreises kann auch ein Quarzfilter verwendet werden.

Beim Auftreten längerer Folgen gleicher Symbole kann bei einer Taktrückgewinnung mittels Schwingkreis oder Quarzfilter die Erzeugung der Taktimpulse aussetzen. Ein wesentlich günstigeres Verhalten in dieser Beziehung sowie auch im Jitterverhalten weist der Phasenregelkreis (PLL) zur Taktrückgewinnung auf. Die Funktion des PLL sei an Hand des Blockschaltbildes in Bild 2.77 erläutert.

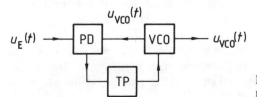

Bild 2.77 Blockschema des Phasenregelkreises (PLL)

Der Phasenregelkreis besteht aus folgenden Funtionseinheiten: Phasendetektor (PD), spannungsgesteuerter Oszillator (VCO) und Tiefpaßfilter (TP), meist 2. Ordnung. Dem Phasendetektor werden das entzerrte Digitalsignal, nach einer Amplitudenbegrenzung und Gleichrichtung, direkt oder über einen Schwingkreis bzw. ein Filter und die vom VCO erzeugte Schwingung zugeführt, die bereits mit annähernd der Bitfolgefrequenz des Digitalsignals angenommen wird. Es erfolgt ein Phasenvergleich der beiden Signale, wobei ein von der Phasendifferenz abhängiges Korrektursignal gewonnen wird, das nach Filterung über den Tiefpaß mit seinem Gleichanteil die Frequenz der vom VCO erzeugten Schwingung so verändert, daß die Phasendifferenz zwischen Eingangssignal und VCO-Schwingung verkleinert und auf einen minimalen Wert gebracht wird. In diesem eingerasteten Zustand stimmen Oszillatorfrequenz und Bitfolgefrequenz des Digitalsignals überein, so daß die Oszillatorschwingung als Ausgangsgröße zur Erzeugung des Taktsignals dienen kann. Die mit einer PLL-Schaltung erreichbare Güte kann Werte bis zu 1000 und höher erreichen [80], [88], [93], [94], [95].

Das Taktsignal wird dem Zeitentscheider zugeführt, wo das amplitudenregenerierte Digitalsignal, noch getrennt nach positiven und negativen Impulsen, im Abstand der Bitperiodendauer jeweils in der Impulsmitte abgefragt wird. Diese Zeitselektion erzeugt eine konstante Bitdauer und eleminiert darüber hinaus weitgehend noch den Phasenjitter des entzerrten Digitalsignals.

Im Ausgangsverstärker werden die positiven und negativen amplituden- und zeitregenerierten Impulse wieder zusammengefaßt und über ein Filter in die gewünschte Impulsform gebracht [96].

Die Erläuterungen zum Regenerativverstärker beziehen sich im wesentlichen auf die Regenerierung eines pseudoternären AMI- oder HDB-3-Signals. In bestimmten Fällen der Übertragung von Digitalsignalen im Basisband wird jedoch auch der NRZ-Code verwendet, z. B. über Lichtwellenleiter. Andererseits wurde im Abschnitt 2.4.2 auch ein echter ternärer Code erwähnt, der 4B/3T-Code, mit dem z. B. über Koaxialverbindungen 34-Mbit/s-Signale bei einer Schrittgeschwindigkeit von 25,766 MBaud übertragen werden [94], [95], [97], [98]. Die Taktregenerierung erfolgt in diesem Fall bei der durch die Schrittgeschwindigkeit bestimmten Frequenz.

Im Hinblick auf eine weitergehende Ausnutzung vorhandener Leitungsverbindungen werden auch mehrstufige Codes in Zukunft verwendet werden. Der Schritt vom ternären zum quaternären Signal ist naheliegend und bringt gegenüber dem binären Signal den Faktor zwei an übertragbarer Bitrate. Regenerativverstärker für quaternäre Signale sind prinzipiell ähnlich aufgebaut wie solche für binäre oder ternäre Signale, nur daß nun über drei Entscheidungsschwellen eine vierwertige Amplitudenentscheidung vorgenommen werden muß. Das maßgebende Kriterium für die Auswertbarkeit des entzerrten Signals ist wieder die Öffnung des Augendiagramms [99], [169].

Die Entzerrung des übertragenen Datensignals kann über ein fest geschaltetes Netzwerk vorgenommen werden, wenn sich die Eigenschaften des Übertragungskanals abhängig von der Zeit nicht ändern. Dies ist im allgemeinen bei Leitungsverbindungen der Fall, wenn man von temperaturbedingten Dämpfungsänderungen absieht, die über die automatische Verstärkungsregelung in dem auf das Entzerrernetzwerk folgenden Verstärker ausgeglichen werden.

Bei der Übertragung von Digitalsignalen im Duplexbetrieb über Zweidrahtverbindungen oder über Richtfunkverbindungen im Mikrowellenbereich können jedoch Echosignale von Gabelschaltungen oder bei Richtfunk über eine Mehrwegeausbreitung die übertragene Impulsfolge verfälschen. Das Echosignal ist gekennzeichnet durch seine Amplitude, seine Verzögerungszeit und die Phasenlage zum direkt empfangenen Signal. Diese Parameter sind auf Grund von Umgebungseinflüssen ständigen Schwankungen unterworfen, was auch zu einer fortlaufenden Änderung der demodulierten Impulsfolge führt. Die Auswirkung eines Echosignals bei 0° oder 180° Phasendifferenz zum direkten Signal auf das demodu-

2.4 Übertragung des Digitalsignals im Basisband

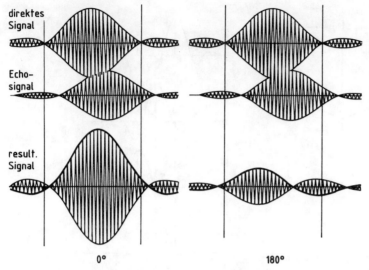

Phasendifferenz zwischen den Trägerschwingungen
von direktem Signal und Echosignal

Bild 2.78 Impulsverzerrung durch ein Echosignal bei trägerfrequenter Übertragung des Digitalsignals

lierte Impulssignal zeigt Bild 2.78. Die Nullstellen treten nicht mehr im Abstand der Bitdauer auf, was wiederum eine Inter-Symbol-Störung zur Folge hat.

Dem begegnet man durch den Einsatz eines adaptiven Basisbandentzerrers. Es handelt sich dabei um ein Transversalfilter, das aus einer Kette von Laufzeitgliedern, Stellgliedern und einem Summierer besteht (Bild 2.79). Ein Laufzeitglied verzögert das Signal um die Dauer eines Signalschritts. Die Stellglieder multiplizieren die jeweils abgegriffenen Signale mit einem Faktor C_n, der zwischen $+1$ und -1 liegt. Damit können nach der Summation die fehlerhaften Nulldurchgänge

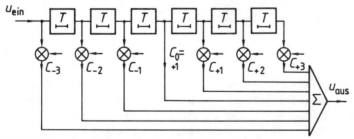

Bild 2.79 Transversalfilter als adaptiver Basisbandentzerrer

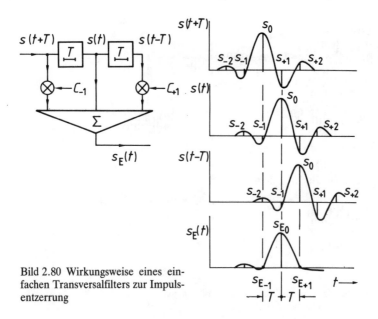

Bild 2.80 Wirkungsweise eines einfachen Transversalfilters zur Impulsentzerrung

kompensiert werden. Die Stellspannungen der Multiplikatoren werden z. B. nach dem „Zero-Forcing"-Algorithmus gewonnen. Bei dieser Methode wird die Fehlerkorrektur im Digitalbereich durchgeführt. Das entzerrte Signal wird dazu mit dem Datentakt abgetastet und analog-digital-gewandelt. Die Signalverarbeitung erfolgt so, daß in einer Anordnung mit n Stellgliedern auch n Nullstellen in der entzerrten Impulsantwort erzwungen werden können.

Am Beispiel eines Transversalfilters mit $n = 2$ Stellgliedern wird die Entzerrung eines stark verformten Impulses demonstriert (Bild 2.80). Das dazugehörige Gleichungssystem lautet:

$$S_{E_{-1}} = S_{-1} + C_{+1} \cdot S_{-2} + C_{-1} \cdot S_0 \tag{2.76}$$

$$S_{E_0} = S_0 + C_{+1} \cdot S_{-1} + C_{-1} \cdot S_{+1} \tag{2.77}$$

$$S_{E+1} = S_{+1} + C_{+1} \cdot S_0 + C_{-1} \cdot S_{+2} \tag{2.78}$$

Mit $n = 2$ Koeffizienten (C_{-1} und C_{+1}) können die Nullstellen bei S_{E-1} und S_{E+1} erzwungen werden, indem man $S_{E-1} = 0$ und $S_{E+1} = 0$ setzt. An dem in Bild 2.80 demonstrierten Beispiel werden die Gleichungen gelöst mit den Koeffizienten $C_{-1} = +0{,}15$ und $C_{+1} = +0{,}5$. Die Einstellung der Faktoren C_n erfolgt digital über Mulitplizierer in den Stellgliedern [100], [101], [170], [171].

2.4 Übertragung des Digitalsignals im Basisband

2.4.4 Einfluß von Störungen und von Rauschen

Ein wesentlicher Vorteil der digitalen Signalübertragung liegt in der Tatsache begründet, daß ein binäres, ternäres oder allgemein m-wertiges Signal immer wieder regeneriert und damit weitgehend von Störungen befreit werden kann. Störungen kommen zustande durch eine Signalverformung über den Dämpfungs- und Phasengang des Übertragungskanals sowie durch die Überlagerung von Störgeräuschen, nicht zuletzt durch das unvermeidlich auftretende Rauschen. Im Unterschied zur analogen Signalübertragung, bei der durch Zwischenverstärker in einem Leitungszug mit der Signalleistung auch die Störgeräuschleistung angehoben wird und damit der Signal/Geräuschabstand zunehmend schlechter wird, erfolgt beim Digitalsignal mit Hilfe regenerierender Verstärker eine Wiederherstellung der ursprünglichen Impulsform, ohne daß dabei Störsignale weitergegeben werden (s. Bild 2.65). Die auf Grund einer verbleibenden Signalverfälschung durch eine nicht vollkommene Entzerrung sowie durch Taktjitter oder Störgeräusche noch hervorgerufenen Bitfehler addieren sich allerdings im Verlauf der Übertragungsstrecke.

Am Beispiel eines binären NRZ-Sendesignals wird in Bild 2.81 gezeigt, wie Bitfehler entstehen durch eine zu starke Impulsverbreiterung infolge einer nicht optimalen Entzerrung des Empfangssignals und durch einen dadurch verursachten Phasen-Jitter des Taktsignals. Das Auftreten dieser Bitfehler wäre auch im Augendiagramm zu erkennen, wo einerseits die vertikale Augenöffnung bei einer bestimmten Bitfolge die Entscheidungsschwelle nicht überschreitet und andererseits wegen der zu geringen horizontalen Augenöffnung bei manchen Bit zum falschen Abtastzeitpunkt der eigentliche Signalwert noch nicht erreicht ist.

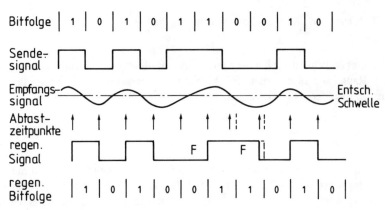

Bild 2.81 Entstehen von Bitfehlern durch starke Impulsverbreiterung

Selbst bei optimaler Entzerrung und vernachlässigbarem Taktjitter können jedoch überlagerte Störsignale noch Bitfehler verursachen. Die Störungen entstehen im Übertragungssystem selbst, z. B. durch thermisches Rauschen, oder dringen von außen in den Kanal ein, ausgehend von diskreten Störquellen oder auch durch Übersprechen von benachbarten Digitalkanälen. Einen Teil dieser Störungen kann man zwar durch Einengung der Bandbreite des Entzerrers unterdrücken, womit aber meistens auch eine Impulsverformung verbunden ist. Die optimale Entzerrerbandbreite wird zweckmäßigerweise nach der maximalen Öffnung des Augendiagramms eingestellt.

Geht man wieder von einem binären Digitalsignal aus mit der Amplitude $\hat{u}_{dig}$, so darf ein Störsignal Momentanwerte annehmen bis nahezu dem Betrag $1/2 \cdot \hat{u}_{dig}$, ohne daß damit ein Bitfehler entsteht.

Bei der Störung durch ein Rauschsignal treten allerdings, wenn auch nur kurzzeitig, Momentanwerte auf, die größer sind als die halbe Amplitude des Binärsignals. Ist dies gerade zum Abtastzeitpunkt der Fall, dann wird damit ein Bitfehler verursacht (B i l d 2.82).

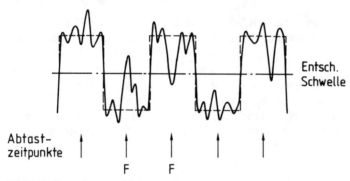

Bild 2.82 Entstehen von Bitfehlern durch eine überlagerte Rauschspannung

Die Wahrscheinlichkeit für das Auftreten eines bestimmten Momentanwerts u_R in einem Rauschsignal mit dem Effektivwert U_R berechnet sich, unter der Annahme von weißem Rauschen, aus der GAUSSschen Normalverteilung zu

$$p(u_R) = \frac{1}{\sqrt{2\pi} \cdot U_R} \cdot e^{-\frac{1}{2} \cdot \left(\frac{u_R}{U_R}\right)^2} . \qquad (2.79)$$

Im folgenden wird davon ausgegangen, daß das Symbol „1" empfangen wird mit dem Spannungswert $+1/2 \cdot \hat{u}_{dig} = +U_{dig}$ und das Symbol „0" entsprechend mit dem Spannungswert $-1/2 \cdot \hat{u}_{dig} = -U_{dig}$. Die Entscheidungsschwelle liegt dann bei 0 V.

2.4 Übertragung des Digitalsignals im Basisband

Wird dem Digitalsignal Rauschen überlagert, so erhält man zum Abtastzeitpunkt bei einem Sendesymbol „1" den zufälligen Wert

$$u_{„1"} = +\tfrac{1}{2} \cdot \hat{u}_{dig} + u_R = + U_{dig} + u_R \tag{2.80}$$

mit der Wahrscheinlichkeit

$$p(u_{„1"}) = \frac{1}{\sqrt{2\pi} \cdot U_R} \cdot e^{-\frac{1}{2} \cdot \left(\frac{u_{„1"} - U_{dig}}{U_R}\right)^2} \tag{2.81}$$

und beim Sendesymbol „0" an Stelle des gewünschten Spannungswertes $-1/2 \cdot \hat{u}_{dig}$ den zufälligen Wert

$$u_{„0"} = -1/2 \cdot \hat{u}_{dig} + u_R = - U_{dig} + u_R \tag{2.82}$$

mit der Wahrscheinlichkeit

$$p(u_{„0"}) = \frac{1}{\sqrt{2\pi} \cdot U_R} \cdot e^{-\frac{1}{2} \cdot \left(\frac{u_{„0"} + U_{dig}}{U_R}\right)^2} . \tag{2.83}$$

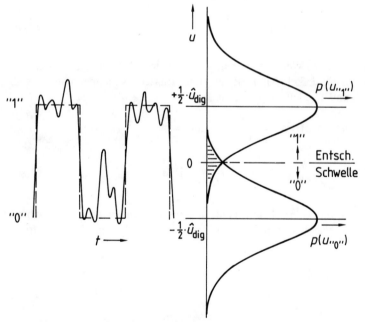

Bild 2.83 Durch Rauschen gestörtes Digitalsignal und Wahrscheinlichkeitsdichte der überlagerten Rauschspannung bei den logischen Zuständen „1" und „0"

Bild 2.83 zeigt dazu die gestörte Zeitfunktion des Digitalsignals und die Wahrscheinlichkeitsdichte $p(u_{„1"})$ für den Spannungsbereich der binären „1" und $p(u_{„0"})$ für den der binären „0" [4], [102], [103].

Liegt zum Abtastzeitpunkt der auftretende Momentanwert u oberhalb der Entscheidungsschwelle, dann wird auf „1" entschieden, liegt er unterhalb der Schwelle, dann wird auf „0" entschieden.

Gemäß der GAUSSschen Normalverteilung kommen dem Betrag nach gleiche positive und negative Momentanwerte mit gleicher Häufigkeit vor. Ein Sendesymbol „0" kann aber nur durch einen positiven Momentanwert u_R verfälscht werden und genauso das Symbol „1" nur durch einen negativen Momentanwert von u_R. Dies ist zu berücksichtigen bei der Berechnung des Entscheidungsfehlers, der durch die Bitfehlerhäufigkeit oder Bitfehlerquote p_e angegeben wird.

Die Wahrscheinlichkeit, daß ein Bitfehler durch eine Rauschspitze auftritt, ergibt sich aus der halben Wahrscheinlichkeit, daß der Betrag des Momentanwerts von u_R die Spannung

$$|u_R| = \frac{1}{2} \cdot \left(+\frac{1}{2} \cdot \hat{u}_{dig} - \left(-\frac{1}{2} \cdot \hat{u}_{dig} \right) \right) = \frac{1}{2} \cdot \hat{u}_{dig} = U_{dig} \qquad (2.84)$$

überschreitet, zu

$$p_e = \frac{1}{2} \cdot p(|u_R| \geq U_{dig}) \,. \qquad (2.85)$$

Zur Berechnung dieses Wertes geht man von folgender Überlegung aus [104]: Die Wahrscheinlichkeit, daß ein Momentanwert des Rauschens im Spannungsbereich zwischen Null und U_{dig} auftritt, erhält man aus

$$p(0 \leq |u_R| \leq U_{dig}) = \int_{-U_{dig}}^{+U_{dig}} p(u_R)\,du_R = 2 \cdot \int_{0}^{U_{dig}} p(u_R)\,du_R$$

$$= \frac{2}{\sqrt{2\pi} \cdot U_R} \cdot \int_{0}^{U_{dig}} e^{-\frac{1}{2} \cdot \left(\frac{u_R}{U_R} \right)^2} du_R \,. \qquad (2.86)$$

Entsprechend ist die Wahrscheinlichkeit, daß ein Momentanwert des Rauschens im Spannungsbereich zwischen U_{dig} und Unendlich, also bei $|u_R| \geq U_{dig}$ auftritt, gegeben durch

$$p(U_{dig} \leq |u_R| < \infty) = 1 - 2 \cdot \int_{0}^{U_{dig}} p(u_R)\,du_R$$

$$= 1 - \frac{2}{\sqrt{2\pi} \cdot U_R} \cdot \int_{0}^{U_{dig}} e^{-\frac{1}{2} \cdot \left(\frac{u_R}{U_R} \right)^2} du_R \,. \qquad (2.87)$$

2.4 Übertragung des Digitalsignals im Basisband

Das Integral in Gl. (2.86) bzw. Gl. (2.87) ist analytisch nicht lösbar. Unter Verwendung des allgemein definierten GAUSSschen Fehlerintegrals $\Phi(x_0)$, auch als Fehlerfunktion (error function) erf (x_0) bezeichnet, mit

$$\Phi(x_0) = \mathrm{erf}(x_0) = \frac{2}{\sqrt{\pi}} \cdot \int_0^{x_0} e^{-z^2} dz \qquad (2.88)$$

und der Substitution

$$z = \frac{u_R}{\sqrt{2} \cdot U_R} \qquad (2.89)$$

erhält man mit dem Bereichswert

$$x_0 = U_{\mathrm{dig}} = \tfrac{1}{2} \cdot \hat{u}_{\mathrm{dig}} \qquad (2.90)$$

die Bitfehlerhäufigkeit p_e zu

$$p_e = \frac{1}{2} \cdot \left[1 - \Phi\left(\frac{\hat{u}_{\mathrm{dig}}}{2 \cdot \sqrt{2} \cdot U_R}\right)\right] =$$
$$= \frac{1}{2} \cdot \left[1 - \mathrm{erf}\left(\frac{\hat{u}_{\mathrm{dig}}}{2 \cdot \sqrt{2} \cdot U_R}\right)\right] = \frac{1}{2} \cdot \mathrm{erfc}\left(\frac{\hat{u}_{\mathrm{dig}}}{2 \cdot \sqrt{2} \cdot U_R}\right). \qquad (2.91)$$

Dabei wurde in Gl. (2.91) noch für $(1 - \mathrm{erf}(x_0))$ die zu Eins komplementäre Funktion erfc (x_0) eingeführt [3], [4], [5].

Das GAUSSsche Fehlerintegral oder Fehlerfunktion erf (x_0) bzw. deren komplementäre Funktion erfc (x_0) ist in tabellierter Form oder Kurvendarstellung zu finden in [50], [105], [106], [107]. Für Werte von $\hat{u}_{\mathrm{dig}}/2 U_R \gg 1$ gilt nach [3] die Näherung

$$p_e \approx \frac{e^{-\frac{1}{2} \cdot \left(\frac{\hat{u}_{\mathrm{dig}}}{2 \cdot U_R}\right)^2}}{\sqrt{2\pi} \cdot \left(\frac{\hat{u}_{\mathrm{dig}}}{2 \cdot U_R}\right)} . \qquad (2.92)$$

An Stelle des Spannungsverhältnisses $\hat{u}_{\mathrm{dig}}/2 U_R$) kann auch der auf den gleichen Punkt bezogene Signal/Rauschabstand zur Berechnung der Bitfehlerhäufigkeit herangezogen werden. Bei gleicher Wahrscheinlichkeit für das Vorkommen von „1" und „0" im Digitalsignal erhält man für ein bipolares rechteckförmiges Binärsignal mit der Amplitude $\hat{u}_{\mathrm{dig}}$ die Signalleistung

$$P_S = \frac{(U_{\text{eff}})^2}{R} = \frac{\left(\frac{1}{2} \cdot \hat{u}_{\text{dig}}\right)^2}{R} . \tag{2.93}$$

Bezogen auf die Rauschleistung

$$P_R = \frac{(U_R)^2}{R} \tag{2.94}$$

ergibt das den Signal/Rauschabstand S_R zu

$$S_R = 10 \lg \frac{P_S}{P_R} = 20 \lg \frac{\hat{u}_{\text{dig}}}{2 \cdot U_R} \text{ dB} . \tag{2.95}$$

Das Argument in Gl. (2.92) kann damit ausgedrückt werden durch

$$\frac{\hat{u}_{\text{dig}}}{2 \cdot U_R} = 10^{\frac{S_R/\text{dB}}{20}} . \tag{2.96}$$

Bild 2.84 gibt die Bitfehlerhäufigkeit p_e abhängig vom Signal/Rauschabstand S_R im digitalen Übertragungskanal für eine binäre Rechteckimpulsfolge (NRZ-Signal) wieder [106]. Bezogen auf gleiche Impulsamplitude (Spitze-Spitze-Wert) verringert sich bei einem ternären Signal die maximal zulässige überlagerte Störspannung auf $1/4 \cdot \hat{u}_{\text{dig}}$, was für gleiche Bitfehlerhäufigkeit wie beim binären Signal eine notwendige Erhöhung des Signal/Rauschabstandes um 6 dB bedeutet. Bei cosinusförmigen Sendeimpulsen reduziert sich die Signalleistung gegenüber den Rechteckimpulsen mit dem Faktor 0,75, was wiederum eine Erhöhung des Signal/Rauschabstandes um etwa 1,2 dB erforderlich macht. Tatsächlich muß jedoch die am Amplitudenentscheider anliegende entzerrte Impulsform zugrundegelegt werden.

Aus Bild 2.84 geht deutlich hervor, daß schon eine geringe Verbesserung des Signal/Rauschabstandes die Bitfehlerhäufigkeit entscheidend verringert. Man kann dies u. a. durch eine Begrenzung der Übertragungsbandbreite erreichen, nimmt dabei aber auch eine Impulsverbreiterung in Kauf, die wiederum Bitfehler zur Folge hat. In [3] wird am Beispiel des GAUSSCHEN Übertragungskanals gezeigt, daß sich bei einer 50%-Bandbreite von $B = 0{,}75 \cdot f_{\text{Bit}}$ optimale Bedingungen für die Übertragung eines binären NRZ-Signals ergeben, da einerseits die Rauschleistung begrenzt wird und andererseits die Signalamplitude noch weitgehend erhalten bleibt, was auch aus der Darstellung in Bild 2.55 zu entnehmen ist.

2.4 Übertragung des Digitalsignals im Basisband

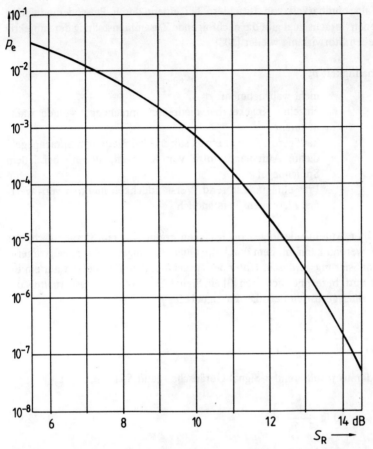

Bild 2.84 Bitfehlerhäufigkeit in Abhängigkeit vom Signal/Rauschabstand im Übertragungskanal mit einem binären NRZ-Rechtecksignal

2.4.5 Auswirkung von Bitfehlern

Die im regenerierten Signal noch enthaltenen Bitfehler führen nach der Decodierung zur Wiedergabe falscher Abtastwerte. Abhängig von der Wertigkeit des verfälschten Bits innerhalb des Codeworts kann dies zu einer mehr oder weniger starken Wahrnehmung der Störung führen. Eine Verfälschung des Bits mit der niedrigsten Wertigkeit hat eine Veränderung des Signalwerts um den Betrag $2^0 \cdot \Delta u_S$ zur Folge. Gestörte höherwertige Bits rufen eine Veränderung des Signalwerts um $2^1 \cdot \Delta u_S$, $2^2 \cdot \Delta u_S, \cdots 2^{N-1} \cdot \Delta u_S$ hervor.

Die Wahrnehmbarkeit von Bitfehlern bei einem durch Pulscodemodulation übertragenen Sprachsignal gibt die nachfolgende Zusammenstellung der subjektiv empfundenen Störwirkung wieder [108].

Bitfehlerhäufigkeit p_e

10^{-6}	nicht wahrnehmbar
10^{-5}	einzelne Knacke, bei niedrigem Sprachpegel gerade wahrnehmbar
10^{-4}	häufigere Knacke, etwas störend bei niedrigem Sprachpegel
10^{-3}	dichte Aufeinanderfolge von Knacken, störend bei jedem Sprachpegel
10^{-2}	Prasseln, stark störend, Verständlichkeit merkbar verringert
$5 \cdot 10^{-2}$	fast nicht mehr verständlich

Bei dichter Aufeinanderfolge von Knacken ergibt sich ein Störgeräusch, das verglichen werden kann mit dem durch die Quantisierungsverzerrung hervorgerufenen Quantisierungsgeräusch. Unter der Annahme, daß je Codewort nur ein Bit verfälscht wird, berechnet sich nach [3] ein Signal/Geräuschleistungsverhältnis des durch Bitfehler gestörten decodierten Signals für $p_e \ll 1$ zu

$$\frac{P_S}{P_{G,F}} \approx \frac{1}{4 \cdot p_e} \tag{2.97}$$

bzw. ein daraus resultierender Signal/Geräuschabstand $S_{G,F}$ mit

$$S_{G,F} \approx 10 \lg \frac{1}{4 \cdot p_e} \text{ dB} . \tag{2.98}$$

Dieser Wert ist unabhängig von der Anzahl der Quantisierungsstufen und damit auch von der Stellenzahl des Codeworts.

Geht man davon aus, daß die Bitfehler durch Rauschen im Übertragungskanal hervorgerufen werden, dann kann ein Zusammenhang abgeleitet werden zwischen dem Signal/Geräuschabstand des decodierten Signals, der jetzt mit $S_{G,R}$ bezeichnet wird, und dem Signal/Rauschabstand S_R im Übertragungskanal. Durch Einsetzen von Gl. (2.92) in Gl. (2.97) erhält man unter der Bedingung $\hat{u}_{dig}/2\,U_R) > \sqrt{10}$ bzw. damit $S_R > 10$ dB die Beziehung

$$S_{G,R} \approx 10 \lg \frac{\sqrt{2\pi}}{4} \cdot \left(10^{\frac{S_R/\text{dB}}{20}}\right) \cdot \sqrt{e^{\left(10^{\frac{S_R/\text{dB}}{20}}\right)^2}} . \tag{2.99}$$

2.4 Übertragung des Digitalsignals im Basisband

Der Zusammenhang zwischen dem Signal/Geräuschabstand $S_{G,R}$ und dem Signal/Rauschabstand S_R bei binärer Signalübertragung ist in Bild 2.85 dargestellt. Man erkennt sehr deutlich die enorme Störungsunterdrückung bei der digitalen Signalübertragung, die mit größer werdendem Signal/Rauschabstand im Übertragungskanal sehr steil ansteigt und praktisch nicht mehr interessierende Werte annimmt.

Es darf nämlich nicht außer acht gelassen werden, daß das decodierte Signal bereits eine Quantisierungsverzerrung aufweist, die abhängig ist von der Anzahl der Quantisierungsstufen, aber unabhängig vom Signal/Rauschabstand im Übertragungskanal. Faßt man die Quantisierungsgeräuschleistung P_Q und die durch Bitfehler vom Rauschen verursachte Störgeräuschleistung $P_{G,R}$ zusammen, so erhält man das resultierende Signal/Geräuschleistungsverhältnis P_S/P_G bzw. den resultierenden Signal/Geräuschabstand S_G des decodierten Signals. Dieser wird bei einem Signal/Rauschabstand $S_R < 12$ dB bestimmt durch das von Bitfehlern hervorgerufene Geräusch und ab einem Wert von etwa 16 dB nur mehr vom Quantisierungsgeräusch. Dazwischen findet ein Übergang statt. Bild 2.85 gibt diesen Zusammenhang für verschiedene Codewortlängen wieder.

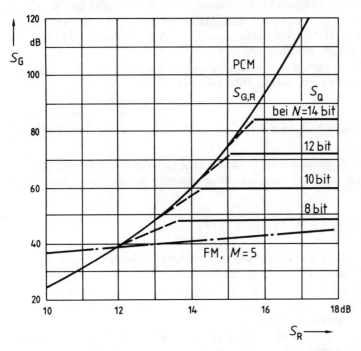

Bild 2.85 Signal/Geräuschabstand bei PCM durch Bitfehler von Rauschen ($S_{G,R}$) und durch den Quantisierungsfehler (S_Q) im Vergleich zur Frequenzmodulation mit einem Modulationsindex $M = 5$ in Abhängigkeit vom Signal/Rauschabstand im Übertragungskanal

Je nach Art des Quellensignals und dem auf die Aussteuerungsgrenze bezogenen relativen Signalpegel ergibt sich noch eine weitere Abhängigkeit des Signal/Geräuschabstandes S_G von der Bitfehlerhäufigkeit. Bitfehler machen sich nämlich in einer Folge von Codeworten, die nur einen geringen Teil des gesamten Aussteuerungsbereiches repräsentieren, stärker bemerkbar als bei gleichem Vorkommen aller möglichen Codeworte. Nähere Aussagen dazu finden sich in [3].

Der Darstellung nach Bild 2.85 ist zu entnehmen, daß ab Werten von $S_R \geq 13$ dB eine Erhöhung des Signal/Rauschabstandes im Übertragungskanal um 1 dB eine Verbesserung des aus der Bitfehlerhäufigkeit abgeleiteten Signal/Geräuschabstandes $S_{G,R}$ um mindestens 10 dB zu Folge hat. Die tatsächliche Ausnutzung eines hohen Signal/Geräuschabstandes $S_{G,R}$ ist allerdings bei der Pulscodemodulation nur in Verbindung mit einer feinstufigen Quantisierung des übertragenen Signals möglich. Über die damit verbundene hohe Bitfolgefrequenz wird auch ein entsprechend breiter Übertragungskanal beansprucht.

Eine geräuschmindernde Wirkung durch Erhöhen der Übertragungsbandbreite ist auch von der Frequenzmodulation bekannt. In Bild 2.85 ist dazu der bei Frequenzmodulation mit einem Modulationsindex von $M = 5$ erreichbare NF-Signal/Rauschabstand $S_{R_{NF}} = S_G$ eingetragen. Man erhält eine konstante Verbesserung gegenüber dem HF-Signal/Rauschabstand S_R um 26,5 dB, wenn die FM-Schwelle bei $S_R = 10$ dB überschritten wird.

Die bei dem angenommenen Modulationsindex von $M = 5$ notwendige HF-Bandbreite ist, bezogen auf die NF-Bandbreite $B_{NF} = B_S$, gemäß der CARSON-Regel

$$B_{\ddot{U}} = B_{FM} = 2 \cdot B_S \cdot (M + 1) \; , \tag{2.100}$$

mit $B_{\ddot{U}} = 12 \cdot B_S$ gleich der bei Pulscodemodulation mit $N = 8$ bit erforderlichen Übertragungsbandbreite, wenn man diese allgemein für den praktischen Betrieb annimmt zu

$$B_{\ddot{U}} = B_{PCM} = 0{,}75 \cdot f_{Bit} = 0{,}75 \cdot N \cdot f_A = 1{,}5 \cdot N \cdot B_S \; . \tag{2.101}$$

Für den Fall, daß die Quantisierungsgeräuschleistung gleich der durch Bitfehler verursachten Störgeräuschleistung ist, also für $S_Q = S_{G,R}$, ergibt das eine effektive Verbesserung des Signal/Geräuschabstandes bei Pulscodemodulation gegenüber Frequenzmodulation um 5,5 dB. Der Signal/Rauschabstand im Übertragungskanal beträgt dabei $S_R = 13$ dB.

Eine geringe Erhöhung des Signal/Rauschabstandes, verbunden mit einer feinstufigen Quantisierung, führt zu Werten des resultierenden NF-Signal/Geräuschabstandes, die unter den gegebenen Bedingungen mit Frequenzmodulation nicht erreichbar sind.

2.4 Übertragung des Digitalsignals im Basisband

Sehr deutlich zu Gunsten der Pulscodemodulation fällt auch ein Vergleich des erzielbaren Gewinns an Signal/Geräuschabstand im decodierten bzw. demodulierten Signal aus, wenn dieser in Abhängigkeit vom Banderweiterungsfaktor $B_{\text{Ü}}/B_S$ aufgetragen wird. Der Darstellung in Bild 2.86 liegen folgende Überlegungen zugrunde:

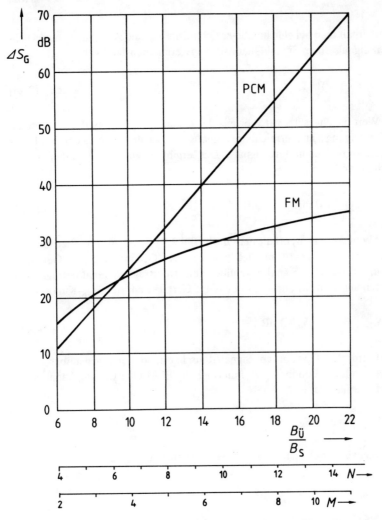

Bild 2.86 Verbesserung des Signal/Geräuschabstands im decodierten bzw. demodulierten Signal gegenüber dem Signal/Rauschabstand im Übertragungskanal bei PCM und FM in Abhängigkeit von der normierten Übertragungsbandbreite

$$B_{\text{Ü}} = B_{\text{PCM}} = 1{,}5 \cdot N \cdot B_{\text{S}}$$

nach Gl. (2.101) läßt eine Codewortlänge mit

$$N = \frac{2}{3} \cdot \frac{B_{\text{Ü}}}{B_{\text{S}}} \text{ bit} \qquad (2.102)$$

zu. Damit erhält man bei gleichmäßiger Quantisierung und Annahme eines gleichverteilten Signals einen Signal/Quantisierungsgeräuschabstand von

$$S_{\text{Q}} = 6 \cdot N \text{ dB} . \qquad \text{nach} \quad (2.23)$$

Diesem Wert gleichgesetzt wird jeweils der abhängig vom Signal/Rauschabstand S_{R} im Übertragungskanal erreichbare Signal/Geräuschabstand $S_{\text{G,R}}$ des durch Bitfehler gestörten decodierten Signals. Das ergibt einen resultierenden Signal/Geräuschabstand von

$$S_{\text{G}} = S_{\text{Q}} - 3 \text{ dB} = S_{\text{G,R}} - 3 \text{ dB} . \qquad (2.103)$$

Aus dem Wert $S_{\text{G,R}} = S_{\text{Q}}$ erhält man nach Bild 2.85 den dafür im Übertragungskanal notwendigen Signal/Rauschabstand S_{R}. Der Gewinn an Signal/Geräuschabstand im decodierten Signal gegenüber dem Übertragungskanal beträgt somit den Werten aus dem Schnittpunkt der N-bit-Geraden mit der $S_{\text{G,R}}$-Kurve

$$\Delta S_{\text{G}_{\text{PCM}}} = S_{\text{G,R}} - S_{\text{R}} - 3 \text{ dB} . \qquad (2.104)$$

Vielfach wird der Gewinn an Signal/Rauschabstand auch gegenüber einem Bezugskanal mit der Bandbreite B_{S} innerhalb des PCM-Übertragungskanals angegeben. Man erhält dann

$$\Delta S'_{\text{G}_{\text{PCM,B}}} = S_{\text{G}} - S_{\text{R}_{\text{B}}} \qquad (2.105)$$

mit dem Signal/Rauschabstand $S_{\text{R}_{\text{B}}}$ im Bezugskanal zu

$$S_{\text{R}_{\text{B}}} = S_{\text{R}} + 10 \lg \frac{B_{\text{Ü}}}{B_{\text{S}}} \text{ dB} . \qquad (2.106)$$

Bei Frequenzmodulation berechnet sich der NF-Signal/Rauschabstand $S_{\text{R}_{\text{NF}}}$, gleichzusetzen dem NF-Signal/Geräuschabstand S_{G}, zu

2.4 Übertragung des Digitalsignals im Basisband

$$S_{R_{NF}} = 10 \lg \frac{3 \cdot M^2 \cdot P_T}{2 \cdot B_S \cdot P'_R}$$

$$= 10 \lg 3 \cdot M^2 \cdot (M+1) + 10 \lg \frac{P_T}{2 \cdot B_S \cdot (M+1) \cdot P'_R}$$

$$= 10 \lg 3 \cdot M^2 \cdot (M+1) + S_R \text{ dB} . \tag{2.107}$$

Dabei bedeuten P'_R die Rauschleistungsdichte und S_R den tatsächlichen Signal/Rauschabstand im HF-Übertragungskanal mit der Bandbreite B_{FM}.
Mit der aus Gl. (2.100) abgeleiteten Beziehung

$$M = \frac{1}{2} \cdot \frac{B_\text{Ü}}{B_S} - 1 \tag{2.108}$$

erhält man den Gewinn an Signal/Rauschabstand

$$\Delta S_{G_{FM}} = S_{R_{NF}} - S_R$$

$$= 10 \lg \frac{3}{2} \cdot \frac{B_\text{Ü}}{B_S} \cdot \left(\frac{1}{2} \cdot \frac{B_\text{Ü}}{B_S} - 1\right)^2 . \tag{2.109}$$

Die Überlegenheit der Pulscodemodulation kommt in der Darstellung nach Bild 2.86 deutlich zum Ausdruck. Insbesondere gilt dies für die praktisch interessierenden Fälle der Codierung mit $N \geqq 8$ bit.

Der Vergleich von Pulscodemodulation mit Frequenzmodulation ist allerdings insofern nur teilweise relevant, als es sich bei der Pulscodemodulation um ein Basisbandverfahren handelt und bei der Frequenzmodulation eine Umsetzung des Signalbandes in die hochfrequente Trägerlage erfolgt. Die Beziehungen gelten jedoch auch dann, wenn das PCM-Signal durch eine Vierphasenumtastung (4-PSK) in die Trägerfrequenzlage gebracht wird.

2.4.6 Bitfehlererkennung und -korrektur

Das übertragene Digitalsignal kann auch bei optimaler Entzerrung und hohem Signal/Rauschabstand im Übertragungskanal noch durch einzelne Bitfehler gestört sein. Selbst wenn diese nur sehr selten auftreten, so können sie sich durch ein Knacken im Ton oder Aufblitzen im Bild bemerkbar machen, wobei das Auge gegen diese Störungen nicht so empfindlich ist wie das Ohr. Insbesondere bei einer hochwertigen Tonsignalübertragung wird es deshalb erforderlich sein, solche Bitfehler zu eleminieren. Dies ist möglich, wenn der Fehler erkannt und dann auch korrigiert werden kann.

Eine Fehlererkennung setzt voraus, daß das übertragene Signal mit Redundanz behaftet ist. Das einfachste Verfahren wäre jede Nachricht grundsätzlich zweimal zu übertragen. An den Stellen, wo die aufgenommenen Nachrichten nicht übereinstimmen, liegt sicher ein Übertragungsfehler vor. Damit ist aber noch nicht bekannt, welches nun die richtige Information ist. Der Fehler ist nicht korrigierbar. Abgesehen vom hohen Aufwand, den dieses Verfahren beansprucht, ist es nicht die eleganteste Methode.

Einfacher ist es jedes binäre Codewort mit einer Redundanz zu versehen in Form eines zusätzlichen Bits, dem sog. Paritätsbit (parity bit). Dessen Zustand wird so gewählt, daß z. B. die Summe aller „1"-Elemente im ergänzten Codewort geradzahlig ist. Liegt dies bei einem achtstelligen Codewort als Beispiel mit 0, 2, 4, 6 oder 8 „1"-Elementen bereits vor, so wird als Paritätsbit eine „0" dazugenommen. Andernfalls wird bei 1, 3, 5 oder 7 „1"-Elementen im achtstelligen Codewort eine „1" als Paritätsbit angehängt. Bei geringer Bitfehlerhäufigkeit kann angenommen werden, daß in einem Codewort nur ein Bit verfälscht wird, womit über eine Paritätskontrolle jedes fehlerhafte Codewort zu erkennen ist [3].

Eine Korrektur des gestörten Codeworts ist möglich über den Ersatz des dadurch bedingten fehlerhaften Signalwerts durch Wiederholung des vorangehenden Abtastwerts. Besser ist es allerdings den fehlerhaften Signalwert durch den Mittelwert aus den benachbarten Abtastproben zu ersetzen. Man bezeichnet diese Verfahren als Fehlerüberdeckungstechnik oder Fehlerverschleierung [109], [110], [111], [172].

Meist reicht es jedoch schon aus in einem längeren Codewort nur die höherwertigen Bits zu korrigieren, da sich Fehler bei diesen am stärksten bemerkbar machen. Am Beispiel eines 11-bit-Codeworts, das durch Komprimieren über die 11-Segment-Kennlinie (siehe Bild 2.19) aus einem 14-bit-Codewort gebildet wird, zeigt B i l d 2.87 wie zunächst die fünf höchstwertigen Bits mit den niederwertigen Bits verschachtelt werden. Durch das zusätzlich ergänzte Paritätsbit P werden die fünf höchstwertigen Bits gegen Einzelfehler geschützt. Bei zwei Bitfehlern innerhalb dieser Gruppe ist die Prüfung mit einem Paritätsbit unwirksam und ein Knack kann auftreten. Es können insgesamt 20 nicht erkennbare Bitfehlerpaare vorkommen.

Durch Einfügen von zwei Paritätsbits in ein 10-bit-Codewort, das wiederum durch Komprimieren über die 13-Segment-Kennlinie aus dem 14-bit-Codewort entsteht, wird das Auftreten eines einzelnen Bitfehlers mit Sicherheit erkannt. Von den vorher nicht erkennbaren 20 Bitfehlerpaaren bleiben nun nur 5 unerkannt, nämlich gleichzeitige Fehler in den Bits 1 und 3, 2 und P 2, 4 und 5, 4 und P 1, 5 und P 1, während die übrigen 15 Fehlerpaare entdeckt werden und eine

2.4 Übertragung des Digitalsignals im Basisband

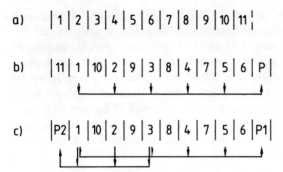

Bild 2.87 Bitfehlerschutz durch Einfügen von Paritätsbits: a) zu schützende Impulsfolge, b) Umstellung der Bitfolge und Hinzunahme eines Paritätsbits (P) zum Schutz der Bits 1···5, c) Hinzunahme von zwei Paritätsbits (P1, P2) zum erweiterten Schutz der höchstwertigen Bits

Korrektur ermöglichen. Bei zwei Paritätsprüfbits je Codewort kann die Bitfehlerhäufigkeit für gleichwertige Qualität der Tonsignalübertragung nahezu zehnmal größer sein als bei einem Paritätsbit [33], [112].

Werden die Codeworte durch zwei oder mehr Paritätsbits geschützt, so bestimmt entscheidend der sog. „HAMMING-Abstand" (HAMMING-Distanz D) die Wirksamkeit einer Fehlererkennung oder Korrekturmöglichkeit. Man versteht unter dem HAMMING-Abstand die Anzahl der Binärstellen, in denen gleichwertige Elemente von Codeworten nicht übereinstimmen. Die beiden Codeworte 010101 und 111111 unterscheiden sich in der 1., 3. und 5. Stelle, sie haben damit den HAMMING-Abstand $D = 3$. Ein redundanzfreier Code, bei dem sämtliche Kombinationsmöglichkeiten ausgenutzt werden, hat den HAMMING-Abstand $D = 1$. Durch Hinzufügen eines Paritätsbits erhält man den Abstand $D = 2$ und, wie erläutert, die Möglichkeit einen Bitfehler zu erkennen. Allgemein gilt, daß zur Erkennung von n Bitfehlern der HAMMING-Abstand mindestens $n + 1$ sein muß.

Zur Korrektur von Bitfehlern wird es notwendig der übertragenen Information eine relativ hohe Redundanz beizufügen. So erfordert die Korrektur von n Fehlern innerhalb eines Codeworts den Minimalabstand $D = 2n + 1$ und darüber hinaus bei höherstelligen Codes sogar mehr als $2n + 1$ Prüfbit [3].

Durch Erhöhen des HAMMING-Abstandes in einem vorgegebenen Code läßt sich die Zahl der erkennbaren und korrigierbaren Fehler vergrößern. Zweckmäßigerweise werden Bitkombinationen in Form von größeren Blöcken gebildet, die mit relativ wenigen Prüfbits zu sichern sind. Damit läßt sich auch die Anzahl der erkennbaren und korrigierbaren Fehler noch vergrößern.

Zu den wirksamsten und meistverwendeten Blockcodes zählen die BCH-Codes (BOSE-CHAUDHURI-HOCQUENGHEM). Deren Codewortlänge $N + P$ ist eine ungerade Zahl, bevorzugt mit $N + P = 2^n - 1$, mit n als natürlicher Zahl [113], [114].

Ein typischer Anwendungsfall liegt vor bei der Übertragung von Hörfunkprogrammen in digitaler Form über die zukünftigen Direktempfangs-Rundfunksatelliten. Am Rande der Versorgungszone wird mit einer Bitfehlerquote von $p_e = 10^{-3}$ gerechnet. Ein einfacher Fehlerschutz mit einem oder zwei Prüfbits reicht in diesem Fall nicht mehr aus. Es ist vorgesehen zur Übertragung des Digitalsignals einen (63,44)-BCH-Code anzuwenden. Darin setzt sich ein Block von 63 bit aus 44 Informationsbits, nämlich aus den jeweils 11 höchstwertigen Bits der 14-bit-Codeworte von vier Tonkanälen (2 Stereoprogramme), und dazugefügten 19 Prüfbits zusammen. Die restlichen niederwertigen Bits werden ungeschützt übertragen (Bild 2.88).

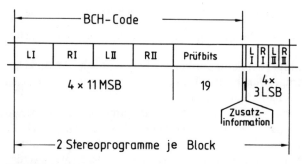

Bild 2.88 Impulsrahmen der über den Direktempfangs-Rundfunksatellit übertragenen Stereo-Tonkanäle

Der HAMMING-Abstand des (63,44)-BCH-Codes beträgt $D = 8$. Die Fehlererkennung und -korrektur kann nach verschiedenen Kriterien erfolgen. Zur Diskussion stehen die beiden Möglichkeiten:
a) Korrektur von 3 Fehlern und Erkennung von zusätzlich 1 Fehler, der verdeckt werden kann, oder
b) Korrektur von 2 Fehlern und Erkennung von zusätzlich 3 Fehlern, die verdeckt werden können.

Nach Fehlerkorrektur und Verdeckung verbleiben bei der angenommenen Bitfehlerquote von $p_e = 10^{-3}$ in einem Datenstrom von 20,48 Mbit/s, was ohne Korrektur das Auftreten von über 20 000 Bitfehlern je Sekunde zur Folge hätte, im Fall a) 0,21 Knackse je Stunde und 0,02 Verdeckungen je Sekunde bzw. im Fall b) 0,008 Knackse je Stunde und 1,21 Verdeckungen je Sekunde.

Der Fehlerschutz nach b) erfordert beim Decoder einen wesentlich geringeren Aufwand und wird deshalb aus wirtschaftlichen Gründen bevorzugt.

Um Bündelfehler zu vermeiden, werden jeweils zwei BCH-Blöcke im Einzelbit-Multiplexverfahren ineinandergeschachtelt, so daß z. B. aufeinanderfolgen Bit 1 des ersten BCH-Blocks, Bit 1 des zweiten BCH-Blocks, Bit 2 des ersten BCH-

2.4 Übertragung des Digitalsignals im Basisband

Blocks, Bit 2 des zweiten BCH-Blocks usw. Dadurch entfällt bei Doppelfehlern in einem Teilrahmen immer nur ein Fehler auf den betreffenden, der zweite Fehler jedoch auf einen benachbarten BCH-Block, was eine bessere statistische Verteilung der Fehler zur Folge hat [115], [116].

Fehlerkorrigierende Codes mit hoher Effizienz und tragbarem Aufwand in den Decodiereinrichtungen sind auch die Reed-Solomon-Codes. Sie finden Anwendung bei der digitalen Tonsignalaufzeichnung bei der „Compact Disc" (CD-Platte). Dabei werden zusätzlich zwei Reed-Solomon-Codes kreuzweise ineinander verschachtelt (cross-interleaved Reed-Solomon Code) [117].

Beispiele zum Abschnitt 2

Beispiel 2.1

Zu dimensionieren ist eine Abtast-Halte-Schaltung (siehe Bild 2.3), die in Verbindung mit einem 10-bit-A-D-Wandler zur Codierung eines Tonsignals mit $f_{S_{max}} = 15$ kHz eingesetzt wird.

Die Abtastfrequenz beträgt $f_A = 32$ kHz. Die Wandlungszeit des A-D-Wandlers ist mit 20 µs angegeben.

Lösung

Um den Fehler durch die Probenentnahme mit einem Impuls endlicher Breite gering zu halten, wird nach Tabelle 2.3 für $N = 10$ eine maximale Impulsdauer entsprechend der Einspeicherzeit t_E ermittelt zu

$$t_E = 0{,}035 \cdot T_A = 0{,}035 \cdot 31{,}25 \text{ µs} = 1{,}09 \text{ µs} \approx 1 \text{ µs}.$$

Aus Tabelle 2.1 entnimmt man für $N = 10$ die Ladezeitkonstante zu

$$R_1 \cdot C = t_E/7{,}62 = 0{,}131 \text{ µs}.$$

Mit einer Kapazität von $C = 1$ nF für den Speicherkondensator läßt das einen Ladewiderstand von maximal

$$R_1 = \frac{0{.}131 \text{ µs}}{1 \text{ nF}} = 131 \text{ Ω} \quad \text{zu}.$$

Nach Tabelle 2.2 berechnet sich dann der mindest notwendige Entladewiderstand zu

$$R_2 = 2048 \cdot \frac{T_A}{C} = 2048 \cdot \frac{31{,}25 \text{ µs}}{1 \text{ nF}} = 64 \text{ MΩ}.$$

Das Verhältnis R_2/R_1 wird somit $4{,}8 \cdot 10^5$, was für $N = 10$ bit auch aus Bild 2.5 zu entnehmen ist.

Eine letzte Kontrolle bezieht sich auf den Einfluß der Sperrschichtkapazität des Schalters. Nach Gl. (2.8) darf diese maximal den Wert

$$C_{sp} = 1 \text{ nF} \cdot 2^{-11} = 0{,}5 \text{ pF}$$

aufweisen, um einen merkbaren Spannungsverlust über den Schalter zu vermeiden.

Beispiele zum Abschnitt 2

Dieser sehr geringe Wert könnte es erforderlich machen, die Speicherkapazität C zu vergrößern und gleichzeitig aber auch den Ladewiderstand R_1 um denselben Faktor zu verringern.

Beispiel 2.2

Zu ermitteln ist der durch Quantisierung über die 11-Segment- bzw. 9-Segment-Kennlinie mit 11-bit-Codierung und über die 13-Segment-Kennlinie mit 10-bit-Codierung (siehe Bild 2.19) sich ergebende Verlauf des Signal/Quantisierungsgeräuschabstandes S_Q als Funktion des relativen Signalpegels $L_{U_{rel}}$.

Die Darstellung erfolgt ähnlich wie in Bild 2.18 durch segmentweises Auftragen des Signal/Quantisierungsgeräuschabstandes. Das Ergebnis zeigt Bild 2.89.

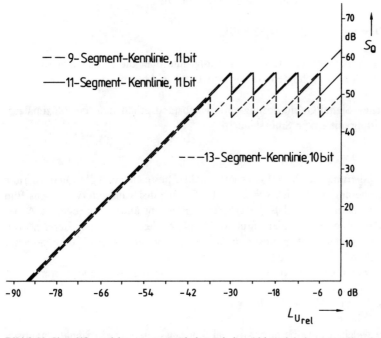

Bild 2.89 Signal/Quantisierungsgeräuschabstand in Abhängigkeit vom Signalpegel bei Quantisierung über die 11-Segment- bzw. 9-Segment-Kennlinie mit 11-bit-Codierung und über die 13-Segment-Kennlinie mit 10-bit-Codierung

Beispiel 2.3

Ein analoges Tonsignal wird durch Pulscodemodulation in ein Digitalsignal umgewandelt.
a) In wieviele Bits muß bei gleichmäßiger Quantisierung die Codierung der Abtastwerte erfolgen, damit bei Maximalaussteuerung mit einem Sinussignal nach der Decodierung ein Signal/Quantisierungsgeräuschabstand von $S_Q \geqq 85$ dB erreicht wird?
b) Welcher Dynamikbereich kann damit erreicht werden?

Lösungen zu a) und b)

Aus Gl. (2.25) mit

$$S_Q = 6 \cdot N + 1{,}8 \text{ dB}$$

erhält man $N = 14$ bit.
Nach Gl. (2.44) berechnet sich die Dynamik zu

$$D = 6 \cdot N - 1{,}2 \text{ dB} = 82{,}8 \text{ dB} .$$

Die Quantisierung und Codierung erfolgt nun über die 13-Segment-Kennlinie mit der nach a) berechneten Anzahl von 14 bit je Abtastwert.

c) Welchen Signal/Quantisierungsgeräuschabstand erhält man bei Maximalaussteuerung mit einem Sinussignal?

Lösung zu c)

Der Codierung mit $N = 14$ bit entsprechen bei gleichmäßiger Quantisierung über den gesamten Bereich $s = 2^{14} = 16\,384$ Quantisierungsintervalle. Aus Bild 2.16 ist zu entnehmen, daß die gröbste Stufung im äußersten Segment A der 13-Segment-Kennlinie einer Stufenzahl über den gesamten Bereich von $s_{min} = 1/4 \cdot s$ entspricht, in unserem Fall also $s_{min} = 4096$, gleichbedeutend einer Codierung mit $N_{min} = 12$ bit.
Der maximal erreichbare Signal/Quantisierungsgeräuschabstand ist somit

$$S_{Q_{max}} = 6 \cdot N_{min} + 1{,}8 \text{ dB} = 73{,}8 \text{ dB} .$$

d) Über welchen Pegelbereich wird bei Sinusaussteuerung ein Signal/Quantisierungsgeräuschabstand von mindestens $S_Q = 67{,}8$ dB eingehalten?
e) Wie groß ist nun der Dynamikbereich?

Beispiele zum Abschnitt 2 177

Lösungen zu d) und e)

Nach Bild 2.17 verschiebt sich der Verlauf von S_Q über $L_{U_{rel}}$ mit $N = 14$ bit gegenüber der Darstellung mit $N = 12$ bit um 12 dB nach oben und man entnimmt für $S_Q \geq 67{,}8$ dB den Pegelbereich

$$L_{U_{rel}} = 0 \cdots -42 \text{ dB} .$$

Nach Gl. (2.45) erhält man mit dem Kompandergewinn der 13-Segment-Kennlinie von $g_k = 24$ dB (siehe Gl. (2.41) und weiter) eine Dynamik von

$$D = 6 \cdot N + g_K - 1{,}2 \text{ dB} = 106{,}8 \text{ dB} .$$

Beispiel 2.4

Ein Tonsignal im Frequenzbereich von $f_S = 100$ Hz $\cdots$ 10 kHz soll digital übertragen werden. Gefordert ist ein Signal/Geräuschabstand im decodierten Signal von mindestens 50 dB, bei Sinusaussteuerung und maximalem Signalpegel.

Die bei Übertragung durch Deltamodulation sich ergebenden Parameter sind zu vergleichen mit den entsprechenden Werten bei Pulscodemodulation mit gleichmäßiger Quantisierung.

Die Signalbandbreite beträgt $B_S = 10$ kHz, es wird eine Grenzfrequenz des Prädiktor-Tiefpasses von $f_g = 100$ Hz angenommen.

Lösung

Der Signal/Quantisierungsgeräuschabstand bei Deltamodulation berechnet sich nach Gl. (2.56) zu

$$S_Q \approx 10 \lg \frac{f_A^3}{4 \cdot \pi^2 \cdot [1 + (f_S/f_g)^2] \cdot f_g^2 \cdot B_S} \text{ dB} .$$

Die Abtastfrequenz f_A ist zu ermitteln unter Einhalten der Forderung von $S_Q \geq 50$ dB bei der maximalen Signalfrequenz von $f_S = 10$ kHz, womit vereinfacht auch mit Gl. (2.57)

$$S_Q \approx 10 \lg \frac{f_A^3}{f_S^2 \cdot B_S} - 16 \text{ dB}$$

gerechnet werden kann. Man erhält damit die notwendige Abtastfrequenz zu

$$f_A = \sqrt[3]{10^5 \cdot 10^{1{,}6} \cdot 10^8 \cdot 10^4} = 1{,}58 \text{ MHz} .$$

Die Bitrate ist zahlenmäßig gleich diesem Wert mit

$$r_{Bit} = 1{,}58 \text{ Mbit/s} .$$

Mit der Abtastfrequenz von $f_A = 1{,}58$ MHz kann bei einer Signalfrequenz von $f_S = 1$ kHz ein Signal/Quantisierungsgeräuschabstand von $S_Q = 70$ dB erreicht werden.

Bei Pulscodemodulation ist der Signal/Quantisierungsgeräuschabstand unabhängig von der Signalfrequenz. Für den geforderten Wert $S_Q = 50$ dB ist eine Codierung mit $N = 8$ bit notwendig.

Mit einer Abtastfrequenz von angenommen

$$f_A = 24 \text{ kHz}$$

ergibt dies eine Bitrate von

$$r_{Bit} = N \cdot f_A = 192 \text{ kbit/s} .$$

Um auch einen Signal/Quantisierungsgeräuschabstand von $S_Q = 70$ dB zu erreichen, wie im Fall der Deltamodulation bei $f_S = 1$ kHz müßte eine Codierung mit $N = 12$ bit vorgenommen werden, was wiederum mit $f_A = 24$ kHz eine Bitfolgefrequenz von

$$r_{Bit} = 288 \text{ kbit/s}$$

ergäbe.

Der mögliche Dynamikbereich liegt bei Pulscodemodulation mit 8-bit-Codierung bei

$$D = 6 \cdot N - 3 \text{ dB} = 45 \text{ dB}$$

bzw. mit 12-bit-Codierung bei $D = 69$ dB.

Im Vergleich dazu erhält man mit Deltamodulation nach Gl. (2.59) Dynamikwerte von

$$D = 54 \text{ dB} \quad \text{bei} \quad f_S = 1 \text{ kHz} \quad \text{und} \quad D = 34 \text{ dB} \quad \text{bei} \quad f_S = 10 \text{ kHz} .$$

Diesem Beispiel ist zu entnehmen, daß die einfache, nichtadaptive Deltamodulation der Pulscodemodulation unterlegen ist. Sie wird auch nur dort angewendet, wo mit möglichst geringem Aufwand eine störsichere Signalübertragung vorgenommen werden soll oder wo andererseits die Signalverarbeitung am Ort der

Erzeugung der Modulation erfolgt und dabei eine hohe Abtastfrequenz nicht hinderlich ist.

Beispiel 2.5

Ein Koaxialkabel des Typs 1,2/4,4 mm weist über eine Länge von 1 km ein Dämpfungsmaß von $a = 6$ dB auf bei der Frequenz $f = 1,2$ MHz. Das Kabel wird als GAUSSscher Übertragungskanal betrachtet.

Welche maximale Bitrate kann ohne Entzerrungsmaßnahmen mit einem binären NRZ-Signal übertragen werden, wenn eine relative Augenöffnung von 80% gefordert wird?

Lösung

Unter der Annahme einer gleichen Übertragungsfunktion bei GAUSSschem Verlauf und $\cos^2$-förmigem Roll-off mit $r = 1$ erhält man die 50%-Bandbreite B ($a = 6$ dB) zu

$$B = 1,2 \text{ MHz} .$$

Aus Bild 2.74 ist dann mit der geforderten Augenöffnung $\hat{u}_{\text{Auge}}/\hat{u}_{\text{dig}} = 0,8$ eine bezogene Bandbreite von

$$B/f_{\text{Bit}} = 0,65$$

zu entnehmen, was die gesuchte maximale Bitrate von

$$r_{\text{Bit}} = \frac{B}{0,65} = 1,85 \text{ Mbit/s}$$

ergibt.

Beispiel 2.6

Bei einem digitalen Übertragungssystem beträgt am Empfangsort die Nutzsignalleistung eines binären NRZ-Signals $P_S = 10^{-8}$ W. An der gleichen Stelle liegt weißes Rauschen an mit einer Rauschleistungsdichte von $P'_R = 5 \cdot 10^{-16}$ Ws.

Das Digitalsignal und die überlagerte Rauschstörung gelangen über ein Empfangsfilter mit $\cos^2$-förmigem Abfall der Übertragungsfunktion und einer 50%-Bandbreite von $B = 1$ MHz zum Entscheider. Die Nutzsignalleistung betrage auch nach dem Empfangsfilter noch $P_S = 10^{-8}$ W.

Welche Bitfehlerhäufigkeit ist zu erwarten bei einem Roll-off-Faktor von $r = 0{,}5$ bzw. $r = 1$ des Empfangsfilters?

Lösung

Es ist dazu die Rauschbandbreite B_R des Roll-off-Filters zu ermitteln. Diese berechnet sich bei konstanter Rauschleistungsdichte P'_R am Eingang des Filters aus der übertragenen Rauschleistung P_R und der Übertragungsfunktion $H(f)$ im Durchlaßbereich des Tiefpasses von $f = 0$ bis $B_Ü$ aus dem Ansatz

$$P_R = B_R \cdot P'_R = \frac{1}{H^2(0)} \cdot \int_0^{B_Ü} H^2(f)\, df \cdot P'_R \tag{2.110}$$

zu $\quad B_R = \dfrac{1}{H^2(0)} \cdot \displaystyle\int_0^{B_Ü} H^2(f)\, df$. $\tag{2.111}$

Für den $\cos^2$-Roll-off-Tiefpaß mit der Übertragungsfunktion nach Gl. (2.67) erhält man abhängig vom Roll-off-Faktor r als Ergebnis

$$B_R = (1 - 0{,}25 \cdot r) \cdot B \; . \tag{2.112}$$

Damit berechnet sich nach dem Empfangsfilter eine Rauschleistung von

$P_R = 0{,}875 \cdot 10^6 \cdot 5 \cdot 10^{-16}\,\text{W} = 4{,}37 \cdot 10^{-10}\,\text{W}$ \hfill für $r = 0{,}5$

bzw. $P_R = 0{,}75 \cdot 10^6 \cdot 5 \cdot 10^{-16}\,\text{W} = 3{,}75 \cdot 10^{-10}\,\text{W}$ \hfill für $r = 1$,

was einem Signal/Rauschabstand nach dem Empfangsfilter entspricht von

$$S_R = 10 \lg P_S/P_R = 13{,}6\,\text{dB} \quad \text{bzw.} \quad S_R = 14{,}3\,\text{dB} \; .$$

Aus Bild 2.84 entnimmt man dazu eine Bitfehlerhäufigkeit von

$$p_e = 1{,}3 \cdot 10^{-6} \quad \text{für} \quad r = 0{,}5 \quad \text{bzw.} \quad p_e = 10^{-7} \quad \text{für} \quad r = 1 \; .$$

Beispiel 2.7

An einem PCM-Decoder liegt das NRZ-Signal mit TTL-Pegel $\hat{u}_{\text{dig}} = 5\,\text{V}$ an.
Welchen Effektivwert darf eine überlagerte Rauschspannung maximal aufweisen, wenn die Bitfehlerhäufigkeit den Wert $p_e = 10^{-4}$ nicht überschreiten soll?

Beispiele zum Abschnitt 2 181

Lösung

Dem Bild 2.84 entnimmt man für $p_e = 10^{-4}$ einen Signal/Rauschabstand im PCM-Signal von

$$S_R = 11{,}3 \text{ dB}.$$

Nach Gl. (2.96) erhält man damit den Effektivwert der Rauschspannung zu

$$U_R = \frac{\hat{u}_{dig}}{2} \cdot 10^{-\frac{S_R/dB}{20}} = 2{,}5 \text{ V} \cdot 10^{-0{,}565} = 0{,}168 \text{ V}.$$

Beispiel 2.8

Gegeben ist ein gestörter Übertragungskanal mit der Bandbreite $B_\text{Ü} = 330$ kHz und dem Signal/Rauschabstand $S_R = 16$ dB. Es soll darüber ein Tonsignal mit $B_S = 15$ kHz mit möglichst hoher Wiedergabequalität übertragen werden.
Zu vergleichen ist der erreichbare Signal/Geräuschabstand bei Übertragung des Tonsignals durch
a) Frequenzmodulation und
b) Pulscodemodulation.

Lösung

a) *Frequenzmodulation*

Nach Gl. (2.100)

$$B_\text{Ü} = B_\text{FM} = 2 \cdot B_S \cdot (M + 1)$$

mit $B_\text{Ü} = 330$ kHz $= 2 \cdot 15$ kHz $\cdot (M + 1)$ erhält man einen Modulationsindex von

$$M = 10.$$

Gemäß Gl. (2.107)

$$S_G = S_{R_\text{NF}} = 10 \lg 3 \cdot M^2 \cdot (M + 1) + S_R \text{ dB}$$

ergibt das einen Signal/Geräuschabstand von

$$S_G = 10 \lg 3 \cdot 10^2 \cdot 11 + 16 \text{ dB} = 35{,}18 + 16 \text{ dB} = 51{,}2 \text{ dB}.$$

b) *Pulscodemodulation*

Der durch Bitfehler vom Rauschen im decodierten Signal verursachte Signal/ Geräuschabstand berechnet sich nach Gl. (2.99) zu

$$S_{G,R} \approx 10 \lg \frac{\sqrt{2\pi}}{4} \cdot \left(10^{\frac{S_R/dB}{20}}\right) \cdot \sqrt{e^{\left(10^{\frac{S_R/dB}{20}}\right)^2}}$$

$$S_{G,R} \approx 10 \lg 0{,}626 \cdot 10^{0,8} \cdot \sqrt{0e^{(10^{0,8})^2}} = 92{,}41 \text{ dB}.$$

Diesen Wert kann man auch der grafischen Darstellung in Bild 2.85 entnehmen.
Die gegebene Bandbreite läßt nach Gl. (2.101)

$$B_{\text{Ü}} = B_{\text{PCM}} = 1{,}5 \cdot N \cdot B_S$$

eine Codierung mit

$$N = \frac{B_{\text{Ü}}}{1{,}5 \cdot B_S} = \frac{330 \text{ kHz}}{1{,}5 \cdot 15 \text{ kHz}} = 14{,}66 \triangleq 14 \text{ bit}$$

zu.

Der mit $N = 14$ bit erreichbare Signal/Quantisierungsgeräuschabstand beträgt bei sinusförmigem Signal

$$S_Q = 6 \cdot N + 1{,}8 \text{ dB} = 85{,}8 \text{ dB}.$$

Insgesamt erhält man nach Umrechnung über die Geräuschleistung durch Bitfehler und durch die Quantisierung einen resultierenden Signal/Geräuschabstand von

$$S_G = 85 \text{ dB}.$$

Es zeigt sich damit, daß unter den gegebenen Bedingungen die Pulscodemodulation zu einem günstigeren Ergebnis führt als die Frequenzmodulation, was auch aus Bild 2.86 bei $M = 10$ zu entnehmen ist.

3 Digitale Modulation eines Sinusträgers

Die Ausführungen im Abschnitt 2 beziehen sich auf ein digitales Codesignal, das in seiner eigenen Frequenzlage, im Basisband, über einen Tiefpaßkanal oder bei einem geeigneten Code auch über einen Bandpaßkanal zu übertragen ist. Es wird sich dabei in jedem Fall um einen Leitungskanal, ggf. mit Verstärkern und Trennübertragern, handeln. Eine drahtlose Übertragung des Digitalsignals dagegen erfordert die Umsetzung in eine höhere Frequenzlage durch Modulation einer Trägerschwingung. Der sinusförmige Träger kann dabei in einem oder mehreren seiner Parameter von dem zu übertragenden Digitalsignal beeinflußt werden. Nachdem dieses nur zwischen festen Signalwerten schwankt, spricht man hier nicht mehr von *Modulation*, sondern von einer *Tastung* der Trägerschwingung.

Von der Umsetzung des Digitalsignals auf einen Sinusträger wird auch dann Gebrauch gemacht, wenn ein analoger Übertragungskanal nach dem Frequenzmultiplexverfahren gleichzeitig von mehreren Codesignalen belegt wird oder wenn ein binäres Datensignal durch Umwandlung in ein mehrstufiges Codesignal mit verminderter Schrittgeschwindigkeit durch verschiedene Amplituden- und Phasenzustände des Trägers übertragen wird.

3.1 Tastung eines Sinusträgers

Bei einer sinusförmigen Trägerschwingung lassen sich vom modulierenden Signal her die Parameter Amplitude, Frequenz und Phase beeinflussen. Ein digitales Modulationssignal führt somit zu den drei Möglichkeiten der Tastung, nämlich
- Amplitudentastung (Amplitude Shift Keying, ASK)
- Frequenzumtastung (Frequency Shift Keying, FSK)
- Phasenumtastung (Phase Shift Keying, PSK).

Im deutschen Sprachgebrauch sind Abkürzungen der Tastverfahren, wie bei der Modulation eines Sinusträgers durch ein analoges Signal mit AM, FM oder PM, nicht eingeführt. Es werden deshalb die Abkürzungen nach den englischsprachigen Begriffen, ASK, FSK und PSK, verwendet.

Ausgehend von einem binären Modulationssignal entspricht die Tastung des Trägers einer Umschaltung zwischen zwei charakteristischen Zuständen des beeinflußten Parameters. So wird bei der zweistufigen Amplitudentastung die Trägerschwingung z. B. durch eine binäre „1" eingeschaltet und durch eine binäre

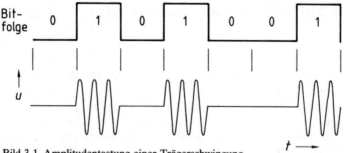

Bild 3.1 Amplitudentastung einer Trägerschwingung

„0" ausgeschaltet (Bild 3.1). Man bezeichnet dieses Verfahren im Englischen deshalb auch als „On-Off Keying" (OOK). Die Zeitfunktion kann mit dem binären Codesignal $c(t)$ dargestellt werden durch

$$u_{ASK}(t) = \hat{u}_T \cdot c(t) \cdot \cos \omega_T t \ . \tag{3.1}$$

Dieses Verfahren hat im Zusammenhang mit der Übertragung von digitalen Basisbandsignalen nur sehr geringe Bedeutung. Es wird deshalb im weiteren nur kurz darauf eingegangen.

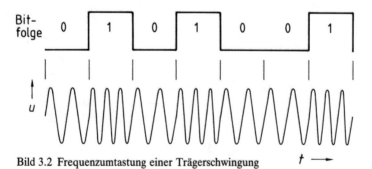

Bild 3.2 Frequenzumtastung einer Trägerschwingung

Bei der zweistufigen Frequenzumtastung ändert sich die Frequenz der Trägerschwingung zwischen definierten Werten, die den logischen Zuständen „1" und „0" zugeordnet sind (Bild 3.2). Es gilt

$$u_{FSK}(t) = \hat{u}_T \cdot \cos(\omega_T \pm \Delta\omega_T) \cdot t \ , \tag{3.2}$$

wenn die Trägerfrequenz mit einem Frequenzhub $\Delta f_T = \Delta\omega_T/2\pi$ symmetrisch zu der Mittenfrequenz $f_T = \omega_T/2\pi$ zwischen den Werten

3.1 Tastung eines Sinusträgers

$$f_{T(1)} = f_T + \Delta f_T \quad \text{und} \tag{3.3}$$

$$f_{T(0)} = f_T - \Delta f_T \tag{3.4}$$

umgetastet wird. Mit Einbeziehung des binären Codesignals $c(t)$ kann dann auch geschrieben werden

$$u_{FSK}(t) = \hat{u}_T \cdot \cos\left[(\omega_T - \Delta\omega_T) + c(t) \cdot 2\Delta\omega_T\right] t . \tag{3.5}$$

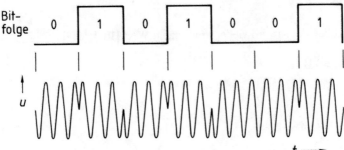

Bild 3.3 Phasenumtastung einer Trägerschwingung

Im Fall der zweistufigen Phasenumtastung (Bild 3.3) wird die Phasenlage der Trägerschwingung vom Codesignal $c(t)$ zwischen zwei um 180° unterschiedlichen Zuständen geändert. Es gilt dann

$$u_{PSK}(t) = \hat{u}_T \cdot \cos(\omega_T t + c(t) \cdot \pi) \triangleq \pm \hat{u}_T \cdot \cos\omega_T t . \tag{3.6}$$

Bei einem idealen rechteckförmigen Digitalsignal bleibt die Umhüllende des Modulationsprodukts bei FSK und PSK konstant, die Amplitude der Trägerschwingung ändert sich nicht.

Auf der Suche nach dem günstigsten Tastverfahren sind Überlegungen hinsichtlich des Bandbreitebedarfs und der Störanfälligkeit des Modulationsprodukts anzustellen. Es zeigt sich, daß die notwendige Übertragungsbandbreite bei den drei angeführten Verfahren (bei FSK mit $\Delta f_T \leqq 1/2 \cdot f_{Bit}$) im wesentlichen gleich ist und mindestens den doppelten Wert der Bandbreite des Basisbandsignals erfordert.

Während bei der Basisbandübertragung vielfach mit $\cos^2$-förmiger Bandbegrenzung und einem Roll-off-Faktor von $r = 0{,}5$ bzw. mit dem GAUSSschen Übertragungskanal, der etwa einem $\cos^2$-Roll-off-Filter mit $r = 1$ entspricht, gerechnet wird, ist es bei der hochfrequenten Übertragung des Digitalsignals üblich die

Bandbreite B_{HF} anzugeben, über die der Wert $H \geq 0,5$ der Übertragungsfunktion eingehalten wird. Die Bandbegrenzung erfolgt im Hochfrequenzteil des Systems in mehreren Stufen und weist, wegen der Nachbarkanalselektion, einen steilen Abfall auf. Eine weitere Bandbegrenzung, meist durch ein $\cos^2$-Roll-off-Filter, wird nach der Demodulation beim Digitalsignal vorgenommen, um ein Impulsnebensprechen zu verhindern.

Für die Übertragung des Digitalsignals ist nach Gl. (2.66) eine äquivalente Tiefpaßbandbreite von mindestens

$$B = B_N = \frac{1}{2} \cdot f_{Bit} = 1,4 \cdot \frac{r_{Bit}}{bit}$$

erforderlich. In der Praxis wird vielfach mit einem Wert [102], [118]

$$B_{pr} = B_{\ddot{U}} = 1,3 \cdot B_N \tag{3.7}$$

bzw. nach [74]

$$B_{pr} = B_{\ddot{U}} = (1,4 \cdots 2) \cdot B_N \tag{3.8}$$

gerechnet.

Ein Basisbandspektrum mit der Bandbreite $B_{pr} = 1,4 \cdot B_N$ verlangt somit im hochfrequenten Übertragungskanal bei Amplitudentastung, Frequenz- oder Phasenumtastung zwischen zwei Zuständen die Bandbreite

$$B_{HF,pr} = 2 \cdot 1,4 \cdot B_N = 1,4 \cdot f_{Bit} = \frac{1}{2} \cdot \frac{r_{Bit}}{bit} \tag{3.9}$$

Bezüglich der Störanfälligkeit zeigt sich, daß die amplitudengetastete Trägerschwingung empfindlicher ist als eine in der Frequenz oder Phase umgetastete Schwingung. Ähnliches ist ja auch von den analogen Modulationsverfahren bekannt. Bei der digitalen Signalübertragung durch Modulation eines Sinusträgers wird deshalb die Amplitudentastung kaum angewendet. Frequenzumtastung wird vorgenommen im Bereich niedriger Datenraten, z.B. bei der Datenübertragung im Fernsprechnetz und bei einfachen Richtfunksystemen. Das Verfahren steht auch zur Diskussion im Zusammenhang mit der digitalen Sprachsignalübertragung bei zukünftigen Funkfernsprechnetzen [119], [120], [121], [122]. Die größte Bedeutung kommt der Phasenumtastung zu, insbesondere bei den Verfahren der Mehrphasenumtastung und in Kombination mit einer Amplitudenänderung bei der Quadratur-Amplituden-Phasenumtastung. Darüber hinaus wurden spezielle Verfahren mit besonders geformtem Modulationssignal entwickelt, die einer Verbindung von Frequenz- und Phasenumtastung zuzuordnen sind [123].

3.2 Amplitudentastung (ASK)

Im folgenden werden die Tastverfahren eingehender beschrieben mit ihren Eigenschaften und der technischen Realisierung von Modulatoren und Demodulatoren. Ihrer großen Bedeutung nach nimmt dabei die Phasenumtastung den weitesten Raum ein.

3.2 Amplitudentastung (ASK)

Das binäre Codesignal werde vereinfacht durch eine Folge von 1-0-Elementen gebildet mit der Schrittdauer $T_s = T_{Bit}$ und einer Periodendauer $T_S = 2 \cdot T_s$. Die Amplitudentastung soll zwischen den Werten $2 \cdot \hat{u}_T$ und 0 der Trägeramplitude vorgenommen werden, was der Amplitudenmodulation einer Trägerschwingung mit der Amplitude $\hat{u}_T$ bei einem Modulationsgrad $m = 1$ entspricht (Bild 3.4).

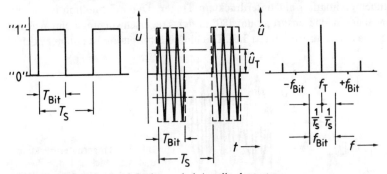

Bild 3.4 Zeitfunktion und Spektrum bei Amplitudentastung

Das Spektrum des Modulationsprodukts erhält man durch Faltung des Codesignalspektrums mit der Trägerfrequenz f_T bzw. durch Multiplikation der FOURIER-Reihenentwicklung

$$c(t) = \frac{1}{2} + \frac{2}{\pi} \cdot \left(\cos 2\pi \cdot \frac{1}{T_S} \cdot t - \frac{1}{3} \cdot \cos 2\pi \cdot 3 \cdot \frac{1}{T_S} \cdot t + \cdots \right) \quad (3.10)$$

mit der Trägerschwingung

$$u_T(t) = \hat{u}_T \cdot \cos \omega_T t \,. \quad (3.11)$$

Es enthält die Information des Codesignals im oberen und unteren Seitenband symmetrisch zum Träger.

Zur Erkennung des Signalzustandes genügt es, wenn das Spektrum nur bis zu den ersten Seitenschwingungen übertragen wird. Die Zeitfunktion des Modulationsprodukts nimmt dann die Form der mit einem Sinussignal modulierten Trägerschwingung an. Die mindest notwendige Übertragungsbandbreite beträgt in diesem Fall

$$B_{HF} = 2 \cdot \frac{1}{T_S} = 2 \cdot \frac{1}{2 \cdot T_s} = \frac{1}{T_s} = f_{Bit} = \frac{r_{Bit}}{bit}.$$ (3.12)

Wie schon hingewiesen, wird diese in der Praxis meist um den Faktor 1,4 größer gewählt.

Die Demodulation kann inkohärent mit einem einfachen Hüllkurvendemodulator vorgenommen werden. Dazu ist die Trägerkomponente im Spektrum notwendig. Bei Anwendung der Synchrondemodulation mit einer am Empfangsort erzeugten frequenz- und phasenrichtigen Trägerschwingung genügt es nur die beiden Seitenschwingungen zu übertragen. Man kommt so zur Zweiseitenband-Amplitudenmodulation mit unterdrücktem Träger. Der Zeitfunktion ist zu entnehmen, daß ein Phasensprung um 180° in der Trägerschwingung beim Wechsel des Signalzustands auftritt (B i l d 3.5). Die binäre Information ist nun nur noch in

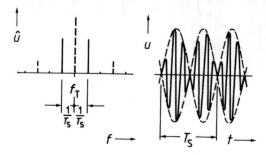

Bild 3.5 Trägerunterdrückung und Vergleich mit der Zweiseitenband-Amplitudenmodulation mit Sinussignal

der Phase enthalten, weil sich die Maximalwerte der Amplitude in der Mitte des Signalelements mit dem Signalzustand „1" oder „0" nicht ändern. Damit liegt bereits Zweiphasenumtastung vor.

3.3 Zweiphasenumtastung (2-PSK)

3.3.1 Zeitfunktion und Spektrum, Zeigerdiagramm

Grundlage aller Verfahren der Phasenumtastung bildet die Zweiphasenumtastung. Ausgehend von dem binären Codesignal gilt es, die beiden Amplitudenzu-

3.3 Zweiphasenumtastung (2-PSK)

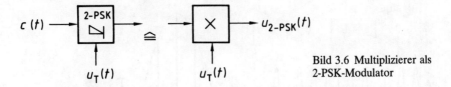

Bild 3.6 Multiplizierer als 2-PSK-Modulator

stände des Modulationssignals („0" und „1") in entsprechende Phasenzustände der Trägerschwingung (z. B. 0° und 180°), bezogen auf eine Referenzphase, umzusetzen. Die Phasenumtastung erfolgt in einem symmetrischen Amplitudenmodulator, wie er zur Erzeugung einer Amplitudenmodulation mit Trägerunterdrückung dient. Im Prinzip handelt es sich dabei um einen Multiplizierer, weshalb der 2-PSK-Modulator vielfach durch ein Multiplizierer-Symbol dargestellt wird (Bild 3.6). Man verwendet dazu einen Dioden-Doppelgegentaktmodulator („Ringmischer") oder entsprechende kreuzgekoppelte Transistorschaltungen, die in dieser Anordnung als integrierte Schaltkreise verfügbar sind (Bild 3.7). Im Mikrowellenbereich wird die Phasenumtastung auch durch eine Leitungslängenmodulation vorgenommen [124].

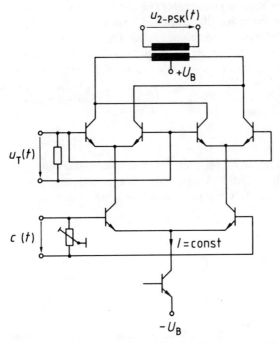

Bild 3.7 Vielfach verwendete aktive Schaltung zur Zweiphasenumtastung

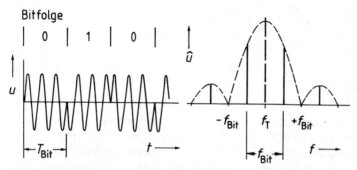

Bild 3.8 Zeitfunktion und Spektrum bei Zweiphasenumtastung

Bild 3.8 zeigt das Modulationsprodukt in der Zeitfunktion und im Spektrum. Es entsteht ebenso wie bei der Amplitudentastung durch Multiplikation des Codesignals mit der Trägerschwingung und zusätzlich nun mit Unterdrückung des Trägers in der symmetrischen Schaltungsanordnung. Beim Wechsel des Signalzustandes im Datenstrom erfolgt jeweils ein Phasensprung der Trägerschwingung um 180°.

Das Spektrum des binären Modulationssignals erscheint zu beiden Seiten des unterdrückten Trägers. Die vollständige Übertragung des Spektrums symmetrisch zum Träger bis zur ersten Nullstelle würde einen idealen Bandpaßkanal mit der Bandbreite $B_{HF} = 2 \cdot f_{Bit}$ erfordern. Für die Phasenentscheidung reicht theoretisch eine Bandbreite $B_{HF} = f_{Bit}$ aus. Praktisch wird auch bei Zweiphasenumtastung wieder mit dem Wert

$$B_{HF,pr} = 1{,}4 \cdot f_{Bit} = 1{,}4 \cdot \frac{r_{Bit}}{bit} \tag{3.13}$$

gerechnet.

Das Zeiger- oder Phasenzustandsdiagramm der Zweiphasenumtastung gibt Bild 3.9 wieder, in dem auch die Entscheidungsgrenze für eine eindeutige Erkennung des Signalzustandes bei der Überlagerung eines Störsignals eingetragen ist.

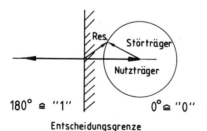

Bild 3.9 Zeigerdiagramm der Zweiphasenumtastung und Einfluß eines Störträgers

3.3 Zweiphasenumtastung (2-PSK)

Die Amplitude des Störsignals kann fast den Wert des Trägers erreichen, wobei immer noch eine Komponente der Resultierenden aus Träger und Störsignal in 0°- oder 180°-Phasenlage auswertbar ist.

3.3.2 Einfluß von Rauschen

Wird das Modulationsprodukt durch Rauschen gestört, so gelten prinzipiell dieselben Überlegungen wie für das Basisbandsignal in Abschnitt 2.4.4 ausgeführt. Bezogen auf die Entscheidungsschwelle tritt nun an Stelle des Spannungswertes $1/2 \cdot \hat{u}_{dig}$ die Amplitude $\hat{u}_T$ der Trägerschwingung. Mit Gl. (2.95) wurde ein Signal/Rauschabstand S_R definiert zu

$$S_R = 20 \lg \frac{\hat{u}_{dig}}{2 \cdot U_R} \text{ dB} .$$

Durch Äquivalenz von $1/2 \cdot \hat{u}_{dig} \triangleq \hat{u}_T$ erhält man den Zusammenhang

$$S_R = 20 \lg \frac{\hat{u}_T}{U_R} = 10 \lg \left(\frac{\hat{u}_T}{\sqrt{2} \cdot U_R}\right)^2 \cdot 2 = 10 \lg \frac{P_T}{P_{R_{HF}}} + 3 \text{ dB} \qquad (3.14)$$

bzw. einen dem Signal/Rauschabstand S_R im Basisbandkanal vergleichbaren Signal/Rauschabstand $S_{R_{HF}}$ im hochfrequenten Übertragungskanal mit der Trägerleistung P_T, der Rauschleistungsdichte P'_R und der Bandbreite B_{HF} mit

$$S_{R_{HF}} = 10 \lg \frac{P_T}{P_{R_{HF}}} = 10 \lg \frac{P_T}{P'_R \cdot B_{HF}} = S_R - 3 \text{ dB} . \qquad (3.15)$$

Der hochfrequente Signal/Rauschabstand wird vielfach durch den Ausdruck C/N (Carrier to Noise Ratio) in dB angegeben, wobei die Definition exakterweise

$$10 \lg \frac{C}{N} = 10 \lg \frac{P_T}{P_{R_{HF}}} \triangleq \frac{C"}{"N} \text{ in dB} \qquad (3.16)$$

lauten müßte.

Das Diagramm in Bild 2.84 mit $p_e = f(S_R)$ kann somit auch bei der durch Rauschen gestörten Zweiphasenumtastung zur Ermittlung der Bitfehlerhäufigkeit herangezogen werden, wenn der Signal/Rauschabstand im hochfrequenten Übertragungskanal umgerechnet wird auf den äquivalenten Wert im Basisband über die Beziehung

$$S_R = S_{R_{HF}} + 3 \text{ dB} . \qquad (3.17)$$

Bei der Übertragung des Digitalsignals durch Tastung einer Trägerschwingung ist es üblich mit dem logarithmierten Verhältnis der Signalenergie je Bit zur Rauschleistungsdichte, d. h. mit dem Signal/Rauschabstand im Kanal mit der Bandbreite $B_{HF} = f_{Bit}$ zu arbeiten. Dieses Verhältnis findet man in der Literatur, z. B. in [69], [74], [118], [125], häufig als E/N_0 in dB angegeben, was ähnlich wie bei C/N in dB nicht exakt ist. Der Ausdruck E/N_0 läßt sich mit bisher verwendeten Größen ersetzen durch

$$\frac{E}{N_0} = \frac{(\hat{u}_T/\sqrt{2})^2 \cdot T_{Bit}}{P'_R} = \frac{(\hat{u}_T/\sqrt{2})^2}{P'_R \cdot f_{Bit}} = \frac{P_T}{P_{R_N}}, \qquad (3.18)$$

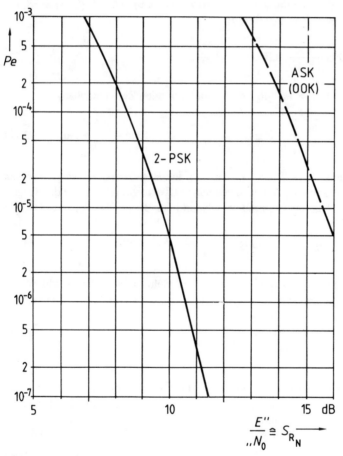

Bild 3.10 Bitfehlerhäufigkeit bei Zweiphasenumtastung mit Synchrondemodulation in Abhängigkeit vom Signal/Rauschabstand im NYQUIST-Übertragungskanal mit $B_{HF} = f_{Bit}$

3.3 Zweiphasenumtastung (2-PSK)

wobei mit P_{R_N} noch die Rauschleistung innerhalb der NYQUIST-Bandbreite im HF-Übertragungskanal $B_{HF} = 2 \cdot B_N = f_{Bit}$ symmetrisch zur Trägerfrequenz eingeführt wird.

E/N_0 in dB läßt sich dann ersetzen durch

$$„\frac{E}{N_0}" \text{ dB} = 10 \lg \frac{P_T}{P_{R_N}} = S_{R_N} \text{ dB} . \qquad (3.19)$$

Die Bitfehlerhäufigkeit p_e bei Zweiphasenumtastung mit Synchrondemodulation berechnet sich abhängig vom Signal/Rauschabstand S_{R_N} innerhalb der HF-Bandbreite $B_{HF} = f_{Bit}$ nach [3] bzw. [106] zu

$$p_e = \frac{1}{2} \cdot \text{erfc} \sqrt{\frac{P_T}{P_{R_N}}} \approx \frac{e^{-\frac{P_T}{P_{R_N}}}}{2{,}5 \cdot \sqrt{\frac{2 P_T}{P_{R_N}}}} . \qquad (3.20)$$

Die Funktion ist in Bild 3.10 dargestellt.

3.3.3 Demodulation und Trägerrückgewinnung

Durch die Trägerunterdrückung bei der Zweiphasenumtastung weist das Modulationsprodukt, unter der Voraussetzung, daß das gesamte Spektrum übertragen wird, eine konstante Hüllkurve auf. Somit ist eine inkohärente Demodulation mittels Hüllkurvendemodulator nicht möglich. Dies gilt auch dann, wenn durch eine Bandbegrenzung auf die ersten Seitenschwingungen die Umhüllende durch Sinushalbwellen gebildet wird, weil keine Unterscheidung zwischen einer übertragenen „0" oder „1" getroffen werden kann. Das Modulationsprodukt muß deshalb auf der Empfangsseite kohärent demoduliert werden. Der Synchrondemodulator benötigt dazu die frequenzrichtige unmodulierte Trägerschwingung als Phasenbezugsgröße. Obwohl diese selbst im übertragenen Spektrum nicht enthalten ist, kann sie aus dem Modulationsprodukt zurückgewonnen werden. Verschiedene Möglichkeiten sind dazu bekannt.

a) *Quadrierschleife*

Dieses Verfahren ist vom Prinzip her relativ einfach und erfordert geringen Aufwand. Das 2-PSK-Signal wird mit sich selbst multipliziert. Man erhält mit Gl. (3.6), im Idealfall ohne Bandbegrenzung,

$$u_{2\text{-PSK}}(t) = \pm \hat{u}_T \cdot \cos \omega_T t$$

durch Quadrieren den Ausdruck

$$(\pm \hat{u}_T \cdot \cos \omega_T t)^2 = \frac{1}{2} \cdot \hat{u}_T^2 \cdot (1 + \cos 2\omega_T t) ,\qquad(3.21)$$

worin eine durchlaufende Schwingung mit der zweifachen Trägerfrequenz enthalten ist. Die 180°-Phasensprünge sind weggefallen. Ähnliches ließe sich auch durch eine Zweiweggleichrichtung des Modulationsprodukts mit anschließender Bandpaßfilterung bei der zweiten Harmonischen der Trägerfrequenz erreichen.

Nach Frequenzteilung gewinnt man die Trägerfrequenz f_T, allerdings mit einer Phasenunsicherheit der Schwingung von 180°. Diese kann eleminiert werden bei Übertragung eines zusätzlichen Phasensynchronworts, nach dessen Erkennung die Phasenlage des abgeleiteten Trägers gegebenenfalls korrigiert wird.

Praktisch erzeugt man die zur Demodulation verwendete Trägerschwingung bei der zweifachen Trägerfrequenz in einem spannungsgesteuerten Oszillator (VCO), der in einer PLL-Schaltung über den Phasenvergleich mit dem quadrierten Modulationsprodukt von einem Phasendiskriminator (PD) die gefilterte Korrekturspannung erhält. Es wird damit eine aufwendige Selektion der zweiten Harmonischen der Trägerfrequenz umgangen, die bei Bandbegrenzung des 2-PSK-Signals mit einer Amplitudenmodulation behaftet ist (Bild 3.11).

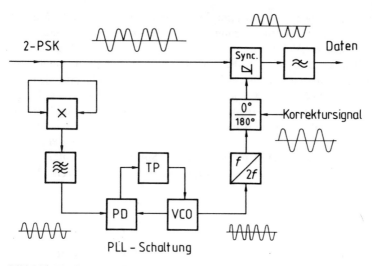

Bild 3.11 Blockschema der Trägerrückgewinnung bei der Zweiphasenumtastung mittels Quadrierschleife

3.3 Zweiphasenumtastung (2-PSK)

b) COSTAS-Schleife

Eine Selektion im Frequenzbereich der Trägerschwingung oder deren Harmonischen entfällt bei der Trägerrückgewinnung über die COSTAS-Schleife [125], [126], [127]. B i l d 3.12 zeigt dazu das Blockschaltbild. Das 2-PSK-Signal wird gleichzei-

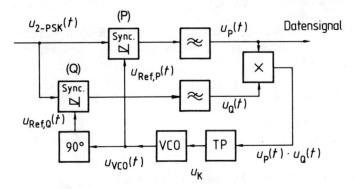

Bild 3.12 Blockschema der Trägerrückgewinnung bei der Zweiphasenumtastung mittels COSTAS-Schleife

tig zwei Synchrondemodulatoren zugeführt, deren Referenzträger, vom VCO einer Regelschleife kommend, um 90° zueinander phasenverschoben sind. Es wird davon ausgegangen, daß der In-Phase-Demodulator (P) den Referenzträger mit der richtigen Frequenz und einer gegenüber der absoluten 0°-Phasenlage um $\Delta\varphi$ abweichenden Phase erhält und ebenso der Quadratur-Demodulator (Q) eine um 90° in der Phase verschobene Referenzträgerschwingung. Das demodulierte und gefilterte Datensignal $u_P(t)$ gelangt zusammen mit dem Ausgangssignal des Quadraturdemodulators $u_Q(t)$ an einen Multiplizierer, dessen Ausgangssignal wiederum über einen Tiefpaß zur Unterdrückung der Spannungsschwankungen im Rhythmus des Datensignals den VCO nachsteuert. In eingerastetem Zustand geht die Phasenabweichung $\Delta\varphi$ gegen Null. Damit wird der Mittelwert des demodulierten Signals aus dem Q-Demodulator zu Null und ebenso die Korrekturspannung u_K. Die Referenzträgerschwingung vom VCO behält ihre Frequenz und Phasenlage bei.

Zur Herleitung der Korrekturspannung wird wieder angenommen, daß der VCO bereits mit der Frequenz $f_{VCO} = f_T$ der Trägerfrequenz des Modulationsprodukts schwingt. Das 2-PSK-Signal mit

$$u_{2\text{-PSK}}(t) = \pm \hat{u}_T \cdot \cos \omega_T t$$

wird im In-Phase-Demodulator (P) mit dem Referenzträger

$$u_{\text{Ref, P}}(t) = u_{\text{VCO}}(t) = \hat{u} \cdot \cos(\omega_T t + \Delta\varphi) \tag{3.22}$$

und im Quadratur-Demodulator (Q) mit einem Referenzträger

$$u_{\text{Ref, Q}}(t) = -\hat{u} \cdot \sin(\omega_T t + \Delta\varphi) \tag{3.23}$$

demoduliert. Am Ausgang der beiden Synchrondemodulatoren erhält man nach Unterdrückung der Frequenzkomponenten bei $2 \cdot f_T$ unter Vernachlässigung konstanter Faktoren die Signale

$$u_P(t) \sim \pm \cos\Delta\varphi \tag{3.24}$$

und

$$u_Q(t) \sim \mp \sin\Delta\varphi \, . \tag{3.25}$$

Ein Multiplizierer bildet das Produkt dieser beiden Signale zu

$$u_P(t) \cdot u_Q(t) \sim \cos\Delta\varphi \cdot \sin\Delta\varphi \sim \sin 2\Delta\varphi \, . \tag{3.26}$$

Bei Begrenzung des Spektrums des 2-PSK-Signals auf die ersten Seitenschwingungen kann das Modulationsprodukt geschrieben werden in der Form

$$u'_{\text{2-PSK}}(t) = \frac{1}{2} \cdot \hat{u}_T \cdot (\cos(\omega_T + \omega_S)t + \cos(\omega_T - \omega_S)t) \, , \tag{3.27}$$

worin die Frequenz $f_S = \omega_S/2\pi$ der halben Bitfolgefrequenz f_{Bit} entspricht, wegen $T_S = 2 \cdot T_{\text{Bit}}$ als der Dauer einer periodischen 1-0-Bitfolge (siehe auch Bild 3.5). Die beiden Synchrondemodulatoren liefern dann die Spannungen

$$u'_P(t) \sim \cos\Delta\varphi \cdot \cos\omega_S t \tag{3.28}$$

und $\quad u'_Q(t) \sim -\sin\Delta\varphi \cdot \cos\omega_S t \, . \tag{3.29}$

Nach der Produktbildung erhält man

$$u'_P(t) \cdot u'_Q(t) \sim \sin 2\Delta\varphi \cdot (1 + \cos 2\omega_S t)$$

$$\sim \sin 2\Delta\varphi \cdot (1 + \cos 2\pi \cdot f_{\text{Bit}} \cdot t) \, . \tag{3.30}$$

3.3 Zweiphasenumtastung (2-PSK)

Ein Tiefpaß mit der Grenzfrequenz $f_g \ll f_{Bit}$ unterdrückt die Frequenzkomponente bei der Bitfolgefrequenz, womit man sowohl nach Gl. (3.26) als auch nach Gl. (3.30) die Korrekturspannung u_K für den VCO gewinnt mit der Abhängigkeit

$$u_K \sim \sin 2\Delta\varphi \,. \tag{3.31}$$

Die Korrekturspannung wird zu Null, wenn $\sin 2\Delta\varphi = 0$ ist. Dies trifft zu für $\Delta\varphi = 0°, 90°, 180°, 270°$ usw. Ein stabiler Zustand der Schleife stellt sich allerdings nur ein, wenn die Steigung der Korrekturspannung positiv ist, was zu einem Einrasten der Schleife bei Phasenabweichungen zwischen der VCO- und der Trägerfrequenz des Modulationsprodukts von $n \cdot 180°$ führt. Bei einer Phasenabweichung $\Delta\varphi$ zwischen 45° und 135° wirkt die Regelung gegensinnig von der Spannung $u_K = 0$ weg, bis wieder ein Bereich $\Delta\varphi < 45°$ oder $\Delta\varphi > 135°$ erreicht wird, wo, bei genügend hoher Schleifenverstärkung, die Spannung u_K gegen Null geht.

Dieser Vorgang läuft auch ab, wenn die VCO-Frequenz sich um einen geringen Betrag Δf von der Trägerfrequenz unterscheidet. Die nun zeitabhängige Phasenabweichung der beiden Schwingungen

$$\Delta\varphi_f(t) \sim \Delta f \cdot t \tag{3.32}$$

ruft eine Korrekturspannung hervor, mit der die Frequenz des VCO auf den Wert der Trägerfrequenz hingezogen wird. Der Tiefpaß nach dem Multiplizierer muß so dimensioniert sein, daß er es erlaubt, den maximal zulässigen Frequenzunterschied Δf zwischen f_{VCO} und f_T in der Schleife auszuregeln, d.h. es muß gelten:

$$\Delta f < f_g \ll f_{Bit} \,. \tag{3.33}$$

Nähere Ausführungen zur COSTAS-Schleife, auch bezüglich des Rauschverhaltens, finden sich in [128], [129], [130].

3.3.4 Phasendifferenzcodierung

Sowohl bei der Trägerrückgewinnung über die Quadrierschleife als auch über die COSTAS-Schleife tritt eine Phasenunsicherheit von 180° auf. Bei der Synchrondemodulation kann dies zu einem Vertauschen der demodulierten Binärelemente führen.

Die Information steckt jedoch auch in der Differenz aufeinanderfolgender Schritte und braucht deshalb nicht unbedingt durch den Absolutwert der Phase übertragen werden. Man nützt diese Tatsache aus bei der Phasendifferenzcodierung. Dabei wird z.B. bei Anliegen einer logischen „1" die Trägerphase des vorangehenden Elements beibehalten und bei einer logischen „0" um 180° verändert. Auf der Empfangsseite wird die Phasendifferenz aufeinanderfolgender

Schritte ausgewertet und daraus das Digitalsignal gewonnen. Am Beispiel einer Bitfolge nach Tabelle 3.1 sei dies näher erläutert.

Tabelle 3.1

Bitfolge	1	0	1	0	0	1	1	0
Phasenwinkel der übertragenen Trägerschwingung	α	α + 180°	α + 180°	α	α + 180°	α + 180°	α + 180°	α

	auf der Empfangsseite mit Referenzträger der Phase $\alpha + \Delta\varphi$ erkannt als							
bei $\Delta\varphi = 0°$	0°	180°	180°	0°	180°	180°	180°	0°
bei $\Delta\varphi = 180°$	180°	0°	0°	180°	0°	0°	0°	180°

Differenz aufeinanderfolgender Phasenzustände		180°	0°	180°	180°	0°	0°	180°
entspricht übertragenem Digitalsignal		0	1	0	0	1	1	0

Die Demodulation und Decodierung kann mittels eines Synchrondemodulators und nachfolgendem Digital-Subtrahierer erfolgen, wobei jeweils die Differenz zwischen gerade demoduliertem Element und dem vorangehenden und um T_{Bit} verzögerten Element gebildet wird.

Ergibt die Differenz eine logische „1", so entspricht dies wegen des stattgefundenen Phasensprungs einer übertragenen „0" und umgekehrt, d. h. es muß noch eine Invertierung des digitalen Differenzsignals vorgenommen werden, um das übertragene Digitalsignal zu erhalten (Tabelle 3.2). Dasselbe Ergebnis bekommt man, wenn die Differenz aus den mit $\Delta\varphi = 180°$ erkannten Phasenzuständen ausgewertet wird.

Tabelle 3.2

Phasenzustand erkannt als	0°	180°	180°	0°	180°	180°	180°	0°
ergibt nach Synchrondemod. log. Zustand Übertrag	0 ↘ 0	1 ↘ 1	1 ↘ 1	0 ↘ 0	1 ↘ 1	1 ↘ 1	1 ↘ 1	0 ↘ 1
digitale Differenz		1	0	1	1	0	0	1
nach Invertieren		0	1	0	0	1	1	0

3.4 Vierphasenumtastung (4-PSK)

Eine andere Möglichkeit zur Rückgewinnung des übertragenen Digitalsignals bietet sich mit der Phasendifferenzdemodulation. Das differenzcodierte 2-PSK-Signal (2-DPSK) wird dazu einmal direkt und zum anderen um die Zeitdauer von T_{Bit} verzögert auf die beiden Eingänge eines Multiplizierers (Synchrondemodulator) gegeben, an dessen Ausgang nach dem Tiefpaßfilter bei der Phasendifferenz von 0° zwischen aufeinanderfolgenden Schritten eine logische „1" und bei der Phasendifferenz von 180° eine logische „0" erscheint (Bild 3.13). Dieses Verfah-

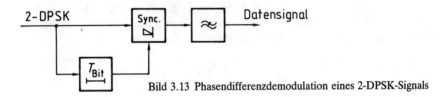

Bild 3.13 Phasendifferenzdemodulation eines 2-DPSK-Signals

ren erfordert allerdings für gleiche Bitfehlerhäufigkeit wie bei der Synchrondemodulation mit Absolutphasencodierung (Bezugscodierung) einen um etwa 1 dB höheren Signal/Rauschabstand im hochfrequenten Übertragungskanal. Bei Phasendifferenzcodierung und Synchrondemodulation beträgt die Differenz etwa 0,3 dB [3], [118].

3.4 Vierphasenumtastung (4-PSK)

3.4.1 Zeitfunktion und Spektrum, Zeigerdiagramm

Bei der Vierphasenumtastung kann die Trägerschwingung vier diskrete Phasenzustände einnehmen, die den vier möglichen Kombinationen von zwei aufeinanderfolgenden Bits des binären Codesignals zugeordnet werden. Entsprechend sind Phasensprünge der Trägerschwingung um 90°, 180° und 270° möglich. Die vier Phasenzustände lassen sich auf zwei zueinander orthogonale Komponenten der Trägerschwingung übertragen, die in sich durch Zweiphasenumtastung moduliert sind. In der englischsprachigen Literatur spricht man deshalb auch von „Quadrature Phase Shift Keying" (QPSK). Ebenso findet man den Ausdruck „Quadratur-Amplitudenmodulation" (QAM) als übergeordneten Begriff für alle Varianten der Trägerumtastung mit zwei orthogonalen Komponenten [131].

Die Zuordnung der Phasenlagen der Trägerschwingung auf das binäre Codesignal wäre z. B. nach folgendem Schema möglich (Tabelle 3.3):

Tabelle 3.3

Bitfolge	Phasenlage
0 0	0°
0 1	90°
1 1	180°
1 0	270°

Die Dauer eines Signalschritts beträgt nun $2 \cdot T_{Bit}$. Damit wird auch das Spektrum des Modulationsprodukts gegenüber der 2-PSK auf die halbe Breite verringert. Bild 3.14 gibt die Zeitfunktion und das Spektrum bei einem periodischen Wechsel des Signalzustands im Abstand von $2 \cdot T_{Bit}$ wieder.

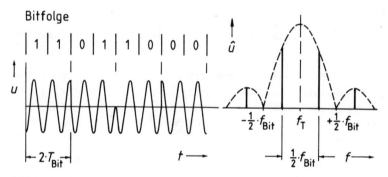

Bild 3.14 Zeitfunktion und Spektrum bei Vierphasenumtastung

Zur vierstufigen Modulation der Trägerphase muß das binäre Codesignal durch Zusammenfassen von jeweils zwei aufeinanderfolgenden Bits in ein quaternäres Signal umcodiert werden, dessen Schrittdauer das Zweifache der Bitdauer beträgt. Es werden „Dibits" gebildet mit der Dauer des Signalzustands

$$T_{Dibit} = T_{s_{quat}} = 2 \cdot T_{s_{bin}} = 2 \cdot T_{Bit} . \qquad (3.34)$$

Die mindest notwendige Übertragungsbandbreite für das 4-PSK-Modulationsprodukt wird so, bei Beschränkung auf das erste Seitenschwingungspaar

$$B_{HF} = 2 \cdot \frac{1}{2} \cdot \frac{f_{Bit}}{2} = \frac{1}{2} \cdot f_{Bit} = \frac{1}{2} \cdot \frac{r_{bit}}{bit} \qquad (3.35)$$

beziehungsweise mit einem Faktor 1,4 für die praktisch meist gewählte Bandbreite

$$B_{HF,pr} = 1{,}4 \cdot \frac{1}{2} \cdot f_{Bit} = 0{,}7 \cdot f_{Bit} = 0{,}7 \cdot \frac{r_{Bit}}{bit} . \qquad (3.36)$$

3.4 Vierphasenumtastung (4-PSK)

Die Bandbreitenausnutzung erreicht damit gegenüber der Zweiphasenumtastung den doppelten Wert.

Das Modulationsprodukt der Vierphasenumtastung wird erzeugt durch gleichzeitige Zweiphasenumtastung der zueinander orthogonalen Komponenten der Trägerschwingung, einer cos- und einer sin-Komponente, mit zwei getrennten Codesignalen $c_A(t)$ und $c_B(t)$, die aus dem binären Datenstrom $c(t)$ abgeleitet werden. Die Dibitsignale $c_A(t)$ und $c_B(t)$ werden durch eine Serien-Parallel-Wandlung aus der Bitfolge gewonnen (Bild 3.15). Im Prinzip handelt es sich um

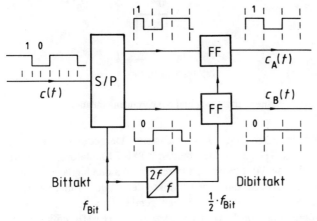

Bild 3.15 Erzeugung der Dibitsignale $c_A(t)$ und $c_B(t)$ aus dem binären Datensignal $c(t)$

die Verlängerung der Bits auf die Zeitdauer $2 \cdot T_{Bit} = T_{Dibit}$ und eine Aufteilung in zwei getrennte Signalfolgen. Das in einer 2-bit-Kombination erste Bit wird um die Zeitdauer von einem Bit verzögert, damit die beiden Dibitsignale auf gleichen Taktbeginn gebracht werden. Die Codierung erfolgt nach dem Schema in Tabelle 3.4.

Tabelle 3.4

Bitfolge	Dibit A	Dibit B
0 0	0	0
0 1	0	1
1 1	1	1
1 0	1	0

Entsprechend läuft auf der Empfangsseite der Vorgang der Decodierung in umgekehrter Richtung ab, indem die zurückgewonnenen Dibitsignale $c'_A(t)$ und $c'_B(t)$ durch Parallel-Serien-Wandlung in das binäre Datensignal $c'(t)$ gewandelt werden.

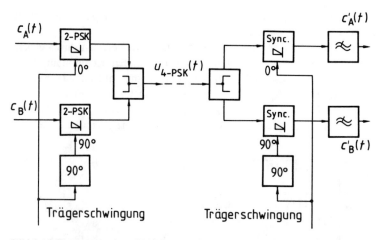

Bild 3.16 Erzeugung einer Vierphasenumtastung und Synchrondemodulation

Das Blockschaltbild der Erzeugung und synchronen Demodulation bei der Vierphasenumtastung zeigt Bild 3.16. Den beiden 2-PSK-Modulatoren wird die Trägerschwingung mit 0° bzw. 90° Phasenlage zugeführt. An den Signaleingängen liegen die Dibitsignale an. Die Modulationsprodukte der beiden Kanäle werden addiert, was zu resultierenden Trägerphasenlagen gemäß dem Zeigerdiagramm oder Phasenzustandsdiagramm von Bild 3.17 führt. Aus Tabelle 3.5 kann die Zuordnung der Phasenlagen der Trägerschwingung auf die Bitfolge aus der vektoriellen Addition der zweiphasenmodulierten 0°- und 90°-Komponente entnommen werden.

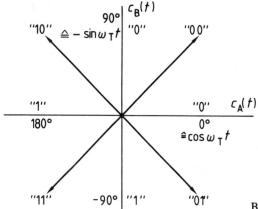

Bild 3.17 Phasenzustandsdiagramm der Vierphasenumtastung

3.4 Vierphasenumtastung (4-PSK)

Tabelle 3.5

Bitfolge	Phasenlage der		
	0°-Komponente	90°-Komponente	Resultierenden
0 0	0°	90°	45°
0 1	0°	–90°	315°
1 1	180°	–90°	225°
1 0	180°	90°	135°

Die Information vom Dibitsignal $c_A(t)$ liegt nun auf der 0°-Achse und die vom Dibitsignal $c_B(t)$ auf der 90°-Achse. Zur Rückgewinnung der Nachricht wird das 4-PSK-Modulationsprodukt gleichzeitig auf zwei Synchrondemodulatoren gegeben, deren Referenzträger die 0°- bzw. 90°-Absolutphasenlage in bezug auf die sendeseitige Trägerschwingung aufweisen sollen. Dies wirft wieder das Problem der Erzeugung einer frequenz- und phasenrichtigen Referenzträgerschwingung auf.

3.4.2 Trägerrückgewinnung

Auch bei der Vierphasenumtastung kann die sendeseitige Trägerschwingung aus dem Modulationsprodukt zurückgewonnen werden, obwohl die Spektralkomponente des Trägers nicht übertragen wird. Prinzipiell lassen sich die schon bei der Zweiphasenumtastung erläuterten Verfahren der Trägerrückgewinnung in erweiterter Form auch hier anwenden.

a) *Zweifache Quadrierschleife*

Das 4-PSK-Signal, das sich in der Form

$$u_{4\text{-PSK}}(t) = \hat{u}_T \cdot \cos\left(\omega_T t + \frac{\pi}{2} \cdot (i-1)\right) \tag{3.37}$$

darstellen läßt, mit $i = 1, 2, 3$ und 4, wird zweimal quadriert, was nach einer bekannten mathematischen Beziehung zu dem Ergebnis

$$(u_{4\text{-PSK}}(t))^4 = (\hat{u}_T)^4 \cdot \frac{1}{8} \cdot \left[3 + 4 \cdot \cos(2\omega_T t + \pi \cdot (i-1)) + \right.$$
$$\left. + \cos(4\omega_T t + 2\pi \cdot (i-1)) \right] \tag{3.38}$$

führt. Nach Aussieben der vierten Harmonischen erhält man eine durchlaufende Schwingung mit der Frequenz $4 \cdot f_T$, aus der über eine Frequenzteilung die Trägerschwingung mit der Frequenz f_T gewonnen wird. Diese ist allerdings mit einer Phasenunsicherheit von $i \cdot 90°$ behaftet wegen der vier Möglichkeiten bei der zweimaligen binären Frequenzteilung (Bild 3.18).

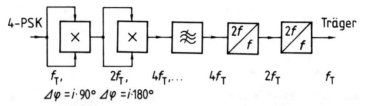

Bild 3.18 Blockschema der Trägerrückgewinnung bei der Vierphasenumtastung mittels zweifacher Quadrierschleife

b) COSTAS-*Schleife*

Die COSTAS-Schleife zur Rückgewinnung des Trägers bei der Zweiphasenumtastung nach Bild 3.12 wird nun um einen zweiten Multiplizierer erweitert. Den Multiplizierern wird in der Variante der sog. „harten" COSTAS-Schleife am einen Eingang das Demodulationsprodukt des In-Phase- bzw. Quadratur-Demodulators nach einer Tiefpaßfilterung und am anderen Eingang über Kreuz das mittels eines Komparators auf das Vorzeichen begrenzte Demodulationsprodukt zugeführt. Aus der Differenz der beiden Multipliziererausgangssignale erhält man eine Korrekturspannung u_K zur Steuerung des VCO (Bild 3.19).

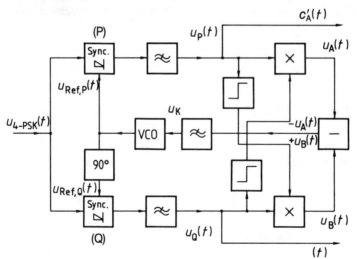

Bild 3.19 Blockschema der Trägerrückgewinnung bei der Vierphasenumtastung mittels „harter" COSTAS-Schleife

3.4 Vierphasenumtastung (4-PSK)

Das 4-PSK-Signal ist zusammengesetzt aus der vom Codesignal $c_A(t)$ phasengetasteten 0°-Komponente ($\cos\omega_T t$) und der vom Codesignal $c_B(t)$ phasengetasteten 90°-Komponente ($-\sin\omega_T t$) der Trägerschwingung. Es kann somit auch geschrieben werden in der Form

$$u_{\text{4-PSK}}(t) = \pm\,\hat{u}_T \cdot \cos\omega_T t \mp \hat{u}_T \cdot \sin\omega_T t\,. \tag{3.39}$$

Es wird im In-Phase-Demodulator (P) mit dem Referenzträger

$$u_{\text{Ref, P}}(t) = \hat{u} \cdot \cos(\omega_T t + \Delta\varphi) \tag{3.40}$$

und im Quadratur-Demodulator (Q) mit dem Referenzträger

$$u_{\text{Ref, Q}}(t) = -\hat{u} \cdot \sin(\omega_T t + \Delta\varphi) \tag{3.41}$$

multipliziert. Die zufällige Phasenabweichung des Referenzträgers zum sendeseitigen Träger betrage $\Delta\varphi$. Nach den Tiefpässen zur Unterdrückung der Trägeranteile erhält man die Demodulationsprodukte

$$u_P(t) \sim c_A(t) \cdot \cos\Delta\varphi + c_B(t) \cdot \sin\Delta\varphi \tag{3.42}$$

und

$$u_Q(t) \sim c_B(t) \cdot \cos\Delta\varphi - c_A(t) \cdot \sin\Delta\varphi\,. \tag{3.43}$$

Abhängig von der Phasendifferenz $\Delta\varphi$ weisen die Spannungen $u_P(t)$ und $u_Q(t)$ unterschiedliche positive oder negative Anteile der Datensignale auf. Über je einen Komparator wird von diesen Spannungen das Vorzeichenkriterium gewonnen. Die Demodulationsprodukte gehen dann über in

$$\text{sgn}\,(u_P(t)) = \pm 1 \tag{3.44}$$

und

$$\text{sgn}\,(u_Q(t)) = \pm 1\,. \tag{3.45}$$

Am Ausgang der beiden Multiplizierer treten nun auf die Signale

$$\begin{aligned}u_A(t) &= u_P(t) \cdot \text{sgn}\,(u_Q(t)) \sim \\ &\sim \pm c_A(t) \cdot \cos\Delta\varphi \pm c_B(t) \cdot \sin\Delta\varphi\end{aligned} \tag{3.46}$$

und

$$\begin{aligned}u_B(t) &= u_Q(t) \cdot \text{sgn}\,(u_P(t)) \sim \\ &\sim \pm c_B(t) \cdot \cos\Delta\varphi \mp c_A(t) \cdot \sin\Delta\varphi\,.\end{aligned} \tag{3.47}$$

Nach Subtraktion erhält man

$$u_B(t) - u_A(t) \sim \cos \Delta\varphi \cdot (\mp c_A(t) \pm c_B(t)) +$$
$$+ \sin \Delta\varphi \cdot (\mp c_A(t) \mp c_B(t)) \ . \tag{3.48}$$

Das daraus über einen Tiefpaß gewonnene Korrektursignal ist wieder mehrdeutig. Je nach Zuordnung der beiden Codesignale erhält man eine Korrekturspannung u_K, die proportional ist der Funktion

$$+ \cos \Delta\varphi, \ - \cos \Delta\varphi, \ + \sin \Delta\varphi \quad \text{oder} \quad - \sin \Delta\varphi \ .$$

Das bedeutet, daß sich im eingerasteten Zustand vier mögliche Phasenlagen der Referenzträgerschwingung mit jeweils 90° Phasenunterschied einstellen können. Durch eine geeignete Verknüpfung der demodulierten Datensignale kann die Mehrdeutigkeit unter Bezugnahme auf ein bekanntes Phasensynchronwort eliminiert werden oder man wendet, wie schon bei der Zweiphasenumtastung erläutert, die Phasendifferenzcodierung an, um von der Absolutphase des Referenzträgers unabhängig zu sein.

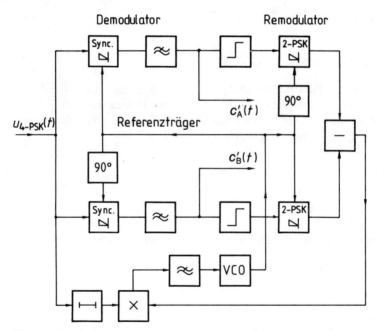

Bild 3.20 Blockschema der Trägerrückgewinnung bei der Vierphasenumtastung durch Remodulation

3.4 Vierphasenumtastung (4-PSK)

c) *Remodulation*

Eine dritte Möglichkeit zur Trägerrückgewinnung bietet sich mit dem Remodulationsverfahren an (Bild 3.20). Es weist Ähnlichkeit mit der COSTAS-Schleife auf. Die demodulierten Datensignale werden nun aber den beiden um 90° phasenverschobenen Trägerkomponenten wieder aufmoduliert. Das resultierende Modulationsprodukt wird mit dem anliegenden 4-PSK-Signal, das zum Ausgleich der Signallaufzeit im Datenfilter um diese Zeit verzögert werden muß, in einem Multiplizierer verglichen. Eine Abweichung der beiden Modulationsprodukte liefert ein Korrektursignal, das die Frequenz und Phasenlage des VCO nachsteuert. Die Remodulator-Schleife hat gegenüber der COSTAS-Schleife eine etwas geringere Erfassungszeit [126].

3.4.3 Phasendifferenzcodierung und Demodulation

Die Mehrdeutigkeit der Referenzträgerphase beim Demodulationsvorgang kann auch bei der 4-PSK durch eine Phasendifferenzcodierung umgangen werden. Man spricht dann von 4-DPSK. Es wird nicht mehr der nach Tabelle 3.5 der Bitfolge zugeordnete absolute Phasenwinkel übertragen, sondern nur noch die Änderung des Phasenzustands zwischen aufeinanderfolgenden Signalschritten.

Die Phasendifferenzcodierung wird auf ähnliche Weise vollzogen wie bei der 2-DPSK. Mittels eines digitalen Phasensummenrechners wandelt man die Dibitsignale $c_A(t)$ und $c_B(t)$ in die differenzcodierten Signale $c_C(t)$ und $c_D(t)$ um. Dazu werden aus einem jeweils vorangehenden Binärzeichenpaar die beiden Codeelemente A_{n-1} und B_{n-1} gebildet und mit den gerade anliegenden Dibitsignalen zu den codierten Codeelementen C_n und D_n aufsummiert. Das Ergebnis dieser Codierung wird für die Dauer eines Signalelements (Dibit) gespeichert.

Auf der Empfangsseite dient der Phasendifferenzrechner dazu, die beiden Dibitsignale $c'_C(t)$ und $c'_D(t)$ so miteinander logisch zu verknüpfen, daß nach der Decodierung die Codesignale $c'_A(t)$ und $c'_B(t)$ entstehen, die der übertragenen Zeichenfolge entsprechen. Nach Parallel-Serien-Wandlung gewinnt man das Binärsignal $c'(t) = c(t)$. Für den Phasensummen- und Phasendifferenzrechner verwendet man z. B. Kippglieder als Speicherzellen und einen Zweifach-4-Kanal-Multiplexer. Zur Verzögerung der Signale ist der Dibit-Takt erforderlich [132]. Bild 3.21 zeigt das Schema der Phasendifferenzcodierung und -decodierung bei der Vierphasenumtastung. Tabelle 3.6 erläutert den Vorgang auf der Sende- und Empfangsseite unter Zugrundelegung der Phasenzuordnung nach Tabelle 3.3.

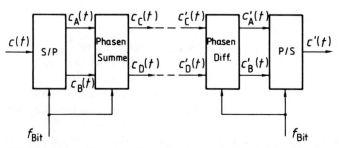

Bild 3.21 Phasendifferenzcodierung und -decodierung bei der Vierphasenumtastung

Tabelle 3.6

Bitfolge	1	0	0	1	0	0	1	0	1	1	0	1
codiert in												
Dibit A	1		0		0		1		1		0	
Dibit B	0		1		0		0		1		1	
zugeordneter Phasenwinkel	270°		90°		0°		270°		180°		90°	
Summe aufeinanderfolgender Phasenzustände	270°		0°		0°		270°		90°		180°	
Phasenwinkel der übertragenen Trägerschwingung	α + 270°		α		α		α + 270°		α + 90°		α + 180°	

auf der Empfangsseite mit Referenzträger der Phase $\alpha + \Delta\varphi$ erkannt mit

bei $\Delta\varphi = 0°$	270°		0°		0°		270°		90°		180°	
bei $\Delta\varphi = 90°$	180°		270°		270°		180°		0°		90°	
bei $\Delta\varphi = 180°$	90°		180°		180°		90°		270°		0°	
bei $\Delta\varphi = 270°$	0°		90°		90°		0°		180°		270°	
Differenz aufeinanderfolgender Phasenzustände			90°		0°		270°		180°		90°	
zugeordnet dem												
Dibit A			0		0		1		1		0	
Dibit B			1		0		0		1		1	
umcodiert in Bitfolge		0	1	0	0	1	0	1	1	0	1	

3.4 Vierphasenumtastung (4-PSK)

Die Signalinformation in Form der Phasendifferenz kann auf der Empfangsseite durch Synchrondemodulation mit der frequenzrichtigen und gegenüber der Absolutphase abweichenden Referenzträgerschwingung gewonnen werden (Bild 3.22) oder durch Phasendifferenzdemodulation.

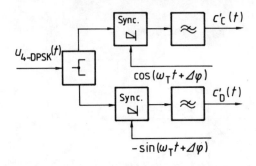

Bild 3.22 Synchrondemodulation durch einen Referenzträger mit Phasenabweichung gegenüber dem Sendeträger

Bei der Phasendifferenzdemodulation wird das ankommende 4-DPSK-Signal einmal direkt und zum anderen über ein Verzögerungsglied, in eine um 45° voreilende und eine um 45° nacheilende Komponente aufgeteilt, zwei Multiplizierern zugeführt (Bild 3.23a). Die beiden Synchrondemodulatoren liefern Ausgangssignale, die proportional zur kophasalen Komponente des gerade anliegenden Modulationsprodukts sind in bezug auf den „Referenzträger", der durch das um +45° oder −45° gedrehte Modulationsprodukt des vorangehenden Signalschritts

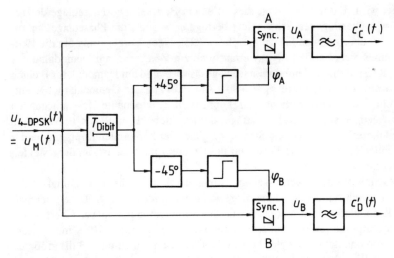

Bild 3.23a Blockschaltung des Demodulators bei Phasendifferenzdemodulation eines 4-DPSK-Signals

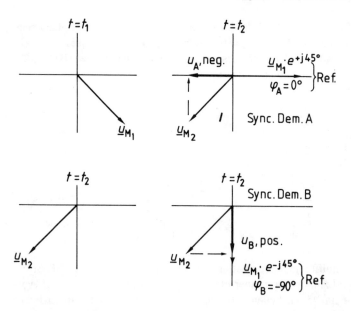

Bild 3.23b Zeigerdiagramme der Signale im Demodulator bei Phasendifferenzdemodulation eines 4-DPSK-Signals

gebildet wird. Bild 3.23b zeigt dies an einem Beispiel. Die Phasenlage der zur Zeit $t = t_1$ übertragenen Schwingung betrage $\varphi_1 = 315°$, die Phasenlage der zur Zeit $t = t_2$ übertragenen Schwingung $\varphi_2 = 225°$. Nach Verzögerung um die Zeitdauer eines Signalschritts (T_{Dibit}) erhält man zur Zeit $t = t_2$ am Demodulator A einen „Referenzträger" mit der Phasenlage $\varphi_A = 0°$ und am Demodulator B einen solchen mit der Phasenlage $\varphi_B = -90°$. Am Ausgang des Demodulators A entsteht ein Signal entsprechend der kophasalen Komponente des anliegenden Signals bezogen auf den Referenzträger mit φ_A, hier z. B. mit $u_A < 0$. Nach dem Demodulator B erhält man ein Signal, das gleich der kophasalen Komponente der anliegenden Schwingung in bezug auf die Referenzphase φ_B ist, im dargestellten Beispiel mit $u_B > 0$ [133].

Wie schon bei der Zweiphasenumtastung erwähnt, ist die Störanfälligkeit der durch Phasendifferenzdemodulation gewonnenen Information größer als bei Synchrondemodulation. Im Vergleich zur Synchrondemodulation bei Übertragung der Absolutphase (Bezugscodierung) benötigt man bei der 4-DPSK mit Phasendifferenzdemodulation für gleiche Bitfehlerhäufigkeit einen um 2,3 dB größeren HF-Signal/Rauschabstand. Dies ist zurückzuführen auf die Tatsache, daß sowohl verzögertes als auch unverzögertes Signal Rauschanteile enthalten.

3.4 Vierphasenumtastung (4-PSK)

3.4.4 Einfluß von Rauschen

Durch Überlagerung einer Störspannung kann das Modulationsprodukt kurzzeitig mit falscher Phasenlage demoduliert werden. Dies trifft dann zu, wenn die Entscheidungsgrenzen der vier Phasenzustände überschritten werden. Die maximal zulässige Amplitude einer Störspannung entnimmt man dem Phasenzustandsdiagramm nach Bild 3.24 zu

$$\hat{u}_{St} \leq \frac{1}{\sqrt{2}} \cdot \hat{u}_T . \tag{3.49}$$

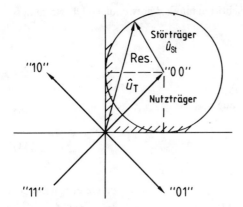

Bild 3.24 Phasenzustandsdiagramm der 4-PSK und Einfluß eines Störträgers

Bei Einfluß von Rauschen lassen sich ähnliche Zusammenhänge herleiten wie im Abschnitt 3.3.2 bei der Zweiphasenumtastung angeführt. Die Bitfehlerhäufigkeit wurde dort angegeben in Abhängigkeit von dem logarithmierten Verhältnis von Signalenergie E je Bit zur Rauschleistungsdichte N_0 (als „E/N_0" in dB), entsprechend dem Signal/Rauschabstand S_{R_N} im HF-Übertragungskanal mit der NYQUIST-Bandbreite $B_{HF} = f_{Bit}$ (siehe Bild 3.10).

Bei 2^m-wertigen Signalschritten, die durch Zusammenfassen einer Gruppe von m Bits gebildet werden, erhält man ein Verhältnis von Signalenergie je Schritt zur Rauschleistungsdichte

$$R = \frac{E}{N_0} \cdot m \tag{3.50}$$

bzw. im logarithmischen Maß mit

$$„R" = 10 \lg\left(\frac{E}{N_0} \cdot m\right) \text{ dB} . \tag{3.51}$$

Der hochfrequente Signal/Rauschabstand im Übertragungskanal wird häufig durch einen Wert „C/N" in dB angegeben (siehe auch Gl. (3.16)). Dieser entspricht dem logarithmierten Verhältnis von Trägerleistung P_T zur gesamten Rauschleistung P_R innerhalb der Bandbreite B_{HF}. Die Trägerleistung P_T ergibt sich aus der Signalenergie je übertragenem Codeelement und der Schrittgeschwindigkeit v_s zu

$$P_T = E \cdot m \cdot v_s = E \cdot m \cdot \frac{f_{Bit}}{m} = E \cdot f_{Bit} \triangleq C \ . \tag{3.52}$$

Innerhalb der bei 2^m-wertigen Signalschritten mindest notwendigen Übertragungsbandbreite von

$$B_{HF,m} = f_{Bit} \cdot \frac{1}{m} = \frac{r_{Bit}}{bit} \cdot \frac{1}{m} \tag{3.53}$$

ist wirksam eine gesamte Rauschleistung von

$$P_{R,m} = N_0 \cdot B_{HF,m} = N_0 \cdot f_{Bit} \cdot \frac{1}{m} \triangleq N \ . \tag{3.54}$$

Für das logarithmierte Verhältnis von C/N (als „C/N" in dB) berechnet sich mit der HF-Bandbreite nach Gl. (3.53) ein Wert

$$\left(\frac{C"}{"N}\right)_m = 10 \lg \left(\frac{E \cdot f_{Bit}}{N_0 \cdot f_{Bit}} \cdot m\right) = 10 \lg \left(\frac{E}{N_0} \cdot m\right) \triangleq \text{„}R\text{" dB} \ . \tag{3.55}$$

Die Größe „R" gibt somit den innerhalb der NYQUIST-Bandbreite $B_{HF,m}$ vorliegenden Signal/Rauschabstand an.

In Bild 3.25 ist nun die Bitfehlerhäufigkeit p_e bei Vierphasenumtastung und verschiedener Codierung bzw. Demodulation als Funktion des Wertes „R" aufgetragen [118]. Ein Vergleich mit der entsprechenden Darstellung bei der Zweiphasenumtastung (Bild 3.10) läßt erkennen, daß für gleiche Bitfehlerhäufigkeit die auf ein Bit bezogene Signalenergie konstant bleibt, d. h. der Wert E/N_0 ist bei Zwei- und Vierphasenumtastung identisch [74].

Diese Tatsache kann man auch damit erklären, daß das Modulationsprodukt der 4-PSK aus zwei zueinander orthogonalen 2-PSK-Komponenten zusammengesetzt ist, die voneinander unabhängig demoduliert werden. In jedem der beiden Demodulationskanäle ist deshalb auch nur die kophasale Störkomponente wirksam.

3.4 Vierphasenumtastung (4-PSK)

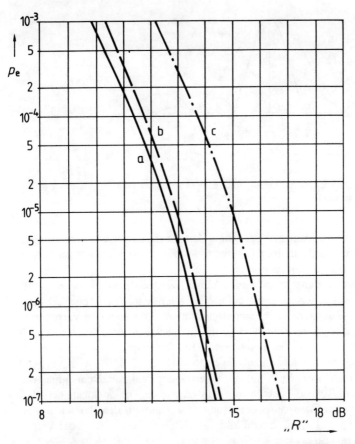

Bild 3.25 Bitfehlerhäufigkeit bei Vierphasenumtastung in Abhängigkeit vom Signal/Rauschabstand im NYQUIST-Übertragungskanal: Kurve a Bezugscodierung und Synchrondemodulation, Kurve b Phasendifferenzcodierung und Synchrondemodulation und Kurve c Phasendifferenzcodierung und Phasendifferenzdemodulation

3.4.5 Einfluß einer Bandbegrenzung

Das Spektrum des Modulationsprodukts, das bei Zwei- oder Vierphasenumtastung entsteht, weist bei rechteckförmigem Digitalsignal eine Umhüllende symmetrisch zum Träger nach der $|si|$-Funktion auf (Bild 3.26). Es klingt zwar relativ schnell ab, würde aber ohne weitere Maßnahmen insbesondere bei hoher Bitrate zu Störungen in frequenzmäßig benachbarten Übertragungskanälen führen. Der

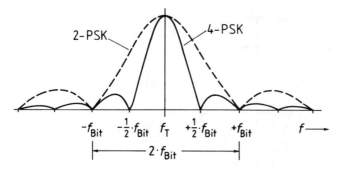

Bild 3.26 Umhüllende des Spektrums mit rechteckförmigem Digitalsignal bei Zwei- und Vierphasenumtastung

Begrenzung des sendeseitigen Spektrums kommt deshalb große Bedeutung zu, zumal ja bekannt ist, daß zum Erkennen des Signalzustands nicht das gesamte Spektrum übertragen werden muß.

Eine Bandbegrenzung kann vorgenommen werden durch Tiefpässe vor den Modulatoren, mit denen das rechteckförmige Datensignal eine Impulsverformung erfährt. Um eine damit mögliche Impulsinterferenz durch zu starke Verbreiterung der Datenimpulse zu vermeiden, muß die Impulsdauer verringert werden. Das bedeutet, daß an Stelle des unipolaren NRZ-Datensignals ein bipolares RZ-Datensignal an den Impulstiefpaß angelegt wird (Bild 3.27). Man verwendet Tiefpässe mit $\cos^2$-förmigem Abfall der Übertragungsfunktion. Dem dargestellten Beispiel liegt ein Roll-off-Faktor von $r = 0,4$ zugrunde. Das Spektrum des Modulationsprodukts der Zweiphasenumtastung wird damit auf den Bereich $B_{HF,pr} = 2 \cdot 1,4 \cdot 1/2 \cdot f_{Bit} = 1,4 \cdot f_{Bit}$ beschränkt. Ähnlich verhält es sich bei der Vierphasenumtastung mit $B_{HF,pr} = 0,7 \cdot f_{Bit}$.

Eine andere Möglichkeit bietet sich durch Begrenzung des Spektrums des Modulationsprodukts mittels eines Bandpasses nach dem Modulator. Bei der

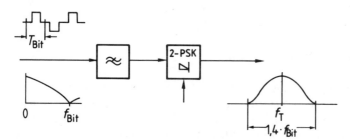

Bild 3.27 Begrenzung des Spektrums durch Impulsformung beim Digitalsignal

3.4 Vierphasenumtastung (4-PSK)

Vierphasenumtastung erfordert dies nur ein Selektionsglied im Gegensatz zu zwei Tiefpaßfiltern vor den beiden Modulatoren. Tiefpaßfilter im Basisband sind jedoch einfacher zu realisieren als steilflankige und möglichst phasenlineare Bandpaßfilter im Bereich der Trägerfrequenz. In der Praxis wird die Spektrumsformung meist durch eine Bandbegrenzung im Basisband und beim Modulationsprodukt bewirkt, weil letztere Selektionsmaßnahme auch zur Unterdrückung von unerwünschten Harmonischen des Trägers und Mischprodukten höherer Ordnung aus dem Modulator notwendig ist. Zu berücksichtigen ist, daß auch beim Empfangsteil solche Filter erforderlich sind, um Nachbarkanalstörungen zu beseitigen.

Die Begrenzung des Spektrums ist jedoch mit dem Entstehen einer zusätzlichen Amplitudenmodulation durch Veränderung der Umhüllenden des Modulationsprodukts verbunden. Am Beispiel der Zweiphasenumtastung soll dies zunächst demonstriert werden. Mit dem tiefpaßbegrenzten Datensignal entsteht ein Modulationsprodukt, das starke Einbrüche in der Umhüllenden aufweist bei den Phasensprüngen um 180°. Nichtlinearitäten im Übertragungsweg können diesen Effekt noch verstärken, wie, zur Demonstration stark ausgeprägt, in Bild 3.28 gezeigt wird. Dies ist verbunden mit einer Ausweitung des Spektrums, was der ursprünglichen Absicht voll entgegenwirkt.

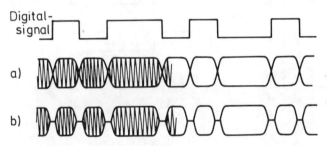

Bild 3.28 Entstehen einer zusätzlichen Amplitudenmodulation durch (a) Bandbegrenzung im Spektrum des Modulationsprodukts und (b) Nichtlinearitäten im Übertragungsweg

In [134] wird ein Verfahren beschrieben, nach dem durch Hinzufügen einer in der Amplitude gegensinnig modulierten 90°-Komponente des Trägers die Einbrüche in der Umhüllenden kompensiert werden. Die damit erreichte konstante Hüllkurve ist gleichzeitig mit etwas weicheren Phasenübergängen verbunden.

Bei der Vierphasenumtastung treten im Falle der Bandbegrenzung die starken Einbrüche in der Umhüllenden nur bei den 180°-Phasensprüngen auf, da dort die Amplitude der beiden Trägerkomponenten gleichzeitig durch Null geht. Phasensprünge um 90° rufen nur geringe Amplitudenschwankungen hervor (Bild 3.29).

Durch eine besondere Maßnahme lassen sich nun bei der 4-PSK die Phasensprünge um 180° vermeiden. Die Codesignale $c_A(t)$ und $c_B(t)$, bzw. nach Diffe-

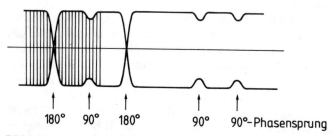

Bild 3.29 Unterschiedliche Einbrüche in der Umhüllenden bei 90°- und 180°-Phasensprüngen

renzcodierung $c_C(t)$ und $c_D(t)$, werden den beiden Modulatoren um eine halbe Schrittdauer versetzt zugeführt. Es treten damit nur noch 90°-Phasensprünge auf. Das Verfahren wird mit Offset-4-PSK (O-4-PSK) oder Offset-QPSK (OQPSK) bezeichnet. Bild 3.30 zeigt die Übergänge im Phasenzustandsdiagramm der 4-PSK ohne und mit Offset der beiden Datensignale. Man erkennt, daß bei der

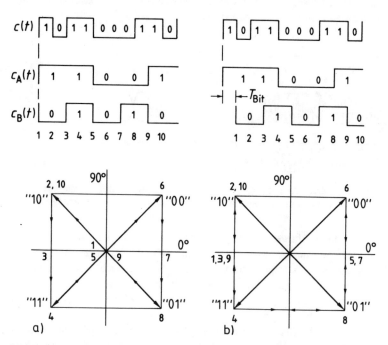

Bild 3.30 Dibitsignale und Phasenübergänge im Phasenzustandsdiagramm bei Vierphasenumtastung: (a) ohne Offset der beiden Dibitsignale und (b) mit Offset der beiden Dibitsignale

Offset-4-PSK ein 180°-Phasensprung nicht direkt auftritt, sondern nur über zwei 90°-Phasensprünge zustande kommt. Die Amplitude der Resultierenden sinkt auf den $1/\sqrt{2}$-fachen Wert ab. Damit erfährt das Modulationsprodukt durch Nichtlinearitäten im Übertragungsweg wesentlich geringere Verzerrungen in der Amplitude und Phase als dies bei einfacher 4-PSK der Fall ist [123], [135], [136], [137], [138].

3.5 Zweifrequenzumtastung (2-FSK)

3.5.1 Zeitfunktion und Spektrum

Bei der Zweifrequenzumtastung wird durch das binäre Datensignal die Frequenz der Trägerschwingung zwischen zwei festen Werten f_1 und f_2 geändert. Man definiert als Trägerfrequenz f_T den Mittelwert der beiden Kennfrequenzen mit

$$f_T = \frac{f_1 + f_2}{2} \qquad (3.56)$$

und einen Frequenzhub Δf_T zu

$$\Delta f_T = \frac{|f_1 - f_2|}{2} \ . \qquad (3.57)$$

Nach der von der analogen Frequenzmodulation bekannten Beziehung

$$M = \frac{\Delta f_T}{f_S} = \Delta f_T \cdot T_S \ , \qquad (3.58)$$

mit f_S und T_S als der Frequenz bzw. Periodendauer eines sinusförmigen Schwingungszuges, erhält man bei einem binären Signal mit der Schrittdauer $T_s = T_{Bit} = 1/2 \cdot T_S$ den Modulationsindex M zu

$$M = \Delta f_T \cdot 2 \cdot T_{Bit} = 2 \cdot \frac{\Delta f_T}{f_{Bit}} = 2 \cdot \frac{\Delta f_T}{r_{Bit}/\text{bit}} \ . \qquad (3.59)$$

Das 2-FSK-Signal kann von der Zeitfunktion her betrachtet werden als die Zusammensetzung von zwei amplitudengetasteten Schwingungen mit den Frequenzen f_1 und f_2. Demgemäß ergibt sich auch das Spektrum der 2-FSK aus der Überlagerung der Spektren der beiden amplitudengetasteten Schwingungen [139].

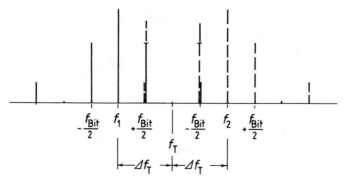

Bild 3.31 Spektrum bei der Zweifrequenzumtastung, entstanden aus der Überlagerung der Spektren von zwei amplitudengetasteten Schwingungen

In Bild 3.31 ist dies dargestellt für einen Modulationsindex $M = 2$, d. h. für $\Delta f_T = f_{Bit}$. Der Abstand der beiden Kennfrequenzen, die in der Amplitude getastet werden (OOK), beträgt $f_2 - f_1 = 2 \cdot f_{Bit}$. Das Spektrum der amplitudengetasteten Schwingung ist aus Bild 3.4 übernommen.

Üblicherweise wird das Spektrum der frequenzumgetasteten Schwingung auf die Mittenfrequenz f_T bezogen, bei der die Trägerschwingung ohne Modulation, also $\Delta f_T = 0$, erscheint. Es zeigt sich, daß mit zunehmendem Modulationsindex der Anteil der Seitenschwingungen auf Kosten der Trägerkomponente steigt, was schließlich dazu führt, daß bei sehr großem Modulationsindex nur noch die beiden Seitenschwingungen bei $f_1 = f_T - \Delta f_T$ und $f_2 = f_T + \Delta f_T$ auftreten. Dies läßt sich auch aus einer elementaren Beziehung der Frequenzmodulation erklären, wonach die spektrale Leistungsdichte dort am größten ist, wo die Momentanfrequenz am längsten verweilt. Die Verweilzeit ist bei steilen Flanken des Datensignals gleich der Schrittdauer $T_s = T_{Bit}$.

Mit zunehmender Schrittdauer steigt gem. Gl. (3.59) auch der Modulationsindex an. Die Spektralkomponenten konzentrieren sich immer mehr um die beiden Kennfrequenzen f_1 und f_2. Bild 3.32 zeigt dazu Beispiele für das Spektrum einer frequenzumgetasteten Schwingung bei verschiedenen Werten des Modulationsindex. Die Berechnung der Spektralkomponenten findet sich z. B. in [3] und [140]. Dieser Berechnung und der Darstellung in Bild 3.32 ist zu entnehmen, daß bei ganzen geradzahligen Werten von M der Träger und die Seitenschwingungen geradzahliger Ordnung und bei ganzen ungeradzahligen Werten von M die Seitenschwingungen ungeradzahliger Ordnung verschwinden, allerdings jeweils mit Ausnahme der Seitenschwingungen bei $f_T \pm \Delta f_T$.

Die dargestellten Spekten basieren auf einer periodischen Folge von 1- und 0-Codeelementen. Bei ungleicher Verteilung werden auch die Spektren unsymmetrisch zur Mittenfrequenz [141], [142].

3.5 Zweifrequenzumtastung (2-FSK)

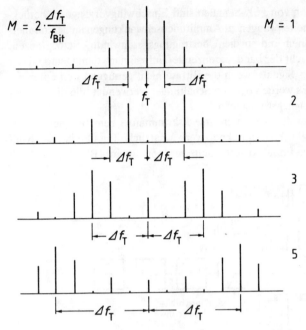

Bild 3.32 Spektren bei Zweifrequenzumtastung mit verschiedenem Modulationsindex

3.5.2 Erzeugung und Demodulation einer Zweifrequenzumtastung

Bei der Erzeugung einer 2-FSK kommen Verfahren zur Anwendung, wo möglichst keine Amplitudensprünge bei der Frequenzänderung auftreten. Eine Umschaltung zwischen zwei voneinander unabhängigen Oszillatoren mit gleicher Amplitude wäre zwar einfach, aber es ergeben sich damit bei den meisten Demodulatoren Probleme beim Einschwingen. Die Umtastung der Frequenz wird deshalb meist in einem gemeinsamen Oszillator vorgenommen durch unterbrechungsfreies Umschalten der Induktivität oder Kapazität des Schwingkreises. Bei RC-Oszillatoren erfolgt die Umschaltung im Widerstandszweig, da in diesem keine Energie gespeichert ist.

Zur Rückgewinnung des übertragenen Digitalsignals wird das FSK-Modulationsprodukt nach Frequenzband- und Amplitudenbegrenzung auf einen Frequenzdiskriminator gegeben. Es kommen dabei Schaltungen zur Anwendung, wie sie von der analogen FM-Demodulation bekannt sind, z. B. der Gegentakt-Flankendiskriminator, der Quadraturdemodulator, der Nulldurchgangsdiskriminator und der PLL-Demodulator.

Bei der Demodulation von FSK-Signalen sind Einschwingvorgänge zu berücksichtigen, die bei Frequenzsprüngen zu Amplitudenschwankungen im demodulierten Signal führen können und so die Übertragungsgeschwindigkeit begrenzen. Darüber hinaus verursacht der bandbegrenzende Tiefpaß nach dem Demodulator eine Abschwächung des Signals, wenn die Bitrate nicht genügend weit unter der Trägerfrequenz liegt. Es werden deshalb Schaltungen verwendet, die die genannten Schwierigkeiten möglichst umgehen.

Eine erweiterte Form des Nulldurchgangsdiskriminators zum Beispiel erzeugt über ein breitbandiges 90°-Phasendrehnetzwerk zusätzliche Impulse bei den Nulldurchgängen, so daß die Impulsfolgefrequenz verdoppelt wird (Bild 3.33). Auch

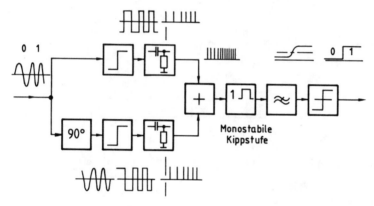

Bild 3.33 Erweiterter Nulldurchgangsdiskriminator zur Demodulation einer Zweifrequenzumtastung

durch eine Umsetzung der Trägerfrequenz in eine höhere Frequenzlage mittels Einseitenbandmodulation läßt sich der Abstand zwischen Trägerfrequenz und Bitfolgefrequenz wesentlich vergrößern. Darüber hinaus findet eine Variante des einfachen L-Diskriminators Anwendung mit einem Saugkreis, der auf eine der beiden Kennfrequenzen abgestimmt ist. Mit dieser Anordnung läßt sich ein nahezu überschwingungsfreies Datensignal zurückgewinnen [143].

3.5.3 Verfahren mit kontinuierlichem Phasenübergang

Bei der Zweiphasenumtastung mit rechteckförmigem Datensignal wird vom Spektrum ein theoretisch unendlich breites Band belegt. Eine Bandbegrenzung ist verbunden mit Einbrüchen in der Umhüllenden des Modulationsprodukts, wie im

3.5 Zweifrequenzumtastung (2-FSK)

Abschnitt 3.4.5 gezeigt wurde. Der Phasensprung um 180° innerhalb einer sehr kurzen Anstiegs- oder Abfallzeit der Datenimpulse ist verbunden mit einer großen momentanen Frequenzänderung gemäß der allgemein gültigen Beziehung

$$f(t) = \frac{1}{2\pi} \cdot \frac{d\varphi(t)}{dt}. \tag{3.60}$$

In Bild 3.34 sind dazu die Momentanphasenwinkel der unmodulierten und der phasenumgetasteten Trägerschwingung aufgetragen sowie die Momentanfrequenz des 2-PSK-Modulationsprodukts.

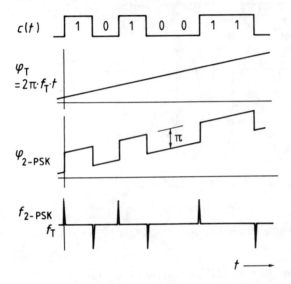

Bild 3.34 Verlauf von Momentanphasenwinkel und Momentanfrequenz der phasenumgetasteten Trägerschwingung

Im Falle der Vierphasenumtastung mit rechteckförmigem Datensignal sind Phasensprünge um 90° und 180° möglich. Durch Offset-Tastung in den beiden Kanälen entfallen die 180°-Phasensprünge. Das Spektrum der Offset-4-PSK ist nahezu identisch mit dem der 4-PSK. Wegen der fast konstanten Hüllkurve des Modulationsprodukts ist dieses jedoch weniger empfindlich gegenüber nichtlinearen Verzerrungen.

Eine Bandbegrenzung kann auch im Basisband eingeführt werden. An Stelle der rechteckförmigen Datensignale werden nun cos-förmige Impulse, die nun bipolar sein sollen, an die beiden 2-PSK-Modulatoren angelegt (siehe auch Bild 3.27). Im Modulationsprodukt der Offset-4-PSK hat dies einen kontinuierlichen Phasenübergang bei vollkommen konstanter Amplitude der Hüllkurve zur

Folge. Die Frequenzänderung geschieht innerhalb der Schrittintervalle sprunghaft, weshalb man hier von dem Verfahren der „kontinuierlichen Phasen-Frequenzumtastung", im englischen Sprachgebrauch „Continuous Phase Frequency Shift Keying" (CPFSK), spricht [123], [138], [144].

Den Unterschied in der Zeitfunktion des Modulationsprodukts bei 4-PSK, Offset-4-PSK und CPFSK zeigt an einem typischen Beispiel Bild 3.35. Bei 4-PSK

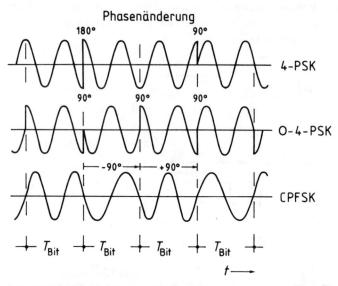

Bild 3.35 Zeitfunktion des Modulationsprodukts bei 4-PSK, Offset-4-PSK und CPFSK

erfolgt der Phasensprung um 90° oder 180° im Abstand von $2 \cdot T_{Bit}$, bei Offset-4-PSK treten die 90°-Phasensprünge im Abstand von T_{Bit} auf. Die Phasenänderung um 90° läuft bei CPFSK kontinuierlich ab innerhalb der Zeitdauer von T_{Bit}, bei sprunghafter Änderung der Frequenz.

Bild 3.36 gibt den Zusammenhang von Momentanphasenwinkel und Momentanfrequenz mit dem Datensignal wieder. Ergänzend dazu zeigt Bild 3.37 das Phasenzustandsdiagramm der CPFSK und die Ortskurve des Trägerzeigers bei cos-förmigem Modulationssignal.

Die Momentanfrequenz des Modulationsprodukts erhält man nach der Beziehung

$$f_M(t) = f_T + \frac{1}{2\pi} \cdot \frac{d\varphi_C(t)}{dt} .\tag{3.61}$$

3.5 Zweifrequenzumtastung (2-FSK)

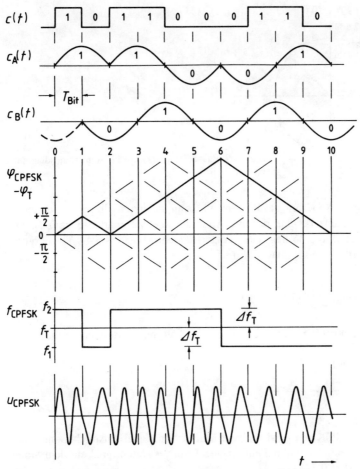

Bild 3.36 Verlauf von Momentanphasenwinkel und Momentanfrequenz bei der kontinuierlichen Phasen-Frequenzumtastung (CPFSK)

Innerhalb der Zeit $\Delta t = T_{Bit}$ erfolgt eine Phasenänderung um $\Delta \varphi = \pi/2$, so daß die Momentanfrequenz zwischen den Werten

$$f_1 = f_T - \frac{1}{2\pi} \cdot \frac{\pi/2}{T_{Bit}} = f_T - \frac{1}{4} \cdot f_{Bit} \tag{3.62}$$

und

$$f_2 = f_T + \frac{1}{2\pi} \cdot \frac{\pi/2}{T_{Bit}} = f_T + \frac{1}{4} \cdot f_{Bit} \tag{3.63}$$

schwankt.

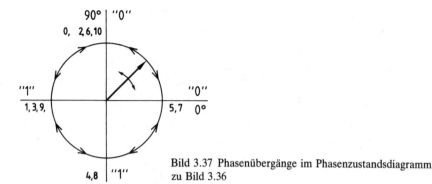

Bild 3.37 Phasenübergänge im Phasenzustandsdiagramm zu Bild 3.36

Eine negative Änderung des Phasenwinkels um π/2 innerhalb von T_{Bit} ergibt die Momentanfrequenz f_1, eine positive Änderung die Momentanfrequenz f_2. Der Darstellung in Bild 3.36 liegt eine Trägerfrequenz von $f_T = 5/4 \cdot f_{Bit}$ zugrunde. Der Frequenzhub beträgt nach Gl. (3.57)

$$\Delta f_T = \frac{|f_1 - f_2|}{2} = \frac{1}{4} \cdot f_{Bit} ,$$

was mit der Schrittdauer $T_s = T_{Bit}$ nach Gl. (3.59) einen Modulationsindex von

$$M = 2 \cdot \frac{\frac{1}{4} \cdot f_{Bit}}{f_{Bit}} = \frac{1}{2}$$

ergibt.

Die Offset-4-PSK mit cos-förmigem Modulationssignal entspricht somit einer Zweifrequenzumtastung durch ein rechteckförmiges Datensignal mit dem Modulationsindex $M = 0{,}5$.

Durch die beiden Dibit-Signale $c_A(t)$ und $c_B(t)$ wird die Information fest auf die 0°- und 90°-Komponente der Trägerschwingung übertragen, d. h. es liegt Bezugscodierung vor.

Erfolgt bei der CPFSK eine Phasendifferenzcodierung, dann ergibt sich ein spezielles Verfahren, das unter dem Namen „Minimum Shift Keying" (MSK) oder „Fast Frequency Shift Keying" (FFSK) bekannt ist [123], [138], [145], [146], [147]. Die Codierung wird z. B. so vorgenommen, daß eine auf das letzte Bit folgende logische „1" eine Phasendrehung um + 90° und eine logische „0" eine Phasendrehung um −90° bewirkt. Bild 3.38 zeigt dazu die notwendigen Dibit-Signale $c_C(t)$ und $c_D(t)$ sowie den Verlauf des um den Anteil $\varphi_T = \omega_T \cdot t$ verminderten Trägerphasenwinkels.

3.5 Zweifrequenzumtastung (2-FSK)

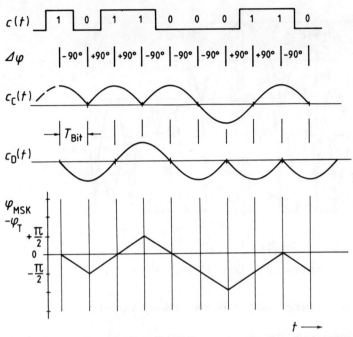

Bild 3.38 Verlauf des Momentanphasenwinkels bei der Minumum Shift Keying (MSK)

Die Signalrückgewinnung kann bei der MSK durch kohärente Phasendemodulation auf der 0°- und 90°-Achse mit einem Referenzträger beliebiger Absolutphasenlage erfolgen oder auf einfache Weise mittels inkohärenter Frequenzdemodulation. Die Störanfälligkeit des demodulierten Signals gegenüber Rauschen im Übertragungskanal ist in diesem Fall aber größer als bei Synchrondemodulation.

Die Erzeugung einer MSK oder FFSK geschieht nach dem beschriebenen Verfahren über die Vierphasenumtastung mit zeitlich um T_{Bit} versetzten Dibit-Signalen und cos-förmigen Impulsen. Eine einfachere Möglichkeit würde sich durch binäre Frequenzmodulation mit Hilfe eines spannungsgesteuerten Oszillators (VCO) anbieten. Durch Einschwingvorgänge bei dem realen VCO können aber die theoretisch günstigen Spektraleigenschaften wieder zunichte gemacht werden [123]. In [147] wird ein Verfahren beschrieben, wo der Versatz der orthogonalen Komponenten des Modulationsprodukts in der Frequenzebene eingeführt wird.

Das Leistungsspektrum der Offset-4-PSK und der MSK für ein zufälliges Datensignal gibt B i l d 3.39 wieder. Man erkennt bei der MSK den etwas breiteren Bereich bis zur ersten Nullstelle, aber auch das stärkere Absinken nach weiter abliegenden Frequenzen hin. Daraus ist wieder zu entnehmen, daß eine konstante

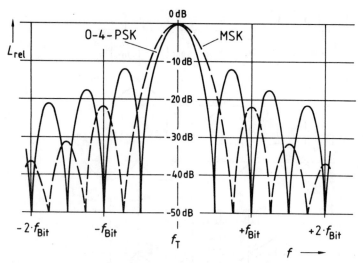

Bild 3.39 Leistungsspektrum bei der Offset-4-PSK und MSK

Einhüllende mit entsprechender Bandbreite erkauft werden muß [138], [145], [148].

Einen stärkeren Abfall des Spektrums erreicht man auch bei der Trägertastung mit Impulsen, die über eine Duobinär-Partial-Response-Codierung zustande kommen. Dieses Verfahren wurde bei der Basisbandübertragung im Abschnitt 2.4.2 erläutert. Unter gleichen Randbedingungen wie bei MSK geht die Einengung des Spektrums jedoch zu Lasten einer höheren Bitfehlerhäufigkeit [123].

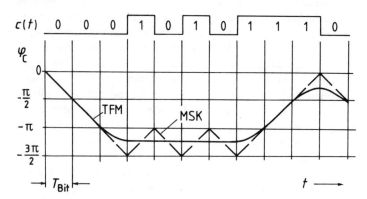

Bild 3.40 Verlauf des dem Codesignal proportionalen Phasenwinkels bei der Tamed Frequency Modulation (TFM)

3.5 Zweifrequenzumtastung (2-FSK)

Als günstiger Kompromiß zwischen relativ schmalem Spektrum und geringer Störanfälligkeit erweist sich ein Verfahren, das unter dem Namen „Tamed Frequency Modulation" (TFM) bekannt geworden ist. Bei dieser „gezähmten" FM läuft die Phase des Modulationsprodukts nur allmählich weg. Im Vergleich zur MSK mit festen Phasenänderungen von ± π/2 über ein Symbolintervall T_{Bit} sind bei der TFM die Phasenübergänge kontinuierlich mit einer Änderung von maximal π/2 je Symbolintervall (Bild 3.40). Man erhält ein Leistungsdichtespektrum, das gegenüber dem der MSK steil abfällt, wie aus Bild 3.41 zu ersehen ist.

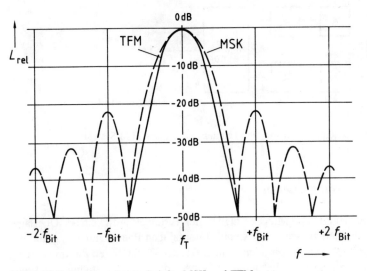

Bild 3.41 Leistungsspektrum bei der MSK und TFM

Zur Erzeugung einer TFM wird das binäre Datensignal zunächst so umcodiert, daß beim Auftreten der logischen „1" der Signalpegel sich ändert, während er bei einer logischen „0" unverändert bleibt. Ein Signalprozessor bestimmt dann den Verlauf des Phasenwinkels $\varphi_C(t)$ im Modulationsprodukt. Dazu bildet der Prozessor die Signale $\cos\varphi_C(t)$ und $\sin\varphi_C(t)$, die den beiden Modulatoren mit den orthogonalen Trägerkomponenten zugeführt werden. Empfangsseitig erfolgt Synchrondemodulation der beiden Trägerkomponenten. Nach Tiefpaßfilterung werden die Ausgangssignale der Demodulatoren abwechselnd abgetastet und über eine Decodierschaltung in das binäre Datensignal umgewandelt. Bild 3.42 zeigt an einem vereinfachten Blockschema die Sende- und Empfangsseite eines TFM-Systems [119], [123], [148], [149].

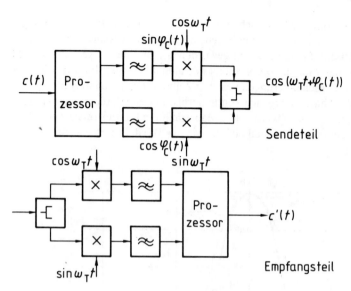

Bild 3.42 Blockschema der Sende- und Empfangsseite eines TFM-Systems

3.5.4 Einfluß von Rauschen

Die Frequenzumtastung liegt bezüglich der Bitfehlerhäufigkeit bei Überlagerung von Rauschen zwischen der wenig störanfälligen Phasenumtastung und der stärker beeinflußbaren Amplitudentastung. Bild 3.43 gibt diesen Zusammenhang abhängig vom Signal/Rauschabstand „E/N_0" wieder. Der Darstellung liegt eine Übertragungsbandbreite von $B_{HF} = f_{Bit}$ und bei Frequenz- und Phasenumtastung eine Synchrondemodulation zugrunde. Der ausnutzbare Frequenzhub ist damit maximal $1/2 \cdot f_{Bit}$, entsprechend einem Modulationsindex $M \leq 1$. Im Fall von inkohärenter FSK-Demodulation, wie sie meistens zur Anwendung kommt, ist für eine gegebene Bitfehlerhäufigkeit ein um etwa 1 dB höherer Signal/Rauschabstand im Bezugskanal erforderlich.

Die CPFSK verhält sich wie 4-PSK oder Offset-4-PSK. Bei MSK ist wegen der Phasendifferenzcodierung ein gegenüber 4-PSK um 1 dB höherer Signal/Rauschabstand notwendig. Ähnliches gilt für die TFM [106], [123], [144], [150].

Insgesamt gesehen erweist sich die Frequenzumtastung in bestimmten Fällen als ein zweckmäßiges Übertragungsverfahren. Es können nichtlineare Leistungsverstärker mit hohem Wirkungsgrad verwendet werden. Pegelschwankungen der Amplitude durch Mehrwegeausbreitung, wie sie besonders bei mobilen Systemen stark auftreten, wirken sich kaum aus, wenn das übertragene Codesignal nur aus

3.6 Höherwertige Trägerumtastung

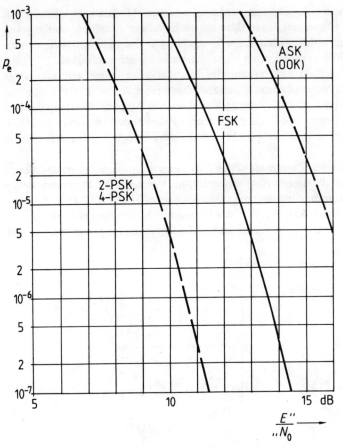

Bild 3.43 Bitfehlerhäufigkeit bei Zweifrequenzumtastung im Vergleich zur Zwei- und Vierphasenumtastung und zur Amplitudentastung

den Nulldurchgängen des Modulationsprodukts zurückgewonnen wird. Darüber hinaus fällt das Spektrum bei geformten Datenimpulsen relativ steil ab, was eine hohe Ausnutzung der Kanalbandbreite zuläßt [120], [121] [146].

3.6 Höherwertige Trägerumtastung

Durch den Übergang von Zweiphasenumtastung auf Vierphasenumtastung kann die notwendige Übertragungsbandbreite auf die Hälfte reduziert werden.

Eine noch bessere Bandbreiteausnutzung erlauben Modulationsverfahren mit höherwertiger Phasenumtastung oder mit mehrstufiger Amplitudentastung von zwei zueinander orthogonalen Trägerkomponenten. Die höhere Bandbreiteausnutzung ist jedoch verbunden mit einer zunehmenden Störanfälligkeit.

Man bezeichnet im allgemeinen die Modulationsverfahren mit konstanter Amplitude als „Phasenumtastung", entsprechend einer Anzahl 2^m der möglichen Phasenzustände mit 2^m-PSK, und die Verfahren mit Amplitudentastung der beiden Trägerkomponenten bei unterschiedlicher Polarität des Tastsignals als „Quadraturamplitudenmodulation" (QAM, QASK) mit 2^m möglichen Trägerzuständen [74].

Bild 3.44 gibt eine Zusammenstellung der Zeigerdiagramme bei verschiedenen mehrstufigen Modulationsverfahren wieder, im Vergleich der Phasenumtastung mit der Quadraturamplitudenmodulation. Als Sonderfall gilt die 4-PSK, die identisch ist mit einer 4-QAM. Aus den, der Übersichtlichkeit halber nicht eingezeichneten Entscheidungsgrenzen für eindeutige Zeichenerkennung ist zu ersehen, daß

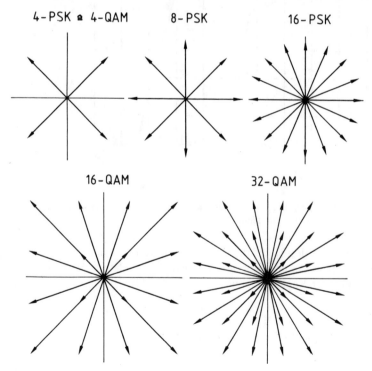

Bild 3.44 Zeigerdiagramme bei mehrstufiger Phasenumtastung und bei höherwertiger Quadraturamplitudenmodulation

3.6 Höherwertige Trägerumtastung

im Falle einer 16-stufigen Modulation die 16-PSK gegenüber der 16-QAM störanfälliger ist, was letzterer bei gleicher Bandbreiteausnutzung den Vorzug bringt [74], [151].

Man gelangt zu dem 2^m-wertigen Modulationsprodukt über eine Umcodierung des binären Datensignals in m parallele Codesignale, wie dies am Beispiel der 4-PSK bereits erläutert wurde.

3.6.1 Achtphasenumtastung (8-PSK)

Bei der 8-PSK erfolgt eine Umcodierung der Bitfolge in die Tribits A, B, C sowie eine Zuordnung auf die Trägerphasenlage z. B. nach folgendem Schema (Tabelle 3.7):

Tabelle 3.7

Bitfolge	Tribit A	B	C	Phasenlage
0 0 0	0	0	0	0°
0 0 1	0	0	1	45°
0 1 0	0	1	0	90°
0 1 1	0	1	1	135°
1 1 1	1	1	1	180°
1 1 0	1	1	0	225°
1 0 1	1	0	1	270°
1 0 0	1	0	0	315°

Das zugehörige Phasenzustandsdiagramm zeigt Bild 3.45 [152]. Die Dauer eines Signalschritts beträgt bei der 8-PSK

$$T_{\text{Tribit}} = 3 \cdot T_{\text{Bit}} \,, \tag{3.64}$$

womit sich eine mindest notwendige Übertragungsbandbreite ergibt von

$$B_{\text{HF}} = 2 \cdot \frac{1}{2} \cdot \frac{1}{3 \cdot T_{\text{Bit}}} = \frac{1}{3} \cdot f_{\text{Bit}} = \frac{1}{3} \cdot \frac{r_{\text{Bit}}}{\text{bit}} \,. \tag{3.65}$$

Mit dem Faktor 1,4 für die praktisch meist gewählte Bandbreite erhält man

$$B_{\text{HF, pr}} = 1{,}4 \cdot \frac{1}{3} \cdot f_{\text{Bit}} = 0{,}47 \cdot f_{\text{Bit}} = 0{,}47 \cdot \frac{r_{\text{Bit}}}{\text{bit}} \,. \tag{3.66}$$

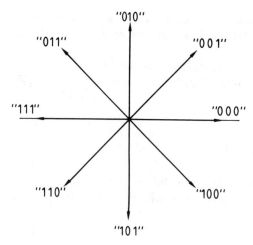

Bild 3.45 Phasenzustandsdiagramm der Achtphasenumtastung

Gegenüber der 2-PSK bedeutet dies eine Reduzierung der notwendigen Bandbreite auf ein Drittel.

Die technische Erzeugung einer 8-PSK kann auf verschiedenen Wegen erfolgen. Ein mögliches Verfahren basiert auf der Verwendung eines Quadraturmodulators wie bei der 4-PSK, dessen Codesignale $c_A(t)$ und $c_B(t)$ von der zusätzlichen Information des Tribits C so verändert werden, daß sich gegenüber den Phasenzuständen des 4-PSK-Signals eine Verschiebung um ± 22,5° ergibt. Das Phasenzustandsdiagramm für diesen Fall zeigt Bild 3.46.

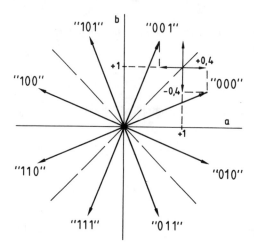

Bild 3.46 Phasenzustandsdiagramm der 8-PSK bei Erzeugung des Modulationsprodukts über einen 4-PSK-Modulator mit zusätzlichem Codesignal

3.6 Höherwertige Trägerumtastung

Die Phasenverschiebung um 22,5° erhält man, wenn den Steuersignalen $c_A(t)$ und $c_B(t)$ mit den möglichen Werten ± 1 gegensinnig ein zusätzliches Signal mit dem Betrag $\tan 22,5° = 0,4\ldots$ mit positivem oder negativem Wert addiert wird. Am Beispiel des 22,5°-Zeigers ist dies in Bild 3.46 dargestellt.

Der Codezuordnung auf die Trägerphase liegt folgende Vorschrift zugrunde:
Tribit A bestimmt, ob der Trägerzeiger rechts („0") oder links („1") von der 90°-Achse liegt.
Tribit B bestimmt, ob der Trägerzeiger oberhalb („0") oder unterhalb („1") der 0°-Achse liegt.
Tribit C schließlich bestimmt, ob für die Beträge der Tastsignale zutreffen muß $|c_a| > |c_b|$ (C = „0") oder $|c_a| < |c_b|$ (C = „1").

Die drei Codesignale $c_A(t)$, $c_B(t)$ und $c_C(t)$ werden dazu in einem Rechenwerk (R) verarbeitet, um dann als Tastsignale $c_a(t)$ und $c_b(t)$ an die beiden 2-PSK-Modulatoren zu gelangen (Bild 3.47).

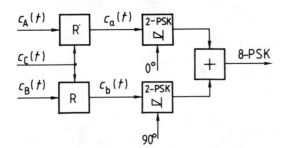

Bild 3.47 Blockschema der Erzeugung einer 8-PSK über einen 4-PSK-Modulator mit zusätzlichem Codesignal $c_C(t)$

Das Codierschema zu dem Phasenzustandsdiagramm nach Bild 3.46 erläutert Tabelle 3.8.

Tabelle 3.8

Tribit A	B	C	Tastsignalwert a	b	$\|a\| \gtrless \|b\|$
0	0	0	+1 + 0,4 = +1,4	+1 − 0,4 = +0,6	>
0	0	1	+1 − 0,4 = +0,6	+1 + 0,4 = +1,4	<
1	0	1	−1 + 0,4 = −0,6	+1 + 0,4 = +1,4	<
1	0	0	−1 − 0,4 = −1,4	+1 − 0,4 = +0,6	>
1	1	0	−1 − 0,4 = −1,4	−1 + 0,4 = −0,6	>
1	1	1	−1 + 0,4 = −0,6	−1 − 0,4 = −1,4	<
0	1	1	+1 − 0,4 = +0,6	−1 − 0,4 = −1,4	<
0	1	0	+1 + 0,4 = +1,4	−1 + 0,4 = −0,6	>

Dieses Verfahren wird z. B. in [103] und [153] beschrieben.

Nach einem in [154] angegebenen Verfahren werden die acht Phasenzustände in zwei Vierphasenmodulatoren erzeugt, deren Trägerkomponenten um 45° zueinander verschoben sind. Der binäre Datenstrom wird dabei so umgeformt, daß über die Tribitsignale $c_A(t)$, $c_B(t)$ und $c_C(t)$ vier parallele Steuersignale $c_a(t)$, $c_b(t)$, $c_c(t)$ und $c_d(t)$ entstehen, die an die Modulationseingänge der beiden Vierphasenmodulatoren angelegt werden. Deren Ausgangssignale zusammengefaßt ergeben das 8-PSK-Modulationsprodukt (Bild 3.48).

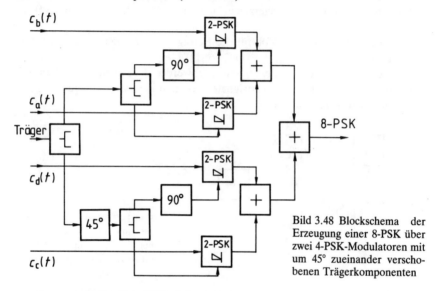

Bild 3.48 Blockschema der Erzeugung einer 8-PSK über zwei 4-PSK-Modulatoren mit um 45° zueinander verschobenen Trägerkomponenten

Die Umcodierung der Tribitsignale in die Steuersignale wird nach dem Schema der Tabelle 3.9 vorgenommen:

Tabelle 3.9

Tribit			Steuersignale				Resultierende aus		Phasen-
A	B	C	a	b	c	d	a und b	c und d	lage
0	0	0	0	0	0	1	1 + 1	$+\sqrt{2}$	22,5°
0	0	1	0	0	0	0	1 + 1	$+j\sqrt{2}$	67,5°
1	0	1	1	0	0	0	−1 + 1	$+j\sqrt{2}$	112,5°
1	0	0	1	0	1	0	−1 + 1	$-\sqrt{2}$	157,5°
1	1	0	1	1	1	0	−1 − 1	$-\sqrt{2}$	202,5°
1	1	1	1	1	1	1	−1 − 1	$-j\sqrt{2}$	247,5°
0	1	1	0	1	1	1	1 − 1	$-j\sqrt{2}$	292,5°
0	1	0	0	1	0	1	1 − 1	$+\sqrt{2}$	337,5°

Das Phasenzustandsdiagramm zeigt Bild 3.49.

3.6 Höherwertige Trägerumtastung

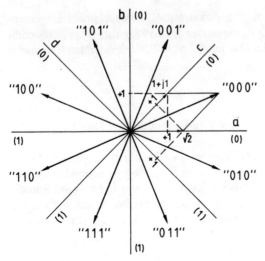

Bild 3.49 Phasenzustandsdiagramm der 8-PSK bei Erzeugung mit der Anordnung nach Bild 3.48

Eine 8-PSK könnte mit zwei Vierphasenmodulatoren und um 45° versetzten Trägerkomponenten auch so erzeugt werden, daß mit zwei Steuersignalen in einem 4-PSK-Modulator bereits eine bestimmte Trägerphasenlage gebildet wird, während die beiden anderen Steuersignale den zweiten 4-PSK-Modulator in seinen beiden Trägerkomponenten sperren. Die Trägerphasenlagen würden in diesem Fall bei 0°, 45°, 90° usw. liegen. Dieses Verfahren erfordert aber eine hohe Stabilität der Trägerunterdrückung.

Auch bei der Achtphasenumtastung wird in den meisten Fällen eine Phasendifferenzcodierung vorgenommen, um bei der Demodulation einen Referenzträger ohne Absolutphasenbezug verwenden zu können. Nach der CCITT-Empfehlung V.27 ist bei Datenübertragung über Fernsprechleitungen mit 4-DPSK (2400 bit/s) und 8-DPSK (4800 bit/s) die Zuordnung der Dibits bzw. Tribits zum Phasenwechsel $\Delta\varphi$ nach der Tabelle 3.10 festgelegt [155]:

4-DPSK Dibit A	B	Phasenwechsel $\Delta\varphi$
0	0	0°
0	1	90°
1	1	180°
1	0	270°

Tabelle 3.10

8-DPSK Tribit A	B	C	Phasenwechsel $\Delta\varphi$
0	0	1	0°
0	0	0	45°
0	1	0	90°
0	1	1	135°
1	1	1	180°
1	1	0	225°
1	0	0	270°
1	0	1	315°

Die Demodulation der 8-PSK wird mit zwei 4-PSK-Demodulatoren vorgenommen. Die Trägerrückgewinnung ist gegenüber der 4-PSK entsprechend aufwendiger. Prinzipiell kann diese wieder über eine COSTAS-Schleife oder durch Remodulation erfolgen [154], [156].

3.6.2 Sechzehnstufige Quadraturamplitudenmodulation (16-QAM)

Von der 8-PSK ausgehend führt der nächste binäre Schritt zur 16-PSK. Dieses Verfahren hat jedoch keine praktische Bedeutung, weil es gegenüber der 16-stufigen Quadraturamplitudenmodulation empfindlicher ist in bezug auf Rauschstörungen. Bei mehrstufiger (2^m) Phasenumtastung berechnet sich nach einem trigonometrischen Ansatz die maximal bis zur Entscheidungsgrenze zulässige Amplitude eines Störsignals zu

$$\hat{u}_{T_{St}} = \sin\left(\frac{180°}{2^m}\right) \cdot \hat{u}_T . \tag{3.67}$$

Im Falle der 16-PSK ergibt dies einen Wert von $\hat{u}_{T_{St}} = 0{,}195 \cdot \hat{u}_T$.

Bei Quadraturamplitudenmodulation mit a verschiedenen Zuständen einer Trägerkomponente in 0°- oder 90°-Lage berechnet sich die mit maximaler Trägeramplitude $\hat{u}_{T_{max}}$ noch mögliche Störträgeramplitude nach der Beziehung

$$\hat{u}_{T_{St}} = \frac{\sqrt{2}}{2 \cdot (a - 1)} \cdot \hat{u}_{T_{max}} . \tag{3.68}$$

Eine 16-stufige Quadraturamplitudenmodulation weist auf einer Achse vier mögliche Trägerzustände auf, was einen Höchstwert des Störträgers ergibt von $\hat{u}_{T_{St}} = 0{,}235 \cdot \hat{u}_{T_{max}}$ [152], [158], [173].

Das Phasenzustandsdiagramm einer 16-QAM zeigt B i l d 3.50. Die Zuordnung der Trägervektoren auf das binäre 4-bit-Codewort ist über die Quadbits so getroffen, daß das erste Bit nach der rechten („0") bzw. linken („1") Hälfte der 4-Quadranten-Darstellung unterscheidet und das zweite Bit die obere („0") oder untere („1") Hälfte angibt. Somit legen die ersten beiden Bits den zuständigen Quadranten des Diagramms fest.

Dem Phasenzustandsdiagramm (Bild 3.50) ist zu entnehmen, daß sich die 16 Signalzustände aus den zwei Amplitudenstufen mit $1/3 \cdot \hat{u}_T$ und $1 \cdot \hat{u}_T$ der 0°-Komponente und der 90°-Komponente des Trägers zusammensetzen, die jeweils zwischen 0° und 180° in der Phase umgetastet werden. Daraus ergeben sich für das 16-QAM-Signal resultierend drei verschiedene Amplitudenzustände bei

3.6 Höherwertige Trägerumtastung

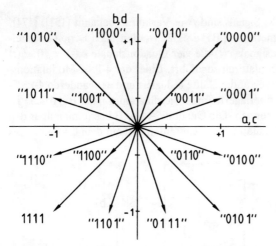

Bild 3.50 Phasenzustandsdiagramm der sechzehnstufigen Quadraturamplitudenmodulation (16-QAM)

$0{,}47 \cdot \hat{u}_T$, $1{,}05 \cdot \hat{u}_T$ und $1{,}41 \cdot \hat{u}_T$ (siehe dazu Bild 3.51), sowie zwölf verschiedene Phasenzustände bei 18,43°, 45° und 71,57° im ersten Quadranten und entsprechend um 90°, 180° und 270° höheren Werten im zweiten, dritten und vierten Quadranten.

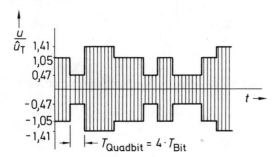

Bild 3.51 Normierter Betrag der Spannung der Zeitfunktion bei der 16-QAM

Die Dauer eines Signalschritts (Quadbit) beträgt bei einer 16stufigen Trägertastung

$$T_{\text{Quadbit}} = 4 \cdot T_{\text{Bit}} \,. \tag{3.69}$$

Die mindest notwendige Übertragungsbandbreite reduziert sich nun auf

$$B_{\text{HF}} = 2 \cdot \frac{1}{2} \cdot \frac{1}{4 \cdot T_{\text{Bit}}} = \frac{1}{4} \cdot f_{\text{Bit}} = \frac{1}{4} \cdot \frac{r_{\text{Bit}}}{\text{bit}} \tag{3.70}$$

bzw. mit dem Faktor 1,4 für die praktisch meist gewählte Bandbreite

$$B_{\text{HF, pr}} = 1{,}4 \cdot \frac{1}{4} \cdot f_{\text{Bit}} = 0{,}35 \cdot f_{\text{Bit}} = 0{,}35 \cdot \frac{r_{\text{Bit}}}{\text{bit}} \,. \tag{3.71}$$

Zur Erzeugung eines 16-QAM-Signals sind zwei Verfahren bekannt [151], [174]. Bei der sog. Superpositionsmethode (Bild 3.52) werden nach Serien-Parallel-Wandlung des binären Datensignals $c(t)$ die vier Quadbitsignale $c_a(t)$, $c_b(t)$, $c_c(t)$ und $c_d(t)$ den zwei 4-PSK-Modulatoren zugeführt. Eines der 4-PSK-Modulationsprodukte wird in der Amplitude auf die Hälfte reduziert und dem anderen 4-PSK-Modulationsprodukt additiv überlagert. Im Zeigerdiagramm nach Bild 3.53 ist dieser Vorgang deutlich zu erkennen. Die Quadbits A und B bestimmen über den in Bild 3.52 oberen 4-PSK-Modulator den Quadranten und mit dem Endpunkt des

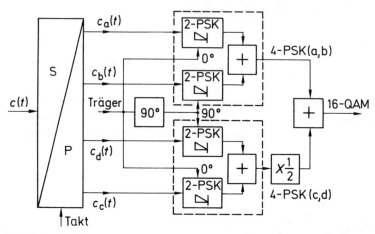

Bild 3.52 Blockschema der Erzeugung einer 16-QAM nach der Superpositionsmethode

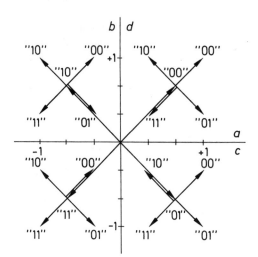

Bild 3.53 Zeigerdiagramm der 16-QAM bei dem Verfahren der Superpositionsmethode

3.6 Höherwertige Trägerumtastung

darin liegenden Trägervektors den Nullpunkt für das zu überlagernde 4-PSK-Signal aus dem in Bild 3.52 unteren Modulator, der von den Quadbits C und D angesteuert wird. Der resultierende Vektor setzt sich somit zusammen aus dem Modulationsprodukt der 4-PSK-(a, b) mit den

$$\text{Komponenten} \pm \frac{2}{3} \pm j\frac{2}{3}$$

und dem um 6 dB abgeschwächten Modulationsprodukt der 4-PSK-(c, d) mit den

$$\text{Komponenten} \pm \frac{1}{3} \pm j\frac{1}{3}.$$

Dies gibt Tabelle 3.11 wieder.

Tabelle 3.11

Quadbit				Trägerkomponente				Resultierende	
A	B	C	D	a	b	c	d		
0	0	0	0	+ 2/3	+ j 2/3	+ 1/3	+ j 1/3	+ 1	+ j 1
0	0	0	1	+ 2/3	+ j 2/3	+ 1/3	− j 1/3	+ 1	+ j 1/3
0	0	1	0	+ 2/3	+ j 2/3	− 1/3	+ j 1/3	+ 1/3	+ j 1
0	0	1	1	+ 2/3	+ j 2/3	− 1/3	− j 1/3	+ 1/3	+ j 1/3
0	1	0	0	+ 2/3	− j 2/3	+ 1/3	+ j 1/3	+ 1	− j 1/3
0	1	0	1	+ 2/3	− j 2/3	+ 1/3	− j 1/3	+ 1	− j 1
0	1	1	0	+ 2/3	− j 2/3	− 1/3	+ j 1/3	+ 1/3	− j 1/3
0	1	1	1	+ 2/3	− j 2/3	− 1/3	− j 1/3	+ 1/3	− j 1
1	1	1	1	− 2/3	− j 2/3	− 1/3	− j 1/3	− 1	− j 1
1	1	1	0	− 2/3	− j 2/3	− 1/3	+ j 1/3	− 1	− j 1/3
1	1	0	1	− 2/3	− j 2/3	+ 1/3	− j 1/3	− 1/3	− j 1
1	1	0	0	− 2/3	− j 2/3	+ 1/3	+ j 1/3	− 1/3	− j 1/3
1	0	1	1	− 2/3	+ j 2/3	− 1/3	− j 1/3	− 1	+ j 1/3
1	0	1	0	− 2/3	+ j 2/3	− 1/3	+ j 1/3	− 1	+ j 1
1	0	0	1	− 2/3	+ j 2/3	+ 1/3	− j 1/3	− 1/3	+ j 1/3
1	0	0	0	− 2/3	+ j 2/3	+ 1/3	+ j 1/3	− 1/3	+ j 1

Bei dem anderen Verfahren, der sog. Additionsmethode (Bild 3.54), wird das binäre Datensignal $c(t)$ nach Serien-Parallel-Wandlung und Zusammenfassen von jeweils zwei Quadbitsignalen zu den Codesignalen $c_A(t)$ und $c_B(t)$ über Digital-Analog-Wandler in zwei vierstufige Signale $c_{A,q}(t)$ und $c_{B,q}(t)$ umgewandelt. Diese steuern die beiden 2-PSK-ASK-Modulatoren für die 0°- und 90°-Trägerkomponenten. In diesen Modulatoren wird die anliegende Trägerschwingung mit dem vierstufigen Signal so multipliziert, daß jeweils zwei Signalzustände positive und zwei Signalzustände negative Phasenlage des Modulationsprodukts ergeben,

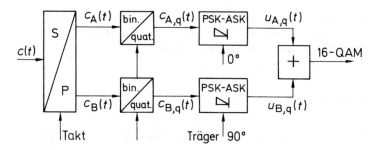

Bild 3.54 Blockschema der Erzeugung einer 16-QAM-x nach der Additionsmethode

mit den Amplitudenwerten $1/3 \cdot \hat{u}_T$ und $1 \cdot \hat{u}_T$. Addiert man die beiden zueinander in Quadratur stehenden Modulationsprodukte $u_{A,q}(t)$ und $u_{B,q}(t)$, so ergibt sich das gewünschte 16-QAM-Signal. Bild 3.55 gibt das Zustandekommen der verschiedenen Trägerzustände wieder.

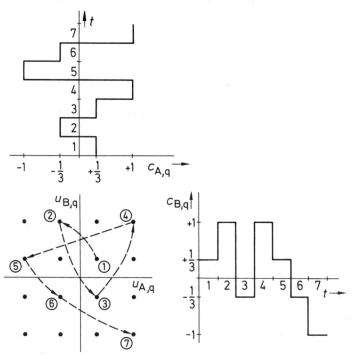

Bild 3.55 Zustandekommen der möglichen Trägerzustände bei 16-QAM bei der Additionsmethode

3.6 Höherwertige Trägerumtastung

Auf der Empfangsseite wird das 16-QAM-Signal zwei Synchrondemodulatoren zugeführt, die den Referenzträger von einer Trägerrückgewinnungsschaltung erhalten. Der zur Trägerrückgewinnung abgezweigte Anteil des 16-QAM-Signals wird zuerst in ein 4-PSK-Signal umgewandelt, indem nur die vier Trägerphasenlagen bei 45°, 135°, 225° und 315° berücksichtigt werden. Das Signal gelangt dazu über einen Amplitudenentscheider, der Trägeranteile mit einer Amplitude von größer 5/6 oder kleiner 3/6 des Maximalwerts durchläßt und dazwischenliegende Amplitudenwerte, die mit den Phasenzuständen von 0° ± 18,43°, 90° ± 18,43°, 180° ± 18,43° und 270° ± 18,43° verbunden sind, unterdrückt. Nach dem Verfahren der zweifachen Quadrierung oder mit der COSTAS-Schleife erfolgt dann die eigentliche Trägerrückgewinnung.

Wegen der ausgetasteten Trägerzustände mit den nicht ausgewerteten Phasenzuständen würde die PLL-Schaltung in der Trägerrückgewinnung außer Tritt fallen. Es wird deshalb die Regelspannung aus dem Phasendiskriminator erst über eine Abtast-Halte-Schaltung dem VCO zugeführt, womit die Zeitintervalle der unterdrückten Signalzustände überbrückt werden [151], [158], [159], [160].

Bei der Trägerrückgewinnung tritt wieder das Problem der Mehrdeutigkeit der Phasenlage der erzeugten Referenzträgerschwingung um Vielfache von 90° auf. Man wendet deshalb auch bei der 16-QAM das Verfahren der Phasendifferenzcodierung an.

Nachdem in dem 4-bit-Codewort nur die beiden ersten Bits für den Quadranten und damit für dessen Bezugswinkel (45°, 135°, 225°, 315°) verantwortlich sind, genügt es, nur diese beiden Bits differenzzucodieren. Die Zuordnung der beiden letzten Bits wird nun in Abänderung gegenüber Bild 3.50 so gewählt, daß sie in allen vier Quadranten gleichsinnig und symmetrisch zum Nullpunkt ist (Bild 3.56). Es erübrigt sich damit eine Differenzcodierung der beiden letzten Bits. Bei der Codierung auf der Sendeseite bzw. Decodierung auf der Empfangsseite ist zu

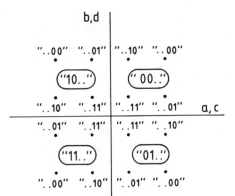

Bild 3.56 Diagramm der Endpunkte der Trägervektoren bei 16-QAM mit Phasendifferenzcodierung

berücksichtigen, daß die Quadbits C und D entsprechend der Signallaufzeit der Quadbits A und B im Phasensummen- bzw. Phasendifferenzrechner auch um diese Zeit $4 \cdot T_{Bit}$ zu verzögern sind, bevor sie den Modulatoren zugeführt werden.

Über die 16wertige Quadraturamplitudenmodulation hinaus laufen derzeit Entwicklungen zu einer 64-QAM bzw. 256-QAM. Der Bandbreitebedarf läßt sich damit gegenüber der 16-QAM jeweils um den Faktor zwei reduzieren. Es steigt aber auch die Störanfälligkeit gegenüber Signalverzerrungen und Rauschen im Übertragungskanal erheblich an. Die Forderungen bezüglich Linearität im Amplituden- und Phasen bzw. Laufzeitverhalten im Sende- und Empfangsweg sind sehr hoch. Adaptive Entzerrer sind hier unumgänglich [175], [176].

3.7 Vergleich der Eigenschaften verschiedener Phasenumtastverfahren

Bei der Auswahl eines digitalen Modulationsverfahrens stehen die Kriterien der Bandbreiteausnutzung und der Störanfälligkeit gegenüber Rauschen im Vordergrund. Die notwendige Übertragungsbandbreite kann zunächst als theoretischer Wert der Bandbreite des NYQUIST-Kanals angegeben werden. Sie ist abhängig von der Schrittdauer T_s bzw. der Symbolrate $1/T_s$, die wiederum über die Wertigkeit 2^m des Signalelements auf die Bitrate r_{Bit} des binären Signals bzw. dessen Bitfolgefrequenz f_{Bit} bezogen werden kann.

Die bei allen Phasenumtastverfahren mindest notwendige HF-Übertragungsbandbreite, nach dem ersten NYQUIST-Kriterium bis zur ersten Harmonischen des schnellstmöglichen Wechsels im Datensignal, beträgt

$$B_{HF} = 2 \cdot \frac{1}{2 \cdot T_s} = \frac{1}{T_s}$$

$$= 2 \cdot \frac{1}{2 \cdot m \cdot T_{Bit}} = \frac{1}{m} \cdot f_{Bit} = \frac{1}{m} \cdot \frac{r_{Bit}}{bit} . \quad (3.72)$$

Siehe dazu auch Gl. (3.53).

Es leitet sich daraus bei 2^m-wertigen Signalelementen eine theoretisch maximal mögliche Bandbreiteausnutzung ab mit

$$\frac{r_{Bit}}{B_{HF}} = m \ \frac{bit/s}{Hz} . \quad (3.73)$$

3.7 Vergleich der Eigenschaften verschiedener Phasenumtastverfahren

Die praktisch erreichbare Bandbreiteausnutzung liegt darunter, weil zur Übertragung des Digitalsignals mit einer gegenüber Gl. (3.71) größeren HF-Bandbreite gerechnet werden muß. In den Gln. (3.9), (3.13), (3.36) und (3.66) ist dies mit dem Faktor 1,4 berücksichtigt.

Der tatsächliche Wert der Bandbreiteausnutzung hängt sehr von der Form der Bandbegrenzung ab, die das Spektrum des Modulationsprodukts aufweist. Die Formung des Spektrums wird meist an verschiedenen Stellen vorgenommen, zum Teil im Basisbandsignal und zum Teil nach dem Modulator. Bei einem insgesamt $\cos^2$-förmigen Abfall des Spektrums mit einem Roll-off-Faktor von $r = 0,4$ ergibt das eine Gesamtbandbreite von

$$B_{HF,\,pr} = 2 \cdot \frac{1}{2} \cdot f_{Bit} \cdot \frac{1}{m} \cdot (1 + r)$$

$$= 1,4 \cdot \frac{1}{m} \cdot f_{Bit} = 1,4 \cdot \frac{1}{m} \cdot \frac{r_{Bit}}{bit}. \tag{3.74}$$

Die Störanfälligkeit gegenüber Rauschen wird durch den für eine vorgegebene Bitfehlerhäufigkeit mindest notwendigen Signal/Rauschabstand angegeben. Vielfach bezieht man sich dabei auf das logarithmierte Verhältnis von Signalenergie E je Bit zur Rauschleistungsdichte N_0 („E/N_0" in dB), um einen direkten Vergleich der Modulationsverfahren zu erhalten. Mehr Bedeutung hat der Wert „R" bzw. „C/N" in dB als ein Maß für den innerhalb der HF-Bandbreite nach Gl. (3.71) vorliegenden Signal/Rauschabstand. Tatsächlich müssen jedoch gewisse Degradationseinflüsse an dem realen Übertragungssystem berücksichtigt werden, womit sich für den vor dem Demodulator praktisch notwendigen Signal/Rauschabstand ein etwas höherer Wert ergibt als der nach Gl. (3.55) mit

$$\left(\frac{„C"}{„N"}\right)_m = 10 \lg\left(\frac{E}{N_0} \cdot m\right) \text{ dB}$$

berechnete.

Tabelle 3.12 gibt nun eine Zusammenstellung der Kenngrößen von derzeit angewendeten Verfahren der Phasenumtastung und Quadraturamplitudenmodulation wieder [151], [152], [161], [175].

Der Vergleich zeigt, daß die Bandbreiteausnutzung mit höherwertiger Modulation besser wird und damit die erforderliche Übertragungsbandbreite bei gegebener Bitrate reduziert werden kann. Allerdings verlangt dies auch einen höheren Signal/Rauschabstand. Mit zunehmender Komplexität des Verfahrens liegen dabei die praktisch notwendigen Werte des HF-Signal/Rauschabstandes „C/N" um einige dB höher als die theoretisch berechneten Werte.

Tabelle 3.12

Modulationsverfahren	2-PSK	4-PSK	8-PSK	16-PSK	16-QAM	32-QAM	64-QAM
Amplitudenzustände	1	1	1	1	3	5	9
Phasenzustände	2	4	8	16	12	28	52
Trägerzustände	2	4	8	16	16	32	64
theoretisch max. Bandbreiteausnutzung in bit/s/Hz	1	2	3	4	4	5	6
praktische Bandbreiteausnutzung in bit/s/Hz	0,7	1,4	2,1	2,8	2,8	3,6	4,2
mit praktischer Übertragungsbandbreite bezogen auf f_{Bit}	1,4	0,7	0,47	0,35	0,35	0,28	0,23
„E/N_0" in dB für $p_e = 10^{-6}$	10,7	10,7	13,8	18,2	14,5	17,2	19
„C/N" in dB, praktisch für $p_e = 10^{-6}$ etwa	10,7	13,7	18,8	24	20,5	24	27

Um eine sichere Übertragung zu gewährleisten, auch bei ungünstigen und schwankenden Übertragungsbedingungen, werden zunehmend auch bei der hochfrequenten Digitalsignalübertragung die adaptive Basisbandentzerrung und Fehlerschutzmaßnahmen vorgenommen.

Beispiele zu Abschnitt 3

Beispiel 3.1

Das digitale Zeitmultiplexsignal eines PCM-120-Systems (120 Fernsprechkanäle) mit einer Bitrate von $r_{Bit} = 8{,}448$ Mbit/s soll durch Tastung einer hochfrequenten Trägerschwingung übertragen werden. Zur Diskussion stehen die Verfahren
a) 2-FSK, mit einem Modulationsindex $M = 1$ und inkohärenter Demodulation
b) 2-PSK, mit Synchrondemodulation und Bezugscodierung
c) 4-PSK, mit Synchrondemodulation und Phasendifferenzcodierung.

Zu berechnen ist die praktisch notwendige HF-Bandbreite $B_{HF,pr}$ und die Trägerspannung U_T am Empfängereingang mit $R_{ant} = 50\,\Omega$ bei einer Rauschzahl des Empfangssystems von $F = 5$ für eine Bitfehlerhäufigkeit $p_e = 10^{-6}$.

Lösung zu a) *2-FSK*

Das Spektrum einer 2-FSK mit $M = 1$ für eine periodische 1-0-Bitfolge ist dem Bild 3.32 zu entnehmen. Die ersten Nullstellen treten im Abstand von $3/2 \cdot f_{Bit}$ symmetrisch zum Träger auf. Berücksichtigt man die Spektralkomponenten bis zur ersten Nullstelle, so ergibt sich die dabei notwendige HF-Bandbreite zu

$$B_{HF,pr} = 2 \cdot \frac{3}{2} \cdot f_{Bit} = 2 \cdot \frac{3}{2} \cdot \frac{r_{Bit}}{bit} = 25{,}34 \text{ MHz}.$$

Mit der Rauschzahl $F = 5$ beträgt die Rauschleistungsdichte am Empfängereingang

$$P'_R = F \cdot k \cdot T_0 = 5 \cdot 4{,}1 \cdot 10^{-21} \text{ Ws} = 2{,}05 \cdot 10^{-20} \text{ Ws}.$$

Innerhalb der NYQUIST-Bandbreite $B_{HF} = f_{Bit}$ ergibt das eine Rauschleistung von

$$P_{R_N} = P'_R \cdot f_{Bit} = 2{,}05 \cdot 10^{-20} \text{ Ws} \cdot 8{,}448 \cdot 10^6 \frac{1}{s} = 1{,}73 \cdot 10^{-13} \text{ W}.$$

Für eine Bitfehlerhäufigkeit von $p_e = 10^{-6}$ ist bei 2-FSK mit Synchrondemodulation nach Bild 3.43 ein Wert von „E/N_0" $= 13{,}5$ dB erforderlich. Bei inkohärenter Demodulation ist mit etwa 1 dB mehr zu rechnen, also mit „E/N_0" $= 14{,}5$ dB.

Die notwendige Trägerleistung P_T am Empfängereingang berechnet sich dann aus Gl. (3.18)

$$\frac{E}{N_0} = 10^{„E/N_0"/10} = \frac{P_T}{P_{R_N}}$$

zu $P_T = 10^{14{,}5/10} \cdot 1{,}73 \cdot 10^{-13}$ W $= 4{,}87 \cdot 10^{-12}$ W,

was wiederum an dem Eingangswiderstand von $R_{ant} = 50\ \Omega$ einer Spannung von

$$U_T = \sqrt{P_T \cdot R_{ant}} = 15{,}6\ \mu V$$

entspricht.

Lösung zu b) 2-PSK

Nach Gl. (3.13) erhält man die praktisch notwendige Bandbreite zu

$$B_{HF,pr} = 1{,}4 \cdot f_{Bit} = 1{,}4 \cdot \frac{r_{Bit}}{bit} = 11{,}82 \text{ MHz}.$$

Bei 2-PSK mit Synchrondemodulation und Bezugscodierung entnimmt man Bild 3.10 bzw. Bild 3.43 für $p_e = 10^{-6}$ den Wert „E/N_0" $= 10{,}5$ dB.

Damit berechnet sich die Trägerleistung P_T aus dem gleichen Ansatz wie bei 2-FSK zu

$$P_T = 10^{10{,}5/10} \cdot 1{,}73 \cdot 10^{-13} \text{ W} = 1{,}94 \cdot 10^{-12} \text{ W}$$

und eine Trägerspannung am Empfängereingang von

$$U_T = 9{,}85\ \mu V.$$

Lösung zu c) 4-PSK

Bei 4-PSK erniedrigt sich die notwendige Bandbreite nach Gl. (3.36) auf

$$B_{HF,pr} = 0{,}7 \cdot f_{Bit} = 0{,}7 \cdot \frac{r_{Bit}}{bit} = 5{,}91 \text{ MHz}.$$

Der Wert „E/N_0" $= 10{,}5$ dB gilt auch für 4-PSK (siehe Bild 3.43).

Da nun aber die Bandbreite $B_{HF,4\text{-PSK}} = 1/2 \cdot B_{HF,2\text{-PSK}}$ ist, erhält man bei gleicher Trägerleistung den notwendigen HF-Signal/Rauschabstand „R" innerhalb der Bandbreite $B_{HF,4\text{-PSK}}$ gemäß Gl. (3.55) mit dem jetzt 4wertigen ($m = 2$) Signalschritt zu

$$\text{„R"} = 10 \lg \left(\frac{E}{N_0} \cdot m \right) = 10 \lg \frac{E}{N_0} + 10 \lg m = \frac{E"}{\text{„}N_0} + 3 \text{ dB} = 13{,}5 \text{ dB}.$$

Wegen der Phasendifferenzcodierung sind außerdem noch 0,3 dB zu berücksichtigen, so daß für die Berechnung der HF-Signal/Rauschabstand anzusetzen ist mit „R" = 13,8 dB.

Die Rauschleistung innerhalb der HF-Bandbreite $B_{\text{HF, 4-PSK}} = 1/2 \cdot f_{\text{Bit}}$ beträgt nun

$$P_{R_{\text{HF}}} = P'_R \cdot B_{\text{HF, 4-PSK}} = 2{,}05 \cdot 10^{-20} \text{ Ws} \cdot \frac{1}{2} \cdot 8{,}4448 \cdot 10^6 \frac{1}{\text{s}}$$

$$= 8{,}66 \cdot 10^{-14} \text{ W},$$

woraus sich die am Empfängereingang notwendige Trägerleistung P_T zu

$$P_T = 8{,}66 \cdot 10^{-14} \text{ W} \cdot 10^{13{,}8/10} = 2{,}07 \cdot 10^{-12} \text{ W}$$

bzw. die Trägerspannung U_T zu

$$U_T = 10{,}2 \text{ µV}$$

ergibt.

Den Ergebnissen aus a) und c) ist zu entnehmen, daß die 4-PSK zur günstigsten Lösung führt.

Beispiel 3.2

Die Selektionskurve des Empfängers weise einen $\cos^2$-förmigen Abfall auf mit einem Roll-off-Faktor von $r = 0{,}4$.

Welche Trägerspannung U_T berechnet sich im vorangehenden Beispiel bei 4-PSK unter Berücksichtigung der tatsächlichen Rauschbandbreite des $\cos^2$-Roll-off-Tiefpasses.

Lösung

Eine Definition der verschiedenen Bandbreitenwerte ist in Bild 3.57 gegeben. Die Rauschbandbreite bei $\cos^2$-förmigem Roll-off des Bandpaßfilters berechnet sich aus der Rauschbandbreite des $\cos^2$-Roll-off-Tiefpasses nach Gl. (2.112) zu

$$B_{R_{\text{HF}}} = 2 \cdot B_R = 2 \cdot B \cdot (1 - 0{,}25 \cdot r) = B_{\text{HF}} \cdot (1 - 0{,}25 \cdot r) . \tag{3.75}$$

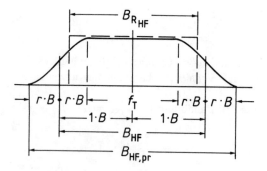

Bild 3.57 Zur Definition der Bandbreitebezeichnungen

Die tatsächliche Übertragungsbandbreite $B_{HF,pr}$ wurde am Beispiel 3.1 berechnet zu 5,91 MHz. Nach Bild 3.57 gilt ähnlich wie in Gl. (2.69)

$$B_{HF,pr} = B_{HF} \cdot (1 + r) \;.$$

Man erhält so mit $r = 0,4$ die 50%-Bandbreite zu

$$B_{HF} = \frac{1}{1,4} \cdot 5,91 \text{ MHz} = 4,22 \text{ MHz}$$

und die Rauschbandbreite zu

$$B_{R_{HF}} = 4,22 \cdot (1 - 0,25 \cdot 0,4) = 3,8 \text{ MHz} \;.$$

Mit einer Rauschleistungsdichte von $P'_R = 2,05 \cdot 10^{-20}$ Ws ergibt das eine tatsächliche Rauschleistung innerhalb der Durchlaßkurve des Empfängers, bezogen auf dessen Eingang, von

$$P_{R_{HF}} = P'_R \cdot B_{R_{HF}} = 7,8 \cdot 10^{-14} \text{ W} \;.$$

Daraus berechnet sich eine notwendige Trägerspannung von

$$U_T = \sqrt{7,8 \cdot 10^{-14} \text{ W} \cdot 10^{1,38} \cdot 50\,\Omega} = 9,67 \text{ μV} \;.$$

Beispiel 3.3

Es wird ein Vergleich angestellt über die bei einem Direktempfangs-Rundfunksatellit zur Übertragung eines Tonkanals notwendige Sendeleistung bei digitaler gegenüber analoger Modulation des Trägers.

Beispiele zum Abschnitt 3 249

Gefordert ist ein Signal/Geräuschabstand von $S_G = 65$ dB im demodulierten und decodierten Tonsignal mit der Bandbreite von $B_{NF} = 15$ kHz. Die niederfrequente Rauschbandbreite $B_{R_{NF}}$ wird dabei der Signalbandbreite B_{NF} gleichgesetzt.

Die Trägerfrequenz beträgt 12 GHz. Das Gewinnmaß der Sendeantenne beim Satelliten wird mit $g_S = 40{,}8$ dB angenommen. Als Empfangsantenne dient eine 90-cm-Parabolantenne, die Rauschzahl des Empfangssystems betrage $F = 3{,}8$.

Die Freiraumdämpfung bei $f = 12$ GHz über die Entfernung $d = 38\,000$ km vom geostationären Satellit bis zur Erde berechnet sich zu

$$a_0 = 92{,}4 + 20 \lg d/\text{km} + 20 \lg f/\text{GHz dB}.$$
$$a_0 = 92{,}4 + 20 \lg 38\,000 + 20 \lg 12 = 205{,}6 \text{ dB}. \qquad (3.76)$$

Das Gewinnmaß der Empfangsantenne wird mit der Beziehung

$$g_E = 10 \lg 0{,}55 \cdot \frac{\pi^2 \cdot D^2}{\lambda^2} \text{ dB} \qquad (3.77)$$

$$g_E = 10 \lg 0{,}55 \cdot \frac{\pi^2 \cdot (90 \text{ cm})^2}{(2{,}5 \text{ cm})^2} = 38{,}5 \text{ dB},$$

womit sich eine Übertragungsdämpfung vom Senderausgang beim Satelliten bis zum Empfängereingang beim Rundfunkteilnehmer ergibt von

$$a_Ü = a_0 - g_S - g_E = 126{,}3 \text{ dB}.$$

Die Rauschleistung im Bezugskanal mit der Bandbreite B_{NF}, bezogen auf den Empfängereingang, beträgt

$$P_{R_B} = P'_R \cdot B_{NF} = F \cdot k \cdot T_0 \cdot B_{NF} = 3{,}8 \cdot 4{,}1 \cdot 10^{-21} \text{ Ws} \cdot 15 \cdot 10^3 \frac{1}{\text{s}}$$
$$= 2{,}33 \cdot 10^{-16} \text{ W},$$

entsprechend einem Rauschleistungspegel von

$$L_{R_B} = 10 \lg 2{,}33 \cdot 10^{-16} = -156{,}3 \text{ dBW}.$$

Bei einem notwendigen Trägerleistungspegel am Empfängereingang L_{P_E}, der um den HF-Signal/Rauschabstand im Bezugskanal $S_{R_{HF,B}}$ über dem Rauschpegel L_{R_B} liegt, erfordert das einen Sendeleistungspegel beim Satelliten von

$$L_{P_{Sat}} = L_{P_E} + a_{\ddot{U}} = L_{R_B} + a_{\ddot{U}} + S_{R_{HF,B}}$$
$$= -156{,}3 \text{ dBW} + 126{,}3 \text{ dB} + S_{R_{HF,B}} = -30 \text{ dBW} + S_{R_{HF,B}} \qquad (3.78)$$

bzw. eine Sendeleistung von

$$P_{Sat} = 10^{-3} \text{ W} \cdot 10^{\frac{1}{10} \cdot S_{R_{HF,B}}}.$$

Digitale Modulation: Übertragung eines PCM-Signals mit 4-PSK.
Die Signalabtastung mit $f_A = 32$ kHz und Codierung mit $N = 12$ bit führt zu einer Bitrate von $r_{Bit} = 384$ kbit/s.
Bei 4-PSK ist dazu notwendig eine Übertragungsbandbreite von

$$B_{HF,\,pr} = 0{,}7 \cdot \frac{r_{Bit}}{\text{bit}} = 0{,}7 \cdot 384 \cdot 10^3 \, \frac{1}{s} = 268{,}8 \text{ kHz}.$$

Für eine Bitfehlerhäufigkeit von $p_e = 10^{-3}$ (zulässig wegen Fehlerkorrektur, allerdings dann auch mit zusätzlichen Prüfbits) ist nach Bild 3.25 erforderlich bei Phasendifferenzcodierung und Synchrondemodulation ein HF-Signal/Rauschabstand

$$S_{R_{HF}} = \text{„}R\text{"} = 10{,}3 \text{ dB}$$

innerhalb der Bandbreite $B_{HF} = 1/2 \cdot r_{Bit}/\text{bit}$.
Das ergibt umgerechnet auf den Bezugskanal mit B_{NF} einen Signal/Rauschabstand

$$S_{R_{HF,B}} = S_{R_{HF}} + 10 \lg \frac{r_{Bit}/\text{bit}}{2 \cdot B_{NF}} = 21{,}4 \text{ dB}.$$

Der notwendige Sendeleistungspegel beim Satelliten wird dann nach Gl. (3.78)

$$L_{P_{Sat}} = -30 \text{ dBW} + 21{,}4 \text{ dB} = -8{,}6 \text{ dBW},$$

entsprechend einer Sendeleistung von $P_{Sat} = 0{,}14$ W.
Ohne Berücksichtigung einer Fehlerkorrektur müßte eine Bitfehlerhäufigkeit von $p_e = 10^{-8}$ zur Einhaltung des NF-Signal/Geräuschabstandes von 65 dB gefordert werden, wozu ein gegenüber $p_e = 10^{-3}$ um etwa 5 dB besserer HF-Signal/Rauschabstand notwendig wäre. Die Sendeleistung müßte in diesem Fall auf $P_{Sat} = 0{,}45$ W erhöht werden.

Analoge Übertragung: Übertragung des Tonsignals durch Frequenzmodulation mit dem Modulationsindex M.

Beispiele zum Abschnitt 3

Allgemein gilt:

$$B_{HF} = B_{FM} = 2 \cdot B_{NF} \cdot (M + 1) \text{ nach Gl. (2.100)}$$

$$S_{R_{HF,B}} = 10 \lg \frac{P_T}{P_{R_{HF,FM}}} = S_{G_{FM}} + 10 \lg \frac{2}{3 \cdot M^2} \text{ dB} \tag{3.79}$$

$$S_{G_{FM}} = 10 \lg \left(\frac{P_S}{P_{R_{NF,B}}}\right)_{FM} \text{ dB.} \tag{3.80}$$

a) Der Modulationsindex wird so gewählt, daß bei gleichem HF-Signal/Rauschabstand im FM-Kanal wie bei 4-PSK ohne Fehlerkorrektur gearbeitet werden kann. Aus $S_{R_{HF}} = 10{,}3$ dB $+ 5$ dB $= 15{,}3$ dB erhält man

$$\frac{P_T}{P_{R_{HF,FM}}} = 10^{1,53} = \frac{P_T}{2 \cdot B_{NF} \cdot (M + 1) \cdot P'_R} \tag{3.81}$$

und daraus

$$P_T = 10^{1,53} \cdot 2 \cdot B_{NF} \cdot (M + 1) \cdot P'_R . \tag{3.81a}$$

Mit dem Ansatz

$$\left(\frac{P_S}{P_{R_{NF}}}\right)_{FM} = \frac{3 \cdot M^2 \cdot P_T}{2 \cdot B_{NF} \cdot P'_R} = 10^{6,5} , \tag{3.82}$$

aufgelöst nach

$$P_T = 10^{6,5} \cdot \frac{1}{3 \cdot M^2} \cdot 2 \cdot B_{NF} \cdot P'_R \tag{3.82a}$$

und Gleichsetzen von P_T aus der Beziehung (3.81 a) und (3.82 a) folgt

$$M^2 \cdot (M + 1) = 31\,108 .$$

Eine empirische Lösung führt zu dem Ergebnis $M \approx 31$.
 Das ergibt den HF-Signal/Rauschabstand im Bezugskanal nach Gl. (3.79)

$$S_{R_{HF,B}} = 65 \text{ dB} + 10 \lg \frac{2}{3 \cdot 31^2} \text{ dB} = 33{,}4 \text{ dB}$$

und damit den Sendeleistungspegel

$$L_{P_{Sat}} = -30 \text{ dBW} + 33{,}4 \text{ dB} = +3{,}4 \text{ dBW} ,$$

entsprechend einer Sendeleistung von $P_{Sat} = 2{,}2$ W.

b) Der Modulationsindex wird so gewählt, daß bei FM mit gleicher HF-Bandbreite wie bei 4-PSK gearbeitet werden kann.

Aus $B_{FM} = 2 \cdot B_{NF} \cdot (M + 1) = B_{HF,pr} = 268{,}8$ kHz erhält man den Modulationsindex zu

$$M = 7{,}96 \approx 8 .$$

Damit erreicht man nach Gl. (3.79) einen HF-Signal/Rauschabstand im Bezugskanal von

$$S_{R_{HF,B}} = 65 \text{ dB} + 10 \lg \frac{2}{3 \cdot 8^2} \text{ dB} = 45{,}2 \text{ dB} ,$$

was einen Sendeleistungspegel von

$$L_{P_{Sat}} = -30 \text{ dBW} + 45{,}2 \text{ dB} = +15{,}2 \text{ dBW}$$

bzw. eine Sendeleistung von $P_{Sat} = 33$ W ergibt.

Literaturverzeichnis

[1] SHANNON, C. E.: A Mathematical Theory of Communication. Bell System Technical Journal, July/October 1949.
[2] MILDENBERGER, O.: Grundlagen der Systemtheorie für Nachrichtentechniker. Carl Hanser Verlag, München–Wien, 1981.
[3] HÖLZLER, E., HOLZWARTH, H.: Pulstechnik. Band I, Grundlagen. Springer Verlag, Berlin–Heidelberg–New York, 1982.
[4] STEINBUCH, K., RUPPRECHT, W.: Nachrichtentechnik. 3. Auflage. Band II, Nachrichtenübertragung. Springer Verlag, Berlin–Heidelberg–New York, 1982.
[5] TRÖNDLE, K., WEISS:, R.: Einführung in die Puls-Code-Modulation. R. Oldenbourg Verlag, München–Wien, 1974.
[6] SCHRÖDER, H., ROMMEL, G.: Elektrische Nachrichtentechnik. Band 1a, Eigenschaften und Darstellung von Signalen. Hüthig und Pflaum Verlag, München–Heidelberg, 1978.
[7] SPATARU, A.: Theorie der Informationsübertragung, Signale und Störungen. Friedr. Vieweg und Sohn, Braunschweig, 1973.
[8] Reference Data for Radio Engineers. Fifth Edition. Chapter 21. Howard W. Sams & Co., Inc., 1972.
[9] KÜPFMÜLLER, K.: Die Systemtheorie der elektrischen Nachrichtenübertragung. S. Hirzel Verlag, Stuttgart, 1968.
[10] WOSCHNI, E. G.: Informationstechnik. Dr. Alfred Hüthig Verlag, Heidelberg, 1974.
[11] BOUSSIOS, E., KESSLER, A.: Auswirkungen nichtlinearer Verzerrungen in Zeitmultiplex-Übertragungssystemen. NTZ **27** (1974), H. 5, S. 187.
[12] PROKOTT, E.: Modulation und Demodulation. 2. Auflage. Elitera-Verlag, Berlin, 1978.
[13] PHILIPPOW, E.: Taschenbuch Elektrotechnik. Band 3: Bauelemente und Bausteine der Informationstechnik. Carl Hanser Verlag, München–Wien, 1978.
[14] BARABAS, U.: Optische Breitbandübertragung mit Hilfe pulsphasenmodulierter Signale. Frequenz **36** (1982), H. 3, S. 68.
[15] PICHLMAYER, E.: Leistungsverstärker der Klasse D. Funkschau **49** (1977), H. 4, S. 167.
[16] WYSOCKI, B.: Pulsdauermodulation für Hochleistungsrundfunksender. Rundfunktechnische Mitteilungen **21** (1977), H. 4, S. 153.
[17] MÄUSL, R.: Pulsdauermodulierte AM-Rundfunksender hoher Leistung. Funk-Technik, **32** (1977), H. 13, S. 221.
[18] WYSOCKI, B.: Die neue Hochleistungssender-Familie PANTEL von AEG-TELEFUNKEN. Techn. Mitteilungen AEG-TELEFUNKEN **69** (1979), H. 3, S. 86.
[19] MÄUSL, R.: Digitale Modulationsverfahren. Neues von Rohde & Schwarz (1981) Nr. 94, S. 32–34, (1981) Nr. 95, S. 19–21, (1981/82) Nr. 96, S. 27–29, (1982) Nr. 97, S. 30–32, (1982) Nr. 98, S. 24–25, (1982) Nr. 99, S. 26–27, (1982/83) Nr. 100, S. 20–21, (1983) Nr. 101, S. 32–34, (1983) Nr. 102, S. 26–27.
[20] SEITZER, D.: Elektronische Analog-Digital-Umsetzer. Springer Verlag, Berlin–Heidelberg–New York, 1977.
[21] N. N.: Schwachstelle der Datenerfassung. Markt & Technik, 1981, Nr. 24, S. 6.
[22] ENGEL, H., SCHIFFEL, R.: Analog/Digital-Umsetzung. Funkschau-Arbeitsblätter, D 7, Teil 1. Funkschau **55** (1983), H. 22, S. 63.
[23] RINT, C.: Handbuch für Hochfrequenz- und Elektro-Techniker, Band 1, 13. Auflage. Hüthig Verlag, Heidelberg, 1981, S. 148.

[24] POOCH, H. (Hrsg.): Digitalsignal-Übertragungstechnik I. Fachverlag Schiele & Schön, 1981.
[25] BENNETT, G. H.: Pulse Code Modulation and Digital Transmission. Marconi Instruments Ltd., 1976.
[26] ADAMS, R.: Insight into Pulse Code Modulation Practices. Communications International, Jan. 1980, S. 15.
[27] HESSENMÜLLER, H., SCHUON, E.: Rauschklirrmessungen an PCM-Systemen. Frequenz, **26** (1972), S. 118–123.
[28] JAKUBOWSKI, H.: Quantisierungsverzerrungen in digital arbeitenden Tonsignalübertragungs- und verarbeitungssystemen. Rundfunktechn. Mitteilungen, **24** (1980), H. 2, S. 91.
[29] HESSENMÜLLER, H., JAKUBOWSKI, H.: Die Signalqualität bei digitaler Tonübertragung – Subjektive Testergebnisse, objektive Meßverfahren. Rundfunktechn. Mitteilungen, **27** (1983), H. 1, S. 3.
[30] ZANDER, H.: Besonderheiten der digitalen Audiotechnik. Markt & Technik, 1983, Nr. 37, S. 30.
[31] ALTMANN, K.: Untersuchungen an einem PCM-System zur Tonsignalübertragung. Rundfunktechn. Mitteilungen **24** (1980), H. 6, S. 254.
[32] HÖGEL, G.: Symposium über Digitaltechnik im Rundfunk. Rundfunktechn. Mitteilungen, **25** (1981), H. 2, S. 85.
[33] HOCHRATH, H., PEXA, G., THOMA, W.: Tonprogrammübertragung mit dem PCM-Tonkanalsystem MStD. telcom report, **2** (1979), Beiheft „Digital-Übertragungstechnik", S. 52.
[34] ZEDLER, G.: Tonübertragung in digitaler Form. ntz **35** (1982), H. 7, S. 422.
[35] CHRISTIANSEN, H.-M., KERSTEN, R.: Grundsätzliches zur Nachrichten-Übertragungstechnik mit Pulscodemodulation. Siemens-Zeitschrift, **48** (1974), Beiheft „Nachrichten-Übertragungstechnik", S. 257.
[36] SOMMER, J.: Meßgeräte für die Nachrichtentechnik. Band 1: Neue PCM-Meßgeräte. Fachverlag Schiele & Schön, Berlin, 1979.
[37] PROKOTT, E.: Modulation und Demodulation. 2. Auflage. Hüthig Verlag, Heidelberg, 1978.
[38] ZANDER, H.: Analog-Digital-Wandler in der Praxis. Verlag Markt & Technik, Haar bei München, 1983.
[39] HEILMAYR, E. (Hrsg.): AD-DA-Wandler – Bausteine der Datenerfassung. Verlag Markt & Technik, Haar bei München, 1982.
[40] VALVO, Technische Informationen für die Industrie, 791 221: Digital/Analog-Wandler, Grundlagen und Anwendungen. Dez. 1979.
[41] HÖLZLER, E., HOLZWARTH, H.: Pulstechnik. Band II, Anwendungen und Systeme. Springer Verlag, Berlin–Heidelberg–New York, 1976.
[42] SCHMITT, A.: 9-Bit-A/D-Umsetzer für Video-Anwendungen. Elektronik, (1982), H. 3, S. 87.
[43] Siemens Produkt-Information: 6 Bit, 100 MHz A/D-Wandler SDA 5010. Ausgabe 1980.
[44] N. N.: Für Umsetzungen bis zur Nyquistgrenze. Markt & Technik, 1983, Nr. 36, S. 54.
[45] SCHMITT, A.: 6-Bit-ADC für 100 MHz Taktrate. Markt & Technik, 1983, Nr. 36, S. 60.
[46] ZANDER, H.: Video in Bits. Funkschau **55** (1983), H. 7, S. 57.
[47] Plessey Semiconductors: Video Subranging A/D Converters. Applikationsbericht.

[48] STEELE, R.: Chip delta modulators revive designers' interest. Electronics, 1977, 13. Oktover, S. 86.
[49] BALLERING, H., SCHWARZ, D.: DCDM – Ein redundanzminderndes Verfahren zur Sprachdigitalisierung. TE KA DE Technische Mitteilungen, 1976, S. 14.
[50] BETTS, J. A.: Signal Processing, Modulation and Noise. UNIBOOKS, Hodder and Stoughton, London, 1981.
[51] BLOCK, R.: Adaptive Deltamodulationsverfahren für Sprachübertragung – eine Übersicht. NTZ 26 (1973), H. 11, S. 499.
[52] WEBER, G.: Grundlagen, Wirkungsweise, Probleme der Delta-Sigma-Modulation. Markt & Technik, 1979, 16. Februar, S. 72.
[53] FISCHER, T.: Fernsehen wird digital. Elektronik, (1981), H. 16, S. 27.
[54] INTERMETALL: DIGIVISION, VLSI-Digital-TV-System DIGIT 2000. Firmendruckschrift, August 1982.
[55] DOHRER, M., METZGER, E., WIMMER, G.: Digitales Übertragungssystem mit Deltamodulation für den mobilen Fernmeldedienst. telecom report 1 (1978), H. 2, S. 87.
[56] GLASBERGEN, W. G., SCHWARZ, D.: Vielseitiger monolithischer Schaltkreis zur Sprachdigitalisierung mit adaptiver Deltamodulation. TE KA DE Technische Mitteilungen, 1981, S. 50.
[57] STADLER, E.: Modulationsverfahren, kurz und bündig. Vogel-Verlag, Würzburg, 1976.
[58] BOSTELMANN, G.: A Simple High Quality DPCM-Codec for Video Telephony Using 8 Mbit per Second. NTZ 27 (1974), H. 3, S. 115'
[59] topic: Digital-Fernsprechen. Siemens, Bereich Öffentliche Fernsprechvermittlungssysteme, 1980.
[60] GROTEMEYER, P., HÜBNER, G., KAUSCHKE, H.-D.: Das Systemgerät PCM 30 F. TE KA DE Technische Mitteilungen, 1982, S. 20.
[61] CCIR-Document 11/1027 (Rev. 1) – E, 17. Febr. 1982. Recommendation AA/11 (MOD F): Encoding Parameters of Digital Television for Studios.
[62] HOFMANN, H.: Anwendungsmöglichkeiten für Lichtwellenleiter im Fernseh-Aufnahme- und -Studiobereich. Fernseh- und Kinotechnik 36 (1982), H. 7, S. 253.
[63] KAMMERER, W., THIELMANN, H.: Multiplexbildung in höheren PCM-Systemen. TE KA DE Technische Mitteilungen, 1977, S. 48.
[64] SCHEUING, E.-U., SPERLICH, J.: Digitalsysteme höherer Ordnung. Wissenschaftliche Berichte AEG-TELEFUNKEN 51 (1978), Bd. 4/5, S. 185.
[65] KÜHNE, F., LANG, K.: Positiv-Null-Negativ-Stopftechnik für die Multiplexübertragung plesiochroner Datensignale. Frequenz 32 (1978), H. 10, S. 281.
[66] BEKERT, F., MÜLLER, H.: Digitalsignal-Multiplexgeräte DSMX 2/8, DSMX 8/34 und DSMX 34/139. telcom report 2 (1979), Beiheft „Digital-Übertragungstechnik", S. 59.
[67] GROTEMEYER, P., LEINWEBER, W.: DSMX 8/34 – Ein plesiochroner Digitalsignal-Multiplexer. TE KA DE Technische Mitteilungen, 1981, S. 19.
[68] SCHMITZ, J.: Digitalsignal-Multiplexer von 2 Mbit/s bis 34 Mbit/s. ntz 36 (1983), H. 3, S. 168.
[69] SCHWARTZ, M.: Information Transmission, Modulation and Noise. Third Edition. McGraw-Hill International Book Company, 1981.
[70] BOCKER, P.: Datenübertragung. Band I, Grundlagen. Springer Verlag Berlin, Heidelberg, New York, 1976.
[71] WATERS, D. B.: Codes for Digital Line Transmission. Communications International, März 1978, S. 19.
[72] BÖDEKER, F.-W., HARTMANN, W., SCHEUING, E.-U.: Leitungsausrüstung zur Übertragung digitaler Signale mit 34 Mbit/s auf Koaxialkabeln. ntz 35 (1982), H. 8, S. 496.

[73] DRAEGER, R. J., KERSTEN, R., SCHWEIZER, L.: Begriffe der Digital-Übertragungstechnik. telcom report **2** (1979), Beiheft „Digital-Übertragungstechnik", S. 176.
[74] MAHNER, H.: Grundsätzliches zur Digitalsignalübertragung auf Richtfunkstrecken. telcom report **2** (1979), Beiheft „Digital-Übertragungstechnik", S. 119.
[75] TYLER, J.: Grundlagen der Fernmessung mit Pulskodemodulation. Orbit, April 1971, S. 23.
[76] PÖSCHL, H.: FM und PCM. Funktion und Merkmale zweier Verfahren zur Meßwertaufzeichnung. elektro technik **58** (1976), H. 9.
[77] N. N.: Dicht gespeichert, Fehler überwacht. Markt & Technik, 1982, Nr. 35, S. 46.
[78] MÜLLER, H.: Bit Sequence Independence Through Scramblers in Digital Communication Systems. NTZ **27** (1974), H. 12, S. 475.
[79] MARTEN, P.: Optische Sender mit Halbleiterlasern für hohe Bitraten. Elektronik (1982), H. 22, S. 89.
[80] RUMMEL, S.: Praktische Realisierung verschiedener Methoden der Taktrückgewinnung mit vergleichenden Messungen. Diplomarbeit der Fachhochschule München, 1981, ausgeführt an der Hochschule der Bundeswehr München-Neubiberg, im Fachbereich WE 3.
[81] MARKO, H.: Optimale und fast optimale binäre und mehrstufige digitale Übertragungssysteme. AEÜ **28** (1974), H. 10, S. 402.
[82] MARKO, H., TRÖNDLE, K., SÖDER, G.: Vergleich optimaler, binärer und mehrstufiger Regenerativverstärkersysteme mit quantisierter Rückkopplung und unsymmetrischer Impulsform. NTZ **30** (1977), H. 4, S. 316.
[83] TRÖNDLE, K., PETERS, U.: Prädiktionsdetektion mit quantisierter Rückkopplung. ntz Archiv **5** (1983), H. 3, S. 63.
[84] WELLHAUSEN, H. W., FAHRENDHOLZ, J.: Über die Verwendung binärer, redundanzfreier Basisband-Signale für die Digitalübertragung. Technischer Bericht aus dem Forschungsinstitut beim FTZ, Deutsche Bundespost, FI 442 TBr 59, Jan. 1978.
[85] RÖDER, H. F., FAHRENDHOLZ, J.: Ein neues Verfahren der Quantisierten Rückkopplung bei der Regenerierung von Digitalsignalen. Frequenz 37 (1983), H. 3, S. 54.
[86] CATCHPOLE, R. J., DYKE, P. J., USHER, E. S.: Planung und Einsatz von PCM-Systemen auf symmetrischen Kabelleitungen. Elektrisches Nachrichtenwesen, **57**, 1983, Nr. 3, S. 180.
[87] FASSHAUER, P.: Optische Nachrichtensysteme: Eigenschaften und Projektierung Dr. Alfred Hüthig Verlag Heidelberg 1984.
[88] PCM-Phasenjittermeßgerät PJM-1. bits, Wandel & Goltermann Kundeninformation, Nr. 13, Januar 1979, S. 8.
[89] SCHLECHTE, R.: Taktrückgewinnung bei Regenerativverstärkern für breitbandige digitale Übertragungssysteme. TE KA DE Technische Mitteilungen, 1976, S. 25.
[90] WENZEL, R.: Phasenjitter auf digitalen Verbindungen. TE KA DE Technische Mitteilungen, 1979, S. 38.
[91] SCHEFFLER, H.: Leitungsausrüstung für das System PCM 30. Technische Mitteilungen AEG-TELEFUNKEN 1974, Beiheft „Neue Entwicklungen auf dem Gebiet der PCM-Technik", S. 16.
[92] BURKHARDT, R., HALBACH, W., NETH, A.: PCM 30, ein Pulscodemodulationssystem für die Deutsche Bundespost. Der Ingenieur der Deutschen Bundespost, H. 2, S. 49, H. 3, S. 86 und H. 4, S. 126.
[93] THOMAS, R.: Einschwingverhalten der Taktphase und des Entscheidungsvorgangs bei regenerativen digitalen Übertragungssystemen. Dissertation, 1981, Hochschule der Bundeswehr München.

[94] GÖLZ, H., THANHÄUSER, G.: Zwischenregenerator für 34-Mbit/s-Signale in Koaxialverbindungen. telcom report **4** (1981), H. 5, S. 404.
[95] BÖDEKER, F.-W., HARTMANN, W., SCHEUING, E.-U.: Leitungsausrüstung zur Übertragung digitaler Signale mit 34 Mbit/s auf Koaxialkabeln. ntz **35** (1982), H. 8, S. 496.
[96] DÖMER, J., WAHL, J.: FM-Richtfunksysteme übertragen Digitalsignale mit 8448 kbit/s. telcom report **3** (1980), H. 5, S. 387.
[97] DÖMER, J., MEHNER, M.: Nachrichtenübertragung mit 34-Mbit/s-Signalen auf Koaxialpaaren. telcom report **4** (1981), H. 1, S. 37.
[98] WELLHAUSEN, H.-W., WARKOTSCH, A., DIRNDORFER, H.: 140-Mbit/s-Binärübertragung über Koaxialkabel. ntz **36** (1983), H. 10, S. 664.
[99] WELLHAUSEN, H.-W., RÖDER, H.-F., FAHRENDHOLZ, J.: Verdopplung der Übertragungskapazität digitaler Leitungssysteme. ntz **36** (1983), H. 9, S. 558.
[100] LEMOS, C., MÜNCH, CH.: Adaptive Entzerrung von digitalen Signalen hoher Datenrate. Elektronik (1983), H. 25, S. 56.
[101] Adaptive Basisband-Entzerrung für 140 Mbit/s-Richtfunksysteme. Siemens, Technische Unterlagen.
[102] HERTER, E., RÖCKER, W., LÖRCHER, W.: Nachrichtentechnik: Übertragung, Vermittlung und Verarbeitung. Carl Hanser Verlag, München–Wien, 2. Auflage, 1981.
[103] BENNETT, W. R., DAVEY, J. R.: Data Transmission. McGraw-Hill Book Company, 1965.
[104] LANDSTORFER, F., GRAF, H.: Rauschprobleme in der Nachrichtentechnik. R. Oldenbourg Verlag München–Wien, 1981.
[105] JAHNKE, EMDE, LÖSCH: Tafeln höherer Funktionen. B. G. Teubner Verlagsgesellschaft Stuttgart, 1960.
[106] GARNER, W. J.: Bit Error Probabilities relate to Data-Link-S/N. Microwaves, November 1978, S. 101.
[107] UNGER, H.-G.: Elektromagnetische Wellen auf Leitungen. Dr. Alfred Hüthig Verlag, Heidelberg, 1980.
[108] SCHWEIZER, L.: Bitfehler im Digital-Nachrichtennetz – eine Übersicht. Frequenz **35** (1981), H. 1, S. 9.
[109] HESSENMÜLLER, H., MARTIN, D.: Der Schutz digital übertragener Tonsignale gegen Bitfehler und die Multiplexbildung mehrerer Kanäle. Rundfunktechn. Mitteilungen **22** (1978), H. 4, S. 165.
[110] HESSENMÜLLER, H.: Gedanken zur digitalen Tonsignalübertragung in Nachrichtennetzen der Zukunft. Rundfunktechn. Mitteilungen **25** (1981), H. 3, S. 113.
[111] HERLA, S., SEDLMEYER, R.: Ein digitales Signalverarbeitungssystem für Audiosignale mit 16 Bit Auflösung. Rundfunktechn. Mitteilungen **25** (1981), H. 6, S. 249.
[112] THOMA, W.: Digitale Tonprogrammübertragung über 2048-kbit/s-Verbindungen. Rundfunktechn. Mitteilungen, **24** (1980), H. 1, S. 31.
[113] DORSCH, B.: Übertragungssicherheit durch Codierung. Manuskript zum Telemetrie-Grundlagenseminar, Arbeitskreis Telemetrie, 1981.
[114] SWOBODA, J.: Codierung zur Fehlerkorrektur und Fehlererkennung. R. Oldenbourg Verlag München–Wien.
[115] SCHREITMÜLLER, W.: Verfahren zur Ausstrahlung von Hörfunkprogrammen über Rundfunksatelliten im 12-GHz-Bereich. NTG-Fachberichte, Band 81 „Rundfunk-Satellitensysteme", 1982, VDE-Verlag GmbH, Berlin–Offenbach, S. 88.
[116] Digitaler Hörfunk über Rundfunksatelliten. Broschüre, herausgegeben von der Deutschen Forschungs- und Versuchsanstalt für Luft- und Raumfahrt e. V. (DFVLR).
[117] HOEVE, H., TIMMERMANS, J., VRIES, L. B.: Fehlerkorrektur im „Compact Disc Digital Audio"-System. ntz **36** (1983), H. 7, S. 446.

[118] HERTER, E., RUPP, H.: Nachrichtenübertragung über Satelliten. 2. Auflage. Springer-Verlag Berlin, Heidelberg, New York, Tokyo. 1983.
[119] N. N.: Ein neues FM-Verfahren mit schmaler Bandbreite für digitale Funkübertragungen. nachrichten elektronik, (1979), H. 1, S. 29.
[120] WELLENS, U.: Funkfernsprechnetze mit digitaler Sprachübertragung. TE KA DE Technische Mitteilungen, 1981, S. 55.
[121] PFANNSCHMIDT, H.: Technical Options for Cellular Mobile Telephone Systems. Communications International, Oktober 1983, S. 94.
[122] KITTEL, L., KIRSCHNER, K. P.: Datenübertragungsverfahren für Mobile Automatische Telefonsysteme. TE KA DE Technische Mitteilungen, 1984, S. 47.
[123] LINDNER, J.: Modulationsverfahren für die digitale Nachrichtenübertragung. Wissenschaftliche Berichte AEG-TELEFUNKEN, **54** (1981), H. 1–2, S. 44 und H. 3, S. 107.
[124] BÜCHS, J.-D., GEIDEL, W., HEER, R.: Übertragung digitaler Signale auf Richtfunkstrecken. Wissenschaftliche Berichte AEG-TELEFUNKEN, **51** (1978), H. 4/5, S. 191.
[125] HARTL, P.: Fernwirktechnik der Raumfahrt. Springer Verlag Berlin, Heidelberg, New York, 1977.
[126] STEBER, J. M.: Understanding PSK Demodulation Techniques. MICROWAVES & RF, März 1984, S. 137.
[127] ANDREN, C. F.: Unwinding the Costas Loop. ELECTRONIC DESIGN, 27. September 1979, S. 77.
[128] SIMON, M. K., LINDSEY, W. C.: Optimum Performance of Suppressed Carrier Receivers with Costas Loop Tracking. IEEE Transactions on Communications, **25** (1977), H. 2, S. 215.
[129] CAHN, C. R.: Improving Frequency Acquisition of a Costas Loop. IEEE Transactions on Communications, **25** (1977), H. 12, S. 1453.
[130] LINDSEY, W. C., WOO, K. T.: Analysis of Squaring Circuit Mechanizations in Costas and Squaring Loops. IEEE Transactions on Aerospace and Electronic Systems, **14** (1978), H. 5, S. 756.
[131] KÜHNE, F.: Modulation und Demodulation von QAM-Signalen in Digital-Richtfunksystemen. Frequenz **37** (1983), H. 5, S. 117.
[132] BÜCHS, J.-D.: Einfache Differenzcodierer und -decodierer für Systeme mit vierstufiger Phasendifferenzmodulation. NTZ **29** (1976), H. 5, S. 390.
[133] GRAF, H.: Vielfachzugriff zu Nachrichtensatelliten im Zeitmultiplexverfahren. Vortragsmanuskript, 1972.
[134] ANDREN, C.: PSK Sidebands Reduced by Premodulation Filtering. Microwave Journal, Januar 1978, S. 69.
[135] BRUDY, H. D.: Die Übertragung von digitalen Signalen über Richtfunk. NTG-Fachberichte, Band 70 (1980), S. 29.
[136] SIMON, H.-O., ULMER, W.: DRS 34/1900 – ein Digitalrichtfunksystem zur Signalübertragung mit 34 Mbit/s. telcom report **5** (1982), H. 2, S. 138.
[137] FREY, F.: Digital-Richtfunksysteme zur Übertragung mit 34 Mbit/s. Elektrisches Nachrichtenwesen **57** (1983), H. 3, S. 215.
[138] GRONEMEYER, S. A., MCBRIDE, A. L.: MSK and Offset QPSK Modulation. IEEE Transactions on Communications, **24** (1976), H. 8, S. 809.
[139] GERDSEN, P.: Digitale Übertragungstechnik. B. G. Teubner Verlag, Stuttgart, 1983.
[140] JEMELJANOW, G. A., SCHWARZMAN, W. O.: Übertragung diskreter Signale. VEB Verlag Technik, Berlin, 1978.
[141] BRIECHLE, R., ZINKE, O.: Unsymmetrische Spektren bei Frequenzumtastung und Phasenumtastung. NTZ **29** (1976), H. 7, S. 538.

Literaturverzeichnis 259

[142] ZASTROW, F.: Einfluß des Telegramminhalts auf das Frequenzspektrum bei bitserieller Datenübertragung mit Frequenzmodulation. Technische Mitteilungen AEG-TELEFUNKEN **69** (1979), H. 4, S. 124.
[143] ZSCHUNKE, W.: Einige neue Prinzipien für Frequenzdiskriminatoren bei Datenübertragung. Frequenz **27** (1973), H. 7, S. 2.
[144] OETTING, J. D.: A Comparison of Modulation Techniques for Digital Radio. IEEE Transactions on Communications, **27** (1979), H. 12, S. 1752.
[145] SCHREITMÜLLER, W.: Digitale Modulationsarten mit geringem Bandbreitebedarf für Mikrowellen-Funkübertragungssysteme. NTG-Fachberichte, Band 70 (1980), S. 39.
[146] KITTEL, L., KIRSCHNER, K. P.: Datenübertragungsverfahren für Mobile Automatische Telefonsysteme. TE KA DE Technische Mitteilungen, 1984, S. 47.
[147] CUCCIA, C. L.: New PCM Techniques Stress Spectrum and $ Conservation. MSN, Januar 1977, S. 57.
[148] PHILIPS PRESSESTELLE: „Gezähmte FM" zur effizienten digitalen Übertragung über Funk. Elektor, Februar 1979, S. 32.
[149] ZEGERS, L. E.: Moderne Signalverarbeitungsmethoden, ihre Realisierung durch Größtintegration und ihr Einfluß auf die Entwicklung der Telekommunikationsnetze. ntz-Archiv (1979), H. 7, S. 165.
[150] GRAY, J. S.: Filters And Codes Bolster Digital Designs. Microwaves, März 1981, S. 59.
[151] LOREK, W.: Ein 16-QAM-Modem für 140-Mbit/s-Richtfunksysteme. Technischer Bericht, DBP, Forschungsinstitut beim FZT, FI 445 TBr 20, Mai 1981.
[152] KEISER, B. E.: Digital Modulation Techniques Compared. Microwaves & RF, April 1983, S. 93.
[153] TAN, Y., RYU, T., HASHIMOTO, H., SHINMYO, S., YOKOYAMA, S.: The 8-Level-PSK Modem with Cosine Roll-Off Spectrum for Digital Microwave Communications. Bericht der Nippon Electric Company, Ltd., Tokio, 1976.
[154] DALLOT, P., BROSEUS, R., DAOUT, M.: Digital 4 GHz radio link equipment STN 4000. Philips Telecommunication Review, **39** (1981), H. 3, S. 130.
[155] Meßaufgaben und Meßgeräte in der Datenübertragungstechnik. Wandel & Goltermann, 2/4. 77, S. 17.
[156] HOGGE, C. R.: Carrier and Clock Recovery for 8 PSK Synchronous Demodulation. IEEE Transactions for Communications, **26** (1978), H. 5, S. 528.
[157] SCHMIDT, W.: Zur Berechnung der Fehlerwahrscheinlichkeit bei Quadraturmodulationsverfahren zur synchronen Datenübertragung, Frequenz **34** (1980), H. 8, S. 228.
[158] HORIKAWA, I., OKAMOTO, Y., MORITA, K.: Characteristics of a High Capacity 16 QAM Digital Radio System on a Multipath Fading Channel. Bericht der Yokosuka Electrical Communication Laboratory, N. T. T. Public Corp., Kanagawa, Japan, 1979.
[159] BERNDT, A., GERST, H.-G.: Digital-Richtfunksysteme zur Übertragung mit 140 Mbit/s. Elektrisches Nachrichtenwesen, **57** (1983), H. 3, S. 222.
[160] BARTH, H., NOSSEK, J. A.: 140-Mbit/s-Modem für Digital-Richtfunksysteme mit 16-QAM. telcom report **6** (1983), H. 5, S. 271.
[161] BRODHAGE, H., NOACK, W.: Planungsgrundlagen für den Einsatz von Richtfunksystemen. telcom report **2** (1979), Beiheft „Digital-Übertragungstechnik", S. 123.
[162] STEINLECHNER, S.: sin x/x-Entzerrer für D/A-Umsetzer. Elektronik (1985), H. 3, S. 75.
[163] KLAAS, L., REUTHER, T.: si-Korrekturfilter für D/A-Wandler. ntz-Archiv, **6** (1984), H. 1, S. 3.
[164] ZANDER, H.: Besonderheiten der digitalen Audio-Technik. Markt & Technik, 1983, Nr. 37, S. 30.

[165] ZANDER, H.: Grundlagen und Verfahren der digitalen Audio-Technik, Teil 5/2. Fernseh- und Kinotechnik **39** (1985), H. 1, S. 2.
[166] GLAAB: Welche Vorteile bietet das Oversampling-Verfahren der GRUNDIG Compact-Disc-Spieler? GRUNDIG Technische Informationen, 1984, H. 1/2, S. 3.
[167] PFEIFFER, H.: Analog-Digital-Umsetzung mit einem Pulsdichtemodulator. Elektronik (1985), H. 19, S. 75.
[168] DOSCH, CH.: D- und D 2-MAC/Paket – Die Mitglieder der MAC-Fernsehstandardfamilie mit geschlossener Basisbanddarstellung. Rundfunktechnische Mitteilungen **29** (1985), H. 5, S. 229.
[169] WELLHAUSEN, H.-W., RÖDER, H.-F., FAHRENDHOLZ, J.: Quaternäre Basisbandübertragung mit Schwellwert-Detektion. ntz **38** (1985), H. 5, S. 328.
[170] DUNN, J. G.: Signalverarbeitung: Technik und Aussichten. Elektrisches Nachrichtenwesen **59** (1985), H. 3, S. 252.
[171] GILSANZ, M., PEDRON, F., SILES, J. A.: Adaptive Echokompensation für Basisband-Datenübertragung. Elektrisches Nachrichtenwesen **59** (1985), H. 3, S. 338.
[172] ZANDER, H.: Grundlagen und Verfahren der digitalen Audio-Technik, Teil 8: Digitale Magnetbandaufzeichnung, Teil 9: Digitale Schallplatte, Teil 10/2: Fehlerkorrekturverfahren. Fernseh- und Kino-Technik **39** (1985), H. 6, S. 305, H. 8, S. 395, H. 11, S. 545.
[173] GLAUNER, M.: Symbol- und Bitfehlerwahrscheinlichkeit von M-QAM im idealen NYQUIST-Kanal mit additivem GAUSSschen Rauschen, AEÜ **37** (1983), H. 3/4, S. 123.
[174] DONNEVERT, J.: Modulationsverfahren für Digitalsignal-Richtfunksysteme. Der Fernmelde-Ingenieur **38** (1984), Nov./Dez.
]175] GLAUNER, M.: Digitalsignal-Richtfunk-Übertragungstechnik, Teil 2: Grundlagen der digitalen Signalübertragung. Taschenbuch der Fernmeldepraxis **22** (1985), S. 13.
[176] LEUENBERGER, K. J.: Digital Radio Systems Examined – Part I, General State of the Art, MSN & CT, Jan. 1986, S. 81. Part II, Modulation and Transmission Characteristics. MSN & CT, Febr. 1986, S. 131.

Sachwörterverzeichnis

4B/3T-Code 137
9-Segment-Kennlinie 97
11-Segment-Kennlinie 97
13-Segment-Kennlinie 94, 97, 107
13-Segment-Kompressorkennlinie 93

Abtastfrequenz 20, 67
Abtast-Halte-Prinzip 38
Abtast-Halte-Schaltung 38, 41, 75, 77, 80,
– Spektrum 39
Abtast-Halte-Vorgang 77
Abtasttakt 74
Abtasttheorem 19, 20, 25
Abtastung, gleichmäßige 36
–, natürliche 34, 36
Achtphasenumtastung (8-PSK) 231
–, Erzeugung einer 232, 234
–, Kenngrößen 242
– mit Phasendifferenzcodierung 235
adaptive Deltamodulation 122
–, Prinzip 123
adaptiver Basisbandenzerrer 154
Additionsmethode 239
A-Gesetz 91
Aliasing-Effekt 33
AMI-Code 135, 141
Amplitudenentscheider 151
Amplitudenmodulation 31, 187
Amplitudentastung (Amplitude Shift
  Keying, ASK) 183, 187
–, Spektrum 187
Amplituden-Zeit-Entscheider 145
Analogsignal-Multiplexer 128
Anodenspannungsmodulation 63
Augendiagramm 147, 149, 151, 157
Augenöffnung 147, 150, 157
Aussteuergrad 49
Aussteuerung 86

B3ZS-Code 137
B6ZS-Code 137
Bandbegrenzung 186, 213, 241
Bandbreite, hochfrequente 186, 240, 245
–, bei ASK 188
–, bei 2-PSK 190
–, bei 4-PSK 200
–, bei 8-PSK 231

–, bei 16-QAM 237
Bandbreitenausnutzung 201, 230, 240
Basisband 132, 142, 154
BCH-Code 171
BESSEL-Funktion 50
Bewertungscodierer 103, 105
Bezugscodierung 199, 211, 224
Bezugskanal 168
Bipolar-Bit 136
Bit 75
Bitfehler 143, 158, 163
– erkennung 169
– häufigkeit 160, 162, 164, 192, 199, 211, 212
– korrektur 169
– quote 160
Bitfolgefrequenz 129, 132
Bitrate 132
Bittakt 75
Bitverschachtelung 131
Blockcode 171
BODE-Diagramm 144

Carrier to Noise Ratio 191, 212
CARSON-Regel 166
CMI-Code 138
Code-Formate 139
Codesignal, binäres 184, 185, 187, 200
Codeumsetzung 99, 108, 127, 135
Codewort 75, 82
–, Verschachtelung 130
Codierer 75
Codierung 81, 101
–, getrennte 129
–, prädiktive 113, 115, 125
–, zentrale 129
Codierverfahren 101
Conditioned-Diphase-Code 138
Continuois Phase Frequency Shift
  Keying (PFSK) 222
–, Momentanphasenwinkel und Momentanfrequenz 223
Continuously Variable Slope Delta Modulation (CVSD) 123
cos^2-Impuls 141, 150
cos^2-Puls 27, 28
COSTAS-Schleife 195, 204

Decodierer 75
Decodierung 108
Decodierverfahren 101
Deltamodulation 113, 115
–, adaptive 122
–, exponentielle 123
Delta-Sigma-Modulation 120, 121
Demultiplexer 127
Descrambler 140
Dibit 200
– signal 201, 207
Differenz-Pulscodemodulation 113, 125
Digitalsignal-Multiplexer 128
Digitally Controlled Delta Modulation (DCDM) 124
Digital-Subtrahierer 198
Diodenmodulator 40
DIRAC-Impuls 21
– Puls 22
Duobinär-Partial-Response-Codierung 226
Driftrate 78
Dynamik 88, 95, 120

Echosignal 154
Einspeicherzeit 77, 79
Empfangsfilter 145
Empfangssignal 22
Entladezeitkonstante 78
Entscheidungsschwelle 158
Entzerrer 143
Expandierung 90

Fast Frequency Shift Keying (FFSK) 224
Fehlererkennung 172
Fehlerfortpflanzung 126
Fehlerfunktion 161
Fehlerkorrektur 172
Fehlerschutz 172
Fehlerüberdeckungstechnik 170
Fehlerverschleierung 170
Fernsehsignal 126, 130
Flash Converter 109
FM-Schwelle 166
FOURIER-Reihenentwicklung 187
Frequenzbub 217
Frequenzumtastung (Frequency Shift Keying, FSK) 183, 217, 228
Frequenzmodulation 166

GAUSSsche Normalverteilung 158
– sches Fehlerintegral 161
Geräusch, granulares 116
–, Überlastungs- 118
Gleichstromwiedergewinnung 147
Grenzfrequenz des Integrator-Tiefpasses 117

Halbwertsbreite 28
Haltekondensator 78
Haltezeit 78
HAMMING-Abstand 171
HDB-3-Code 136
High Information Delta Modulation 123
Hüllkurve, konstante 192, 215, 221

Impulsdauer 25, 58, 60
Impulsformer-Tiefpaß 144
Impulsformung 141
Impulsnebensprechen 133, 135
Impulstiefpaß 214
Impulsverbreiterung 43
Impulsverformung 214
Impulsverzerrung 27
Iterationsverfahren 103
–, Flußdiagramm 104
Irrelevanzreduktion 113

Jitter 150, 152

Kennfrequenz 217
Klirrdämpfungsmaß 86
Klirrfaktor 86
Knickkennlinie 40
Koinzidenzschaltung 124
Kompandergewinn 92, 95
Kompandierung 90
Kompression 90, 95
Kompressorkennlinie 91
KÜPFMÜLLER-Beziehung 44

Ladezeitkonstante 78
Leistungsspektrum 225
Leitungsübertrager 135

Minimum Shift Keying (MSK) 224
–, Demodulation 225
–, Erzeugung einer 224, 225
–, Leistungsspektrum 226, 227
–, Momentanphasenwinkel 225

Sachwörterverzeichnis

Modulationsgrad 31, 187
Modulationsindex 166, 217, 218
Momentanphasenverschiebung 48
Momentanphasenwinkel 52
Momentanwertabtastung 36
Momentanwert-Kompandierung 99
Multiplizierender D/A-Wandler 112
μ-Gesetz 91

NRZ-Code 75, 154
– Signal 132, 141, 150, 157
Nulldurchgangsdiskriminator 220
NYQUIST-Bandbreite 133, 192, 211, 212

Offset-4-PSK (O-4-PSK) 216, 224
–, Leistungsspektrum 226
On-Off-Keying 184
Oversampling 87

PAM-Zeitmultiplex 43
– System 44
Parallelumsetzung 109, 110
– mit Kaskadierung 111
Paritätsbit 170
Paritätskontrolle 170
Partial-Response-Code 137
PCM-Systeme 131
– Zeitmultiplexverfahren 127
Phasendifferenzcodierung 197, 207, 224, 235, 241
Phasendifferenzdemodulation 199, 209, 211
Phasendifferenzrechner 207
Phasendiskriminator 54
Phasenhub 52
Phasenmodulation 51
Phasenregelkreis 153
Phasensummenrechner 207
Phasenumtastung (Phase Shift Keying, PSK) 183, 188, 230
Phasenzustandsdiagramm,
–, bei 2-PSK 190
–, bei 4-PSK 210, 216
–, bei 8-PSK 232, 235
–, bei 16-QAM 237
–, bei CPFSK 224
–, bei mehrstufiger Phasenumtastung und höherwertiger Quadraturamplitudenmodulation 230
–, bei Offset-4-PSK 216
PLL 153, 194

Positiv-Stopfverfahren 131
PPM-Zeitmultiplex 55
– System 57
Prädiktor 113, 126
Pufferspeicher 129
Pulsamplitude 25
Pulsamplitudenmodulation 29
–, bipolare 29, 30
–, Demodulation einer 39
–, Erzeugung einer 39
–, Momentanwertabtastung 37, 38
–, Spektrum 30, 32
–, unipolare 30, 31
–, Verlaufsabtastung 34
Pulscodemodulation 74
–, Prinzip 74
Pulsdauermodulation 57
–, Demodulation einer 60
–, Erzeugung einer 60
– mit äquidistanter Abtastung 59
– mit Modulation der Rückflanke 59
– mit natürlicher Abtastung 59, 60
–, Spektrum 60
– mit symmetrischer Modulation der Vorder- und Rückflanke 58
Pulsfrequenz 25
Pulsfrequenzhub 52
Pulsfrequenzmodulation 47, 52
Pulsperiodendauer 25
Pulsphasenmodulation 47
–, Demodulation einer 53
–, Erzeugung einer 53
– mit äquidistanter Abtastung 48, 50
–, mit natürlicher Abtastung 51
–, Spektrum 50
Pulsrahmen 129
Pulsträger 25
Pulswinkelmodulation 47
Pulszeitmodulation 47, 59

Quadbit 236
– Signal 238
Quadratur-Amplitudenmodulation (QAM) 199, 230
Quadrature Phase Shift Keying (QPSK) 199
Quadrierschleife 193
–, zweifache 203
quantisierte Rückkopplung 145, 147
Quantisierung 81

–, gleichmäßige 89
–, nichtgleichmäßige 89, 90, 100, 102, 106
Quantisierungsbereich 75, 82
Quantisierungsfehler 81, 82
Quantisierungsgeräusch 82, 116
Quantisierungsgeräuschleistung 82
Quantisierungsintervalle 75, 81, 94
Quantisierungskennlinie 82
Quantisierungsverzerrung 76, 115
Quasi-Spitzenwertmessung 96

R-2R-Netzwerk 105, 106
Rahmen 127
Rahmennebensprechen 44
Rahmensynchronisierung 127, 130
Rahmenverschachtelung 131
Rauschbandbreite 179, 245
Rauschen 156
–, Einfluß bei Basisbandübertragung 156
–, Einfluß bei 2-FSK 228
–, Einfluß bei 2-PSK 191
–, Einfluß bei 4-PSK 211
Rauschleistungsdichte 191, 211
Rauschpegelmessung, bewertet 97
Rechteckpuls 25, 26
Redundanz 170
Redundanzreduktion 113, 125
REED-SOLOMON-Code 173
Referenzträger 195, 203, 206, 209, 225
Regenerativverstärker 143, 151, 154
Remodulation 207, 236
Roll-off-Faktor 134, 150
RZ-Signal 135

Sägezahnverfahren 61
Sample and Hold 38
Schaltverstärker 62
Schrittgeschwindigkeit 132
Schwellwertentscheider 151
Scrambler 140
Sechzehnphasenumtastung (16-PSK),
   Kenngrößen 242
sechzehnstufige Quadraturamplitudenmo-
   dulation (16-QAM) 236
– Demodulation 241
–, Erzeugung einer 238, 240
–, Kenngrößen 242
– mit Phasendifferenzcodierung 241
–, Trägerrückgewinnung 241
SHANNON-Abtasttheorem 20

si-Entzerrung 42
si-Frequenzgang 42
si-Funktion 21, 26, 35, 37, 45, 76, 79, 133
Signalabtastung 19, 20, 29
Signalamplitude, maximale 117
Signalband 32
Signal/Geräuschabstand 143, 164, 165, 167
Signalkanal 56
Signalleistung, des quantisierten Signals 84,
   85
Signal/Quantisierungsgeräuschabstand 85,
   86, 89, 92, 95, 97, 99, 119, 122
Signal/Rauschabstand 162, 165, 191
–, Gewinn bei PPM 56
–, hochfrequenter 191, 199, 211, 241
Signalregenerierung 142
Signalrückgewinnung 21
Signalwandlung 134
Sinusträger, digitale Modulation 183
Spaltfunktion 21
Sprachsignal 87, 99, 118, 124
Steigungsüberlastung 116, 121
Störträgeramplitude, maximale, bei
   2-PSK 190
–, 4-PSK 211
–, bei höherwertiger Quadraturamplituden-
   modulation 236
–, bei mehrstufiger Phasenumtastung 236
Stopfbit 131
Subranging-Verfahren 111
Superpositionsmethode 238
Synchrondemodulation 188, 192, 195, 198,
   199, 202, 209, 240
Systemreaktion 21

Taktanpassung 131
Taktphasenschwankung 150
Taktrückgewinnung 153
Tamed Frequency Modulation (TFM) 227
–, Erzeugung und Demodulation 227
–, Leistungsspektrum 227
–, Momentanphasenwinkel 226
Tiefpaß, idealer 21
Tiefpaßantwort 22
Trägerleistung 191
Trägerrückgewinnung 192, 203, 236, 239
Trägerumtastung 183
Trägerumtastung, höherwertige 229
Trägerunterdrückung 188
Transversalfilter 156

Sachwörterverzeichnis

Treppenspannung 42
Tribit 231
– signale 233, 234

Überabtastung 87
Überlastungsgeräusch 116
Übersprechdämpfung 46
Übersteuerungsreserve 97
Übertragungsbandbreite 45, 46, 134, 166, 200, 212, 231, 237
Übertragungsfunktion 21, 143, 145
– mit cos²-förmigem Abfall 133
–, GAUSSförmig 150
Übertragungskanal, Bandbreite 132
Umcodierung der Bitfolge bei
– 4-PSK 201
– 8-PSK 231
Umhüllende 215, 220
Unterabtastung 24, 33

VCO 153, 194, 195
Verletzungs-Bit 136
Verwürflung 139
Videosignal 86
Vierphasenumtastung (4-PSK) 199
–, Bitfehlerhäufigkeit 212
–, Demodulation 202, 209
–, Erzeugung einer 201
–, Kenngrößen 242
– mit kontinuierlichem Phasenübergang 221
– mit Phasendifferenzcodierung (4-DPSK) 207
–, Spektrum 200, 214
–, Trägerrückgewinnung 203, 204, 207
Vorhersagesignal 114, 116
Vorhersagewert 113, 114, 126, 127

Wägecodierer 103, 105
Wahrscheinlichkeitsdichte 159
Wortsynchronisierung 127

Zählcodierer 101
Zähldecodierer 103
Zähldiskriminator 55
Zählverfahren 101
Zeigerdiagramm, siehe Phasenzustandsdiagramm
Zeitauslenkung, momentane 48
Zeitentscheider 153
Zeithub 48, 52
Zeitkanal 43
Zero-Forcing-Algorithmus 155
Zweifrequenzumtastung (2-FSK) 184, 217
–, Bitfehlerhäufigkeit 228
–, Demodulation 219
–, Erzeugung einer 219
–, Spektrum 217, 219
Zweiphasenumtastung (2-PSK) 185, 188
–, Bitfehlerhäufigkeit 193
–, Demodulation 192
–, Erzeugung einer 189
–, Kenngrößen 242
– mit Phasendifferenzcodierung (2-DPSK) 197
–, Momentanfrequenz 221
–, Momentanphasenwinkel 221
–, Spektrum 190, 214
–, Trägerrückgewinnung 192, 194, 195
Zweiunddreißigstufige Quadraturamplitudenmodulation (32-QAM), Kenngrößen 242

Hüthig

Hans Dodel, Michael Baumgart

Satellitensysteme für Kommunikation, Fernsehen und Rundfunk

Theorie und Technologie

1986, 213 S., 103 Abb., geb.,
DM 56,—
ISBN 3-7785-1163-7

Seit den sechziger Jahren, als Satelliten eine wirtschaftlich akzeptable Plattform für verschiedene Nutzlasten wurden, begann man Satelliten auch für Nachrichtenübertragungen einzusetzen.

Das vorliegende Buch stellt vor allem unter Systemgesichtspunkten Satellitensysteme für Kommunikation, Fernsehen und Rundfunk vor. Relevante benachbarte Themenkreise, wie mobiler Satellitenfunk werden mitbehandelt.

Aus dem Inhalt:

Satellitenbahnen · Internationale Regelungen: Frequenzen und Polarisationen, Bedeckungszonen, Satellitenpositionen · Vielfachzugriffsverfahren · Erstzugriffsverfahren · Modulationsverfahren · Kompandierung, Klipping und Sprachinterpolation · Kodierungsverfahren · Wellenausbreitung und meterologische Einflüsse · Systemauslegung · Satellitentechnologie · Erdfunkstellentechnologie · Nachrichtensatellitendienste

Dr. Alfred Hüthig Verlag
Im Weiher 10
6900 Heidelberg 1

Rudolf Mäusl

Hüthig

Analoge Modulationsverfahren

1988, 174 S., 143 Abb., 4 Tab.,
kart., DM 54,80
ISBN 3-7785-1320-6

Reihe: Telekommunikation,
Band 1

Dieses Werk stellt den ersten Band in der neu geschaffenen Reihe „Telekommunikation" dar.
Zur Übertragung von Nachrichten über Draht oder drahtlos, benötigt man elektrische Signale, die den Eigenschaften des jeweils verwendeten Übertragungskanals angepaßt sind. Da bei der drahtlosen Nachrichtenaussendung bei vernünftigem Aufwand diese nur oberhalb einer bestimmten Frequenz durchgeführt werden kann, müssen die Signale in entsprechende Frequenzbereiche umgesetzt werden. Diese Umwandlung wird als Modulation bezeichnet. Damit ein Übertragungskanal zur gleichzeitigen Übermittlung verschiedener Nachrichten verwendet werden kann, setzt man das sog. Frequenzmultiplex-Verfahren ein. Auf der Empfangsseite muß die senderseitig vorgenommene Modulation durch Demodulation wieder rückgängig gemacht werden, damit die übertragene Nachricht wieder in ihrer ursprünglichen Frequenzlage verfügbar ist.
Es wird auf die verschiedenen Varianten dieser Modulationsverfahren und deren technische Verwirklichung eingegangen, wobei die Amplituden- und die Winkelmodulation ausführlich behandelt werden. Die neuen Normbezeichnungen werden durchwegs berücksichtigt. Eine Reihe von praxisnahen Beispielen erläutert die verschiedene Anwendung der Modulation und Demodulation.

Dr. Alfred Hüthig Verlag
Im Weiher 10
6900 Heidelberg 1

Hüthig

Winfried Schuberth

Verkehrstheorie elektronischer Kommunikationssysteme

1986, 278 S., Abb., kart.,
DM 64,—
ISBN 3-7785-1364-8

„Verkehrstheorie elektronischer Kommunikationssysteme" schließt die bestehende Lücke zwischen den Verkehrstabellenbüchern und den speziellen wissenschaftlichen Arbeiten zu diesem Themenkreis. Es führt den in der Praxis stehenden Ingenieur an die Betrachtungsweisen und das Handwerkzeug der Verkehrstheorie heran und versetzt ihn in die Lage, selbständig verkehrstheoretische Probleme zu erkennen, zu formulieren und verkehrstheoretische Ergebnisse richtig anzuwenden.

Der Autor ist leitender Mitarbeiter des Entwicklungsbereiches der ITT Austria, Wien, und konnte für das vorliegende Werk die Beratung von Wissenschaftlern des Instituts für Nachrichtenvermittlung und Datenverarbeitung der Universität Stuttgart sowie der Universität Dresden gewinnen.

Mit freundlicher Erlaubnis des Fernmeldetechnischen Zentralamtes Darmstadt der Deutschen Bundespost werden in diesem Buch auch statistische Angaben über den Fernsprechverkehr und das Teilnehmerverhalten im Bereich der DBP veröffentlicht, die nach Ansicht der DBP ein unentbehrliches Hilfsmittel für alle Verkehrsbetrachtungen sind.

Dr. Alfred Hüthig Verlag
Im Weiher 10
6900 Heidelberg 1

Hermann Schunk und Werner Engel

Hüthig

Grundlagen der Impulstechnik

2. Auflage 1983, 206 S.,
185 Abb., kart., DM 52,—
ISBN 3-7785-0921-7

Die Impulstechnik hat besonders in den letzten zehn Jahren sehr an Bedeutung gewonnen, so daß grundlegende Kenntnisse der Zusammenhänge bei Impulsvorgängen und entsprechendes Wissen über den Entwurf und die Dimensionierung von Impulsschaltungen für jeden Elektrotechniker/Elektroniker von größter Bedeutung geworden sind.

In den theoretischen Abschnitten werden u. a. die Darstellung von periodischen und einmaligen Vorgängen im Zeit- und Frequenzbereich sowie die Verformung von Impulsen durch passive Elemente behandelt. Außerdem wird ein kurzer theoretischer Abriß über die Pulscodemodulation, die eine sehr große Bedeutung in der Nachrichtentechnik gewonnen hat, gegeben.

Die Schaltungstechnik beinhaltet Beispiele für die Erzeugung und Verarbeitung verschiedener Formen von Impulsen und Impulssignalen. Es werden viele Grundschaltungen der Impulstechnik ausführlich beschrieben und die wesentlichen Gesichtspunkte für den Entwurf und die Dimensionierung dargelegt. Darüber hinaus werden allgemeine Beziehungen zur Berechnung von Impulszeiten beschrieben, die eine rasche und problemlose Bestimmung z. B. der Impulsdauer von Rechteckimpulsen bei Schaltungen mit Transistoren, OP oder Digitalbausteinen gestatten. Im übrigen werden besonders digitale Grundschaltungen und Bausteine höheren Integrationsgrades aus impulstechnischer Sicht untersucht, Fehlerquellen analysiert und Grundkenntnisse über den Aufbau und Betrieb von Digitalschaltungen vermittelt. Im Anhang sind einige Funktionsverläufe und Korrespondenztabellen zur Laplace-Transformation und eine Aufgabensammlung mit den entsprechenden Lösungen zusammengestellt.

Dr. Alfred Hüthig Verlag
Im Weiher 10
6900 Heidelberg 1

Hüthig

Peter Faßhauer

Optische Nachrichten-Systeme

Eigenschaften und Projektierung

1983, 206 S., kart., DM 54,—
ISBN 3-7785-0873-3

Die optische Nachrichtentechnik ist in das Stadium der Anwendung getreten. Nach mehr als zehnjähriger Entwicklung sind die einzelnen Komponenten soweit ausgereift, daß komplexe optische Nachrichtensysteme zur Übertragung von Ton-, Bild- und Datensignalen aufgebaut werden können. Damit steht die Nachrichtentechnik vor einem neuen einschneidenden Abschnitt, der auch zu einem Wandel in der Denkweise planender Techniker und Ingenieure zwingt.

Wie in der klassischen Nachrichtentechnik steht auch bei einem optischen System die Beeinflussung der übertragenen Signale durch die verschiedenen Komponenten und der damit verbundenen Grenzen im Vordergrund der Überlegungen. Aus diesem Aspekt heraus wurde im vorliegenden Buch der Schwerpunkt auf eine nachrichtentechnische Darstellung der optischen Signalübertragung gelegt. Dabei wird von vereinfachenden Theorien ausgegangen, mit denen die Übertragungseigenschaften von Strahlungsquellen, Lichtwellenleitern und Strahlungsempfängern unter praktischen Gesichtspunkten beschrieben werden. Ziel des Buches ist es, Grundlagen und Methodik zu vermitteln, die zur Projektierung schmalbandiger und breitbandiger optischer Nachrichtensysteme erforderlich sind. An konkreten, zahlenmäßig durchgerechneten Beispielen wird die Anwendung für analoge und digitale Signalübertragung aufgezeigt.

Dr. Alfred Hüthig Verlag
Im Weiher 10
6900 Heidelberg 1

Hans Georg Unger

Hüthig

Optische Nachrichtentechnik

Band I: Optische Wellenleiter

1984, XVIII, 360 S., kart.,
DM 64,—
ISBN 3-7785-0810-5

Band II: Komponenten, Systeme und Meßtechnik

1984, XVI, 717 S., kart.,
DM 72,—
ISBN 3-7785-0961-6

Eltex Studientexte
Elektrotechnik

Zur optischen Nachrichtenübertragung dienen Laser und LED als Sender, Glasfasern als Leitungen und Photodioden als Empfänger. Das Buch bringt die physikalischen Grundlagen dieser Komponenten, ihre Bau- und Wirkungsweise sowie ihre Anwendung in optischen Nachrichtensystemen, ebenso wie die Meßtechnik dafür. Darüber hinaus wird aber auch die Übertragung optischer Strahlen im freien Raum und in der Atmosphäre dargestellt, und es werden die planaren optischen Wellenleiter sowie optische Schaltungen und die integrierte Optik behandelt.

Damit führt das Buch nicht nur gründlich und umfassend in die gegenwärtige optische Nachrichtentechnik und ihre neue Entwicklungen ein, sondern vermittelt auch die Grundlagen für zukünftige Entwicklungen dieses Gebietes.

Das Buch wendet sich an Studierende und Fachleute der Nachrichten- und Hochfrequenztechnik oder der Physik und Elektronik, die sich in die optische Nachrichtentechnik einarbeiten wollen. Vorausgesetzt werden die allgemeinen Grundlagen der Physik, Elektronik und Hochfrequenztechnik.

Die sorgfältige didaktische Aufbereitung sowie zahlreiche Übungsaufgaben mit Lösungen zu allen Teilgebieten fördern das Verständnis beim Gebrauch als Lehrbuch auch zum Selbststudium.

Dr. Alfred Hüthig Verlag
Im Weiher 10
6900 Heidelberg 1

Hüthig

Rudolf Mäusl und Erhard Schlagheck

Meßverfahren in der Nachrichtenübertragungstechnik

1986, 225 S., zahlr. Abb., kart., DM 66,—
ISBN 3-7785-0922-5

Zur Bestimmung der sehr vielfältigen Kenngrößen in der Nachrichten-Übertragungstechnik muß eine Reihe von Meßgeräten sowie Meßsysteme eingesetzt werden. Die dafür notwendigen Verfahren, die gewünschte Kenngröße zu messen und ihre genaueren Definitionen zu bestimmen, wird in diesem Buch, das eine wesentliche Erweiterung des bekannten UTB-Buches „Hochfrequenztechnik" darstellt, ausführlich beschrieben.

Die Nachrichtenübertragungstechnik umfaßt bereits einen sehr breiten Frequenzbereich. Außerdem wird sie in einem hohen Maße von der digitalen Signalübertragung beeinflußt. Die beiden Autoren geben eine ausführliche Erläuterung der verschiedenen übertragungstechnischen Kenngrößen und Meßverfahren sowie praktisch ausgeführte Meßanordnungen und Meßsysteme, wobei allerdings eine detaillierte Beschreibung bestimmter Meßgeräte vermieden wird.

Der didaktisch ausgezeichnete Inhalt des Buches ist daher sowohl ein Lehrbuch für Studenten der Kommunikationselektronik als besonders auch für einen weiten Kreis von Ingenieuren und Technikern, die auf diesem modernen Teilgebiet der gesamten Nachrichtentechnik tätig sind.

Aus dem Inhalt:

Grundlagen der Nachrichtenübertragungstechnik · Lineare und nichtlineare Verzerrungen · Rauschkenngrößen · Meßverfahren im Niederfrequenz- und unteren Hochfrequenzbereich - Meßverfahren im oberen Hochfrequenz- und Mikrowellenbereich · Meßverfahren bei digitaler Signalübertragung · Messungen an Lichtwellenleitern · Meßverfahren bei der Videosignalübertragung.

Dr. Alfred Hüthig Verlag
Im Weiher 10
6900 Heidelberg 1